EUL VERLAG

EINZELSCHRIFTEN

Marius E. Mann
Anwaltliche Verschwiegenheit und Corporate Governance
Lohmar – Köln 2009 • 376 S. • € 65,- (D) • ISBN 978-3-89936-838-3

Tobias Helbig und Andreas Mockenhaupt
Innovationsmanagement im technischen Vertrieb
Lohmar – Köln 2009 • 148 S. • € 43,- (D) • ISBN 978-3-89936-841-3

Jochem Müller und Ulrich W. M. Sauter
Intuitives Controlling – Ein neuer Ansatz der Unternehmenssteuerung
Lohmar – Köln 2009 • 124 S. • € 29,- (D) • Hardcover • ISBN 978-3-89936-842-0

Zhanping Cheng
Value-Based Management of Supplier Relationships and Supply Contracts – Quantitative Modeling, Valuation and Portfolio Optimization Based on Financial Investment Theories
Lohmar – Köln 2009 • 200 S. • € 49,- (D) • ISBN 978-3-89936-845-1

Hüseyin Kaya
Mantelkauf und fiskalische (Über-)Reaktion
Lohmar – Köln 2009 • 172 S. • € 47,- (D) • ISBN 978-3-89936-846-8

Oliver Abert
AUGENBLICK – Ein effizientes Framework für Echtzeit Ray Tracing
Lohmar – Köln 2009 • 332 S. • € 63,- (D) • ISBN 978-3-89936-847-5

Farhad Khakzad
Die Bedeutung von Financial Covenants in der internationalen Finanzkrise
Lohmar – Köln 2009 • 84 S. • € 37,- (D) • ISBN 978-3-89936-848-2

Gregor Schulte
Unternehmensübergreifende Produktionsplanung – Koordination in Unternehmensnetzwerken mit Hilfe variabler Optimierungszentren
Lohmar – Köln 2009 • 224 S. • € 55,- (D) • ISBN 978-3-89936-849-9

JOSEF EUL VERLAG

Gregor Schulte

Unternehmensübergreifende Produktionsplanung

Koordination in Unternehmensnetzwerken mit Hilfe variabler Optimierungszentren

Mit einem Geleitwort von Prof. Dr. Rainer Lasch,
Technische Universität Dresden

EUL VERLAG

Bibliografische Information der Deutschen Nationalbibliothek

Die Deutsche Nationalbibliothek verzeichnet diese Publikation in der Deutschen Nationalbibliografie; detaillierte bibliografische Daten sind im Internet über <http://dnb.d-nb.de> abrufbar.

Dissertation, Technische Universität Dresden, 2009

ISBN 978-3-89936-849-9
1. Auflage Oktober 2009

JOSEF EUL VERLAG GmbH
Brandsberg 6
53797 Lohmar
Tel.: 0 22 05 / 90 10 6-6
Fax: 0 22 05 / 90 10 6-88
E-Mail: info@eul-verlag.de
http://www.eul-verlag.de

Bei der Herstellung unserer Bücher möchten wir die Umwelt schonen. Dieses Buch ist daher auf säurefreiem, 100% chlorfrei gebleichtem, alterungsbeständigem Papier nach DIN 6738 gedruckt.

Geleitwort

Durch die zunehmende Konzentration auf Kernkompetenzen agieren Unternehmen heute in Wertschöpfungsnetzwerken. Mit Hilfe des Konzeptes des Supply Chain Management, das durch Kooperation die Koordination einer strategischen und langfristigen Zusammenarbeit von Partnern im gesamten Wertschöpfungsnetzwerk zur Entwicklung und Produktion von Produkten und Dienstleistungen anstrebt, sollen Effizienzpotenziale erschlossen werden, die bei der traditionellen Planung für ein einzelnes Untenehmen nicht genutzt werden können.

Die vorliegende Arbeit konzentriert sich im Bereich der unternehmensübergreifenden Planung auf die Produktionsplanung. Bisherige Veröffentlichungen zur unternehmensübergreifenden Produktionsplanung versuchen die oben genannten Effizienzpotenziale zu erschließen, beachten allerdings nicht auseichend die Schwierigkeiten, die beim Überschreiten von Unternehmensgrenzen entstehen. Zu diesen Schwierigkeiten gehören beispielsweise Widerstände gegenüber der Weitergabe kritischer Informationen an andere Firmen, opportunistisches Verhalten einzelner Partner oder die notwendigen Kompensationsregelungen zwischen den Partnern aufgrund der bei unternehmensübergreifender Planung möglichen Verluste einzelner Unternehmen. Als weiteres Problem zeigt sich, dass fast alle bisherigen Ansätze auf lediglich zweistufige Netzwerke oder gar nur auf den Spezialfall eines Netzwerks mit exakt zwei Unternehmen anwendbar sind.

Die vorliegende Arbeit setzt an diesen Kritikpunkten an und zeigt zunächst deutlich die Schwächen der bisherigen Ansätze zur unternehmensübergreifenden Produktionsplanung auf. Anschließend wird für die unternehmensübergreifende Produktionsplanung eine anwendungsorientierte Methode entwickelt, die folgenden Anforderungen genügen soll:

- Strikte Reduzierung der an die Netzwerkpartner weiterzugebenden Informationen auf unkritische Bedarfsinformationen.
- Bewahrung der Selbstständigkeit der Partner, insbesondere der Entscheidungshoheit über alle für die Unternehmen relevanten Vorgänge.
- Einbeziehung von Kompensationsmechanismen zwischen den Partnern als integralen Bestandteil in die Methode, um einerseits die Gewinnverteilung zu regeln und zugleich Opportunismus auszuschließen.

An umfangreichen Simulationsrechnungen für verschiedene Netzwerkstrukturen wird die Wirksamkeit des entwickelten Ansatzes klar demonstriert. Zusätzlich werden auch weitere Fragen, wie z. B. der Einfluss der Netzwerkstruktur, der Kostenstruktur, der Auslastung, der Bedarfshöhe und der Bedarfsschwankungen auf mögliche Erfolgsverbesserungen durch die neue Methode diskutiert sowie ausführlich auf die notwendigen Verhandlungen eingegangen.

Mit der von Herrn Schulte entwickelten „Methode variabler Optimierungszentren“ steht nun ein Verfahren zur Verfügung, das gleichberechtigt eine Kostensenkung, eine einfache Anwendung und ein breites Einsatzgebiet ermöglicht. Somit wird mit seinen Ergebnissen die Theorie und Praxis der Planung von Produktionsnetzen wesentlich mit neuen Erkenntnissen bereichert.

Die vorliegende Darstellung wendet sich an Wissenschaftler und Praktiker, die an neuen Ideen und Weiterentwicklungen der unternehmensübergreifenden Produktionsplanung interessiert sind. Ich wünsche der Arbeit weite Verbreitung in Forschung, Lehre und Praxis.

Prof. Dr. RAINER LASCH

Vorwort

Diese Arbeit behandelt das Problem der Einkaufs- und Produktionsmengenplanung mit mehreren Unternehmen, die Teil eines gemeinsamen Unternehmensnetzwerks sind, zueinander also in Lieferanten-Abnehmer-Beziehung stehen. Es wird ein Verfahren entwickelt, das den Effizienzvorteil einer unternehmensübergreifenden Planung nutzt, ohne zu starke Anforderungen an die Situation bzw. die beteiligten Unternehmen zu stellen. Besonderes Augenmerk liegt dabei auf einem möglichst eingeschränkten Informationsaustausch, auf der Selbstbestimmung der Unternehmen und auf einem einfachen Ablauf der unternehmensübergreifenden Planung. Die dabei verwendeten mathematischen Modelle bzw. Methoden (z. B. MLCLSP) lassen sich zwar einerseits der Losgrößenplanung zuordnen, decken andererseits aber auch weitere Gebiete der Produktionsplanung ab, so dass in dieser Arbeit folgerichtig zumeist allgemein von (kurz- bis mittelfristiger) Produktionsplanung die Rede ist.

Das Buch wendet sich an Studenten und Dozenten der Wirtschaftswissenschaft mit den Schwerpunkten „Logistik“, „Produktion“ und „Materialwirtschaft“ bzw. analogen Bezeichnungen wie z. B. „Supply Chain Management“, sowie an interessierte Praktiker, die in diesen Bereichen tätig sind.

Die Arbeit wurde im August 2008 fertig gestellt, nach Abschluss der Begutachtungen und der Auslegefrist im April 2009 von der Fakultät Wirtschaftswissenschaften an der Technischen Universität Dresden als Dissertationsschrift angenommen und im Juni 2009 erfolgreich mit der Gesamtnote „summa cum laude“ verteidigt. Das Werk entstand in Heimarbeit im Anschluss an meine Tätigkeit als wissenschaftlicher Mitarbeiter am Lehrstuhl für Betriebswirtschaftslehre, insbesondere Logistik, der TU Dresden.

Mein Dank gilt vorrangig meinem Betreuer und früheren Vorgesetzten Prof. Dr. Rainer Lasch. Ohne seine aufmunternden und fordernden Worte hätte ich die vorliegende Arbeit vermutlich nie fertig gestellt, sondern das Promotionsvorhaben aufgegeben, als sich gegen Ende meiner Lehrstuhltätigkeit die ursprüngliche und über zwei Jahre verfolgte Hauptidee für meine Doktorarbeit schließlich als nicht sinnvoll erwies.

Für hilfreiche Anregungen, die die Arbeit befruchtet haben, möchte ich nicht nur meinem Betreuer, sonder auch Herrn Dipl.-Kfm. Lars Böhm und Herrn Dr. Christian G. Janker danken. Weiterhin gilt mein Dank allen Kollegen und Freunden, die sowohl in meiner Zeit am Lehrstuhl als auch in der Zeit danach für ein hervorragendes Lebens- und Arbeitsklima sorgten.

Herzlicher Dank gebührt schließlich auch meinen Eltern, die mir auf meinem bisherigen Weg stets viel Anteilnahme und Unterstützung haben zukommen lassen.

Gregor Schulte

Inhaltsverzeichnis

Abbildungsverzeichnis

Tabellenverzeichnis

Abkürzungsverzeichnis

APS	Advanced Planning System
bzgl.	bezüglich
CLSP	Capacitated Lot Sizing Problem
DLSP	Discrete Lot Sizing and Scheduling Problem
ELSP	Economic Lot Scheduling Problem
EOQ	Economic Order Quantity
ERP	Enterprise Resource Planning
GE	Geldeinheit(en)
GO	Gesamtoptimum
i. d. R.	in der Regel
i. e. S.	im engeren Sinn
insb.	insbesondere
k. A.	keine Angabe
KE	Kapazitätseinheit(en)
ME	Mengeneinheit(en)
MLCLSP	Multi-Level Capacitated Lot Sizing Problem
MLLSP	Multi-Level Lot Sizing Problem
MRP	Material Requirements Planning
MVOZ	Methode variabler Optimierungszentren
$MVOZ^{RP}$	Methode variabler Optimierungszentren für rollierende Planung
n. l.	nicht lösbar
OF	Optimierungsfolger
OR	Operations Research
ÖTV	ökonomische Theorie der Verhandlungen
OZ	Optimierungszentrum
PPS	Produktionsplanung und -steuerung
RV	Realisierbarkeitsvorteil
RZB	Rechenzeitbegrenzung
SCM	Supply Chain Management

u. d. N.	unter der Nebenbedingung
ZE	Zeiteinheit(en)

Symbolverzeichnis

α	einheitliche relative Zahlungsbereitschaft
A	Kapazitätsauslastung
A_i	Menge der Abnehmer von Firma i im Unternehmensnetzwerk
A_{ij}	Teilmenge von A_i, enthält die Abnehmer, die mit dem internen Produkt j beliefert werden ($j \in J$ der Firma i)
a_{rj}	Bedarf von Produkt j an Ressource r
B	Erwartungswerte für die Bedarfe der Netzwerkendprodukte
B_j	Erwartungswerte für die Bedarfe des Produkts j
b_{ij}	Bedarf von Produkt j an Vorprodukt i
D	nachgefragte Menge pro Zeiteinheit (statische Modelle)
ΔK	Kostenunterschied zwischen der aktuellen und der optimalen Lösung
ΔK_i	Kostenunterschied zur traditionellen Planung für Firma i
$\Delta K(P)$	Kostenunterschied von Plan P zur traditionellen Planung
ΔK^S	Summe der Mehr- bzw. Wenigerkosten seit der letzten Verhandlung
Δx	Mengenunterschied zwischen der aktuellen und der optimalen Lösung
e	marginale Lagerhaltungskosten
E	externer Bedarf
E_{jt}	externer Bedarf für Produkt j in Periode t
E_E	Endkundenbedarf
E_L	Kundenbedarf für den Lieferanten (=Bestellmenge des Abnehmers)
f_i	Firma i
F	Menge der Firmen im Unternehmensnetzwerk
FB	Menge aller Firmen i, die selbst bereits geplant haben, von deren Nachbarn $A_i \cup L_i$ jedoch möglicherweise eine Firma (oder mehrere) noch nicht geplant hat (haben)
g	Produktionsgeschwindigkeit (statische Modelle)
G	Menge der Gewinner
G_i	Gewinn der Firma i
GP	Gesamtplan mit Mengen- und Lieferzeitangaben (alle Firmen im Netzwerk)
GP_{TP}	Gesamtplan der traditionellen Planung

GP_y	Gesamtplan bei Lage des Optimierungszentrums in y
i	Laufvariable
j	Laufvariable
J	Menge der Produkte j (inklusive Materialien, Zwischen- und Endprodukte)
K	Menge der abnehmenden Firmen im Netzwerk, die bereit sind, zu planen
$K(GP)$	Kosten des Gesamtplans GP (Kostensumme über alle Firmen im Netzwerk)
$K(P)$	Kosten des Firmenplans P (nur Kosten einer Firma)
$K(Q)$	durch Q verursachte Kosten (statische Modelle)
K^*	firmenweite Kosten des Firmenoptimums
K_{rt}	Kapazität für Ressource r in Periode t
KF	fixe Kosten pro Los (Rüstkosten bzw. fixe Bestellkosten)
KF_j	Fixkostensatz von Produkt j
KL	Lagerhaltungskostensatz (statische Modelle)
KL_j	Lagerhaltungskostensatz von Produkt j
KZ_r	Zusatzkapazitätskosten von Ressource r
l_{jt}	Lagermenge von Produkt j in Periode t
L_i	Menge der Lieferanten von Firma i im Unternehmensnetzwerk
L_{ij}	Teilmenge von L_i, enthält den Lieferanten, der das interne Produkt j liefert
m	(beliebige) Anzahl der Firmen auf der gleichen Netzwerkstufe
m_j	an der Maschine j generierter Mehrwert
M	sehr hohe Zahl
MDM	Mengendifferenzminimum
n	Anzahl der Firmen im betrachteten Netzwerk ($n = \|F\|$)
n_{rt}	für Ressource r in Periode t benötigte, aber nicht durch ZM_{rt} abgedeckte Zusatzkapazität (Fehlkapazität)
N_j	Menge der direkten Nachfolgerprodukte des Produkts j
OZ	Nummer der Firma in der Rolle des Optimierungszentrums
OZ^*	Optimierungszentrum mit den geringsten Gesamtkosten aller Optimierungszentren
p	monetäre Bewertung der Mengenänderung Δx
P_i	Plan für eine Firma i, enthält alle Produktions- und Beschaffungsmengen dieser Firma für einen Planungszeitraum

P_{xy}	Plan der Firma x bei Lage des Optimierungszentrums in y ($OZ=y$)
P_{xTP}	Plan der Firma x bei der traditionellen Planung
Q	Losgröße (statische Modelle)
r	Ressource
R	Menge der Ressourcen r
$R_z(P_{xy})$	für Firma z relevanter Teil des Plans P_{xy} (Liefermengen-Vorgaben für z)
t	Periode
S	Schwankung der Bedarfe
σ^2	Varianz einer Stichprobe
T	Planungszeitraumlänge
U	Menge aller Firmen, die noch nicht geplant haben
V	Menge der Verlierer
x	Produktions-/Bestellmengen einer Firma als Losreihe
x_A	Produktions-/Bestellmengen des Abnehmers als Losreihe
x_{jt}	Produktionsmenge von Produkt j in Periode t (Losgröße)
x_{jt}*	Produktionsmenge von Produkt j in Periode t im Firmenoptimum
x_L	Produktions-/Bestellmengen des Lieferanten als Losreihe
xog_{jt}	obere Grenze für die Produktionsmenge von Produkt j in Periode t
xug_{jt}	untere Grenze für die Produktionsmenge von Produkt j in Periode t
y_{jt}	Binärvariable mit Rüstinformation für Produkt j in Periode t
z	Zinssatz p. a.
z_{rt}	genutzte Zusatzkapazität für Ressource r in Periode t
Z	Menge der Zulieferer, die bereit sind, zu planen
$Z(x)$	zulässige Bündelung einer Losreihe x
Z_i	Kompensationszahlung von Firma i
ZM_{rt}	maximal nutzbare Zusatzkapazität für Ressource r in Periode t

1 Einleitung

1.1 Gegenstand, Ziele und Methodik der Arbeit

Ein aktuell sehr beachtetes Thema in der betriebswirtschaftlichen Literatur ist die Kooperation von Unternehmen. In vielen wissenschaftlichen Werken[1] wird nach Wegen gesucht, wirtschaftliche Vorteile zu erzielen, indem die Planung der Aktivitäten in Beschaffung, Produktion und Vertrieb nicht mehr nur für das eigene Unternehmen, sondern darüber hinaus auch für weitere (insbesondere die angrenzenden) Firmen erfolgt. Dadurch sollen Effizienzpotenziale erschlossen werden, die bei der traditionellen Begrenzung der Planung auf ein einzelnes Unternehmen nicht genutzt werden können.

Nahezu unbestritten ist die *theoretische* Vorteilhaftigkeit dieser Bestrebungen, d. h. die Existenz eines Effizienzpotenzials der unternehmensübergreifenden Planung. Problematisch ist jedoch die tatsächliche Umsetzung, da die Abgrenzung zur Außenwelt in Form der Bildung und Bewahrung eines selbstständigen Unternehmens nicht rein zufällig erfolgt, sondern aufgrund von handfesten individuellen Interessen der Beteiligten und aufgrund von praktischen Hindernissen, die einer Ausdehnung der Planung über das eigene Unternehmen hinaus entgegen stehen.

Viele Arbeiten[2], die sich mit der quantitativen unternehmensübergreifenden Planung befassen, widmen sich intensiv der Suche nach diesem Effizienzpotenzial, seinen Entstehungsorten und den Planungsverfahren, die schließlich zu den überlegenen Lösungen führen sollen. Diese Arbeiten beachten jedoch andererseits nicht ausreichend die genannten Hindernisse auf dem Weg zur Umsetzung in der Praxis. Sie resultieren demzufolge oft in unerreichbaren Optimallösungen, die man als die sprichwörtliche „Taube auf dem Dach“ bezeichnen kann.

Die vorliegende Arbeit versucht nun, zur Beseitigung dieses Missstands beizutragen. Ihre Forschungsaufgabe besteht darin, auf dem Gebiet der unternehmensübergreifenden Produktionsplanung eine Methode zu entwerfen, für deren Bewertung die Umsetzbarkeit das oberste Kriterium darstellt. Hierzu sollen im Verlauf dieser Arbeit folgende Forschungsfragen beantwortet werden:

(1) Welche Rahmenbedingungen muss ein Verfahren der unternehmensübergreifenden Produktionsplanung beachten, dessen oberstes Ziel die tatsächliche Anwendbarkeit ist?

---

[1] Vgl. z. B. die kaum überschaubare Flut von Veröffentlichungen zum Supply Chain Management, u. a. auch die in dieser Arbeit verwendeten Werke von Kurbel (2005), Pibernik/Sucky (2008), Stadtler/Kilger (2005) und Vollmann et al. (2005).

[2] Siehe hierzu Kapitel 3, welches sich ausführlich mit diesen Arbeiten beschäftigt.

(2) Lassen sich trotz der Betonung der Umsetzbarkeit, d. h. bei Verzicht auf alle unrealistischen Annahmen, überhaupt noch wesentliche Teile des o. g. Potenzials ausschöpfen?

(3) Wie kann die Verteilung des genutzten Effizienzpotenzials unter den Firmen geregelt werden, wenn es zwischen ihnen weder Hierarchien noch Vereinbarungen zum Austausch kritischer Informationen gibt?

Diese Forschungsfragen werden bei der Erklärung der jeweiligen Themengebiete in den entsprechenden Kapiteln (implizit) beantwortet und zum Schluss dieser Arbeit erneut aufgegriffen. Die dafür in dieser Arbeit genutzte Forschungsmethodik lässt sich nicht eindeutig in eine der drei folgenden typischen Kategorien[3] einordnen:

- verbal-modelltheoretische Forschung
- mathematisch-modelltheoretische Forschung
- empirisch-statistische Forschung

Einerseits werden im Folgenden viele Zusammenhänge verbal-modelltheoretisch beschrieben und es wird großes Gewicht auf die für diese Forschungsmethode zentralen Plausibilitätsüberlegungen gelegt. Dieses Vorgehen ist zwar (in formaler Hinsicht) zwangsläufig oft unscharf, deckt jedoch einen breiten Bereich der Realität ab. Andererseits wird zum Zweck der quantitativen Untermauerung ein mathematisches Modell verwendet, woraus sich konkrete Resultate ergeben, die jedoch einen entsprechend engeren realen Gültigkeitsbereich aufweisen. Somit nutzt die vorliegende Arbeit sowohl die verbal-modelltheoretische als auch die mathematisch-modelltheoretische Forschungsmethode, um die oben genannten Forschungsfragen zu beantworten. Die empirisch-statistische Forschung kommt dagegen nicht zur Anwendung, da der hierfür notwendige Wissensstand bei einer Methode der unternehmensübergreifenden Planung zahlreiche sensible Informationen umfasst, die einer empirischen Untersuchung mit ausreichender statistischer Repräsentativität nicht zugänglich sind.[4]

Um dem oben genannten Ziel einer hohen Umsetzbarkeit gerecht zu werden, grenzt diese Arbeit beim Entwurf der hier propagierten neuen Planungsmethode zunächst die überhaupt umsetzbaren Maßnahmen ein. Erst danach schlägt sie einen Weg vor, innerhalb dieser Maßnahmen zu einer Effizienzsteigerung zu gelangen. Dadurch reduziert sie von Beginn an ihre Vorschläge auf ein in der Praxis zumutbares Maß. Aus diesen Bemühungen resultiert schließlich die „Methode variabler Optimierungszentren“ (MVOZ), die ein weiteres Verfahren der unternehmensübergreifenden Planung darstellt.

---

[3] Vgl. hier und im Folgenden Schor (1991), S. 22 ff. Den hier verwendeten Kategoriebezeichnungen nach Schor wurde der Vorzug gegenüber den z. T. geläufigeren Bezeichnungen „sachlich-analytisch“, „formal-analytisch“ und „empirisch“ nach Grochla (1976), S. 634, gegeben, da die Kategorienamen nach Schor die Eigenheiten der Kategorien besser wiedergeben und dadurch intuitiv verständlicher sind.

[4] Nähere Erläuterungen zu diesen kritischen Informationen folgen in Kapitel 3.2.

Die Grundidee der MVOZ besteht darin, zunächst alternative Pläne in der Anzahl der Firmen des Unternehmensnetzwerks zu ermitteln, von denen jeder auf dem individuellen Optimum einer anderen Firma des Netzwerks basiert. Nachfolgend wird mit Hilfe eines einfachen Rechnerprogramms einer dieser Pläne zur Umsetzung vorgeschlagen. Über die tatsächliche Umsetzung des ausgewählten Plans entscheiden abschließend die Firmen des Netzwerks in Rahmen einfach strukturierter Verhandlungen. Abbildung 1-1 verdeutlicht nochmals den Grundaufbau der MVOZ.

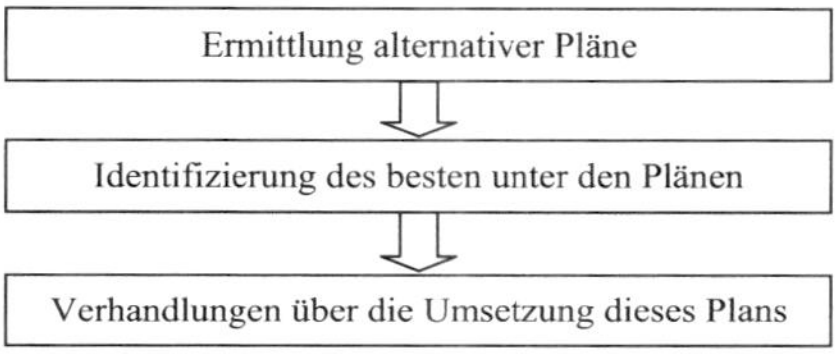

Abbildung 1-1: Grundstruktur der MVOZ

Mit Hilfe dieser Methode will die vorliegende Arbeit zeigen, dass die Planung für ein Unternehmensnetzwerk nicht nur theoretisch vorteilhaft ist, sondern auch in Einklang mit den Interessen der Beteiligten und den praktischen Hindernissen funktionieren kann. Bei der Verfolgung dieses Ziels lässt sie dabei bewusst gewisse Anteile des (theoretischen) Effizienzpotenzials ungenutzt – zugunsten einer besseren Umsetzbarkeit. Ob sie dadurch den ebenfalls sprichwörtlichen „Spatz in der Hand" darstellt oder sogar noch mehr erreicht, wird sich in den folgenden Kapiteln zeigen.

1.2 Aufbau der Arbeit

In Kapitel 2 wird zunächst ein kurzer Überblick zur Produktionsplanung in Bezug auf ein einzelnes Unternehmen gegeben. Durch diese Vorstellung der Produktionsplanung in ihrem traditionellen Wirkungsbereich soll eine Grundlage für die später erfolgende Ausweitung auf mehrere Unternehmen gelegt werden. Zu diesem Zweck werden die Aufgabe der Produktionsplanung und verschiedene Strukturierungskonzepte genannt und anschließend eine Eingrenzung auf den in dieser Arbeit besonders relevanten Ausschnitt der Produktionsplanung vorgenommen. Ein Teil der Produktionsplanung, die Losgrößenplanung, wird im zweiten Teil von Kapitel 2 näher betrachtet, da die Verfahren der Losgrößenplanung eine Grundlage für zahlreiche Ansätze der unternehmensübergreifenden Planung darstellen. Thema dieses Abschnitts sind neben den grundlegenden Modellen der statischen und dynamischen Losgrößenplanung auch erweiterte Modelle, die die Realität besser abbilden können. Ein wichtiges Fazit dieses Kapitels ist die Feststellung, dass moderne Ansätze der Losgrößenplanung angrenzende Gebiete in ihre Planung integrieren und dadurch die Grenzen der Losgrößenplanung verlassen bzw. erweitern. Dadurch sind sie in der Lage, eine sinnvolle Grundlage für Ansätze der unternehmensübergreifenden Planung zu bilden.

Kapitel 3 hat das Ziel, die bisherigen Ansätze der unternehmensübergreifenden Produktionsplanung aufzuarbeiten. Zu Beginn des Kapitels wird aufgezeigt, warum es überhaupt sinnvoll ist, eine Ausweitung der Planung auf mehrere Unternehmen anzustreben. Danach werden die Hindernisse beschrieben, die einer unternehmensübergreifenden Planung entgegenstehen. Dadurch soll deutlich werden, worauf ein derartiger Planungsansatz Rücksicht nehmen muss, um umsetzbar zu sein. Im Anschluss an diese Vorarbeiten werden die konkreten Modelle der bisherigen Literatur untersucht, wobei eine Konzentration auf diejenigen Ansätze erfolgt, die ihre Grundlage in der Losgrößenplanung haben. Diese Ansätze werden bewertet und einander gegenübergestellt. Abschließend wird aus den aufgezeigten Mängeln der allgemeine Bedarf an verbesserten Methoden abgeleitet. Hierbei zeigt sich, dass es insbesondere an solchen Ansätzen fehlt, die ausdrücklich möglichst viele der Hindernisse, die einer unternehmensübergreifenden Planung entgegenstehen, berücksichtigen und zugleich mehr als nur zwei Stufen eines Netzwerks umfassen.

Kapitel 4 ist der Hauptteil dieser Arbeit. In diesem Kapitel wird ein neuer Ansatz zur Planung in einem Unternehmensnetzwerk („MVOZ“) vorgestellt. Dazu wird zunächst ausführlich beschrieben, in welcher Ausgangssituation sich die Unternehmen für diesen Ansatz befinden können bzw. müssen. Anschließend erfolgt eine detaillierte Beschreibung der ersten von zwei Phasen der MVOZ, der „Planungsphase“, in der alternative Pläne für das Unternehmensnetzwerk aufgestellt werden. Daran schließt sich ein Zahlenbeispiel an, mit dessen Hilfe der zuvor erklärte Algorithmus veranschaulicht wird. Im darauf folgenden Abschnitt werden die Rechnersimulationen erläutert, die zur Feststellung des Verbesserungspotenzials der MVOZ durchgeführt wurden. Dafür werden die einfließenden Daten genannt und begründet sowie die Ergebnisse der Simulationen präsentiert und ausgewertet. Nachdem auf diese Weise das Potenzial der MVOZ ermittelt wurde, folgt die Beschreibung der zweiten Phase der MVOZ, der „Auswahlphase“. Diese Phase ist nötig, um sich auf einen allgemein gültigen Gesamtplan für das Unternehmensnetzwerk zu einigen, damit das zuvor festgestellte Potenzial genutzt werden kann. Das Kapitel schließt mit Betrachtungen zum Praxiseinsatz der MVOZ. Darin werden die Kosten, die mit der MVOZ verbunden sind, untersucht, sowie verschiedene Aspekte ihrer Durchführung in der Praxis näher beleuchtet. Als Fazit des Kapitels ist festzuhalten, dass mit der MVOZ ein Verfahren vorliegt, das eine Vielzahl an problematischen Aspekten der Realität berücksichtigt und welches trotzdem einen Großteil des Potenzials der unternehmensübergreifenden Produktionsplanung nutzbar macht.

Aufbauend auf Kapitel 4 untersucht anschließend Kapitel 5 verschiedene Aspekte, die über die Grundversion der MVOZ bzw. die ihr zugrundeliegenden Annahmen hinausgehen. Zunächst werden mathematische Erweiterungen entwickelt, die den finanziellen Vorteil der MVOZ noch weiter steigern sollen. Dazu wird die Anzahl der durch sie verwendeten Alternativpläne systematisch erhöht. Danach wird eine Modifikation der MVOZ vorgestellt, die ihre

Anwendung im Rahmen der rollierenden Planung erlaubt. Diese Modifikation ist notwendig, da ansonsten die Überlappung der Planungen zu Fehlallokationen der Ausgleichszahlungen führt. Als drittes Thema folgt eine Untersuchung der Möglichkeit, dass die vereinbarten Pläne nicht eingehalten werden.

Die Arbeit schließt mit einem zusammenfassenden Fazit in Kapitel 6, welches eine vergleichende Einordnung des neuen Ansatzes in das aus Kapitel 3 bekannte Schema vornimmt und die zu Beginn der Arbeit gestellten Forschungsfragen wieder aufgreift. Abbildung 1-2 veranschaulicht nochmals den Aufbau dieser Arbeit.

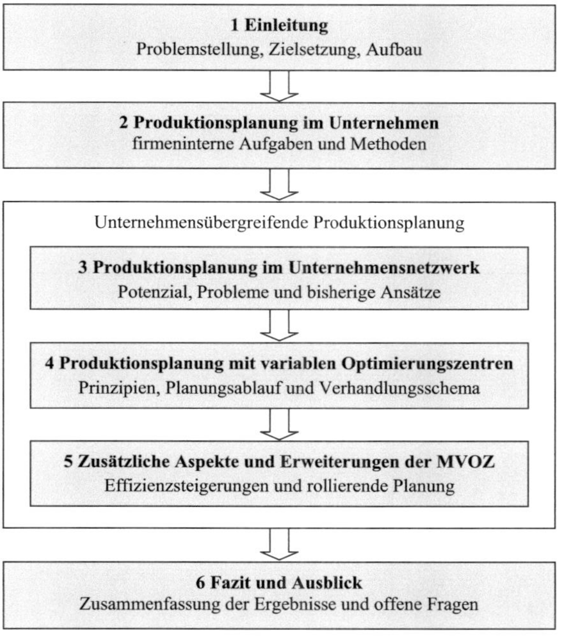

Abbildung 1-2: Aufbau der Arbeit

2 Produktionsplanung im Unternehmen

In diesem Kapitel soll in kurzer Form die Produktionsplanung im klassischen Kontext erklärt werden, d. h. die Produktionsplanung für ein einzelnes Unternehmen. Dieser Abschnitt schafft damit die Grundlage für die Erweiterung der internen Produktionsplanung zur unternehmensübergreifenden Planung in den Kapiteln 3 und 4.

Zunächst wird in Kapitel 2.1 die Gesamtheit der Aufgaben der allgemeinen Produktionsplanung einer Firma dargestellt. Für diesen Aufgabenkomplex sind Strukturierungen notwendig, die diese umfangreiche Gesamtaufgabe in ein umsetzbares Lösungskonzept überführen. Dazu werden u. a. die hierarchische Planung, die klassische Produktionsplanung und -steuerung (PPS) sowie ein kapazitätsorientierter PPS-Ansatz kurz umrissen. Abschließend wird eine Eingrenzung des im weiteren Verlauf der Arbeit betrachteten Aufgabenumfangs der Produktionsplanung vorgenommen.

In Kapitel 2.2 wird die Aufgabe der Losgrößenplanung als Teil der Produktionsplanung detaillierter beschrieben. Sie ist für die späteren Ausführungen besonders wichtig, da die in den nachfolgenden Kapiteln behandelten Ansätze zur unternehmensübergreifenden Produktionsplanung ihren Ursprung zumeist in der firmeninternen Losgrößenplanung haben. Deshalb werden in diesem Kapitel verschiedene Arten bzw. Klassen der Losgrößenplanung genannt und Verfahren zu deren Lösung vorgestellt. Ausgehend vom klassischen Losgrößenproblem geht die Erklärung über weitere Standardverfahren bis hin zu modernen mathematischen Modellen, die die Grenzen der traditionellen Losgrößenplanung überschreiten und zusätzliche betriebliche Funktionen (z. B. Teile der Kapazitätsplanung) umfassen können.

2.1 Aufgabe und Aufbau der Produktionsplanung

Die Aufgabe der Produktionsplanung lässt sich aus den für sie zur Verfügung stehenden Eingangsdaten und den von ihr geforderten Ergebnissen ableiten. Unter „Eingangsdaten" sind dabei alle Parameter und Rahmenbedingungen zu verstehen, die die Handlungsmöglichkeiten der Firma bzw. deren Vorteilhaftigkeit determiniert, so z. B. die aktuelle Situation und Entwicklung der Märkte (neben dem Markt für die eigenen Endprodukte u. a. auch die Märkte für Zulieferteile, Komplementärprodukte und produktionsbegleitende Dienstleistungen), die Situation der Firma (u. a. Produktionskapazitäten, bestehende Verträge mit Zulieferern, beherrschte Technologien) und die Rahmenbedingungen aus dem laufenden Tagesgeschäft (Lagerbestände, vorliegende Kundenaufträge etc.).

Ausgehend von diesen Eingangsdaten wird von der Produktionsplanung gefordert, Ergebnisse in Form von Mengenangaben für Materialien, Zwischen- und Endprodukte zu liefern, die bestimmten Zeitpunkten bzw. -räumen und Produktionsstandorten bzw. -anlagen zugeordnet sind. Dem Unternehmen muss also am Ende des Produktionsplanungsprozesses bekannt sein, wo wann wie viel wovon produziert bzw. beschafft werden muss.[5] Der resultierende Plan sollte nicht nur umsetzbar, sondern möglichst vorteilhaft für den Gewinn der Firma sein.

Um die Lücke zwischen diesen Ein- und Ausgangsdaten zu schließen, muss die Produktionsplanung im Wesentlichen folgende Aufgabenblöcke erfüllen:

- „Die Festlegung des Leistungsprogramms (Programmplanung nach Menge und Qualität sowie Wahl der Fertigungstiefe);
- die Planung des Fertigungsvollzugs (Produktionsdurchführungsplanung);
- die [Planung der] Bereitstellung der zur Fertigung erforderlichen Produktionsfaktoren“[6].

Wie soll nun diese Vielfalt an Aufgaben gelöst werden, d. h. welche Struktur sollte der Produktionsplanungsprozess in einem realen Unternehmen erhalten? Aufgrund der zahlreichen Interdependenzen wäre einzig eine Simultanplanung aller Aufgabenblöcke vollständig theoriekonform.[7] Nur damit könnte ein von Beginn an optimaler und realisierbarer Plan garantiert werden (vorbehaltlich Unsicherheiten und Planänderungen). Eine solche Simultanplanung ist jedoch nicht realisierbar, da ihr zahlreiche Hindernisse entgegenstehen. Die wichtigsten dieser Hindernisse sind folgende:

- Der Aufwand der Datensammlung wäre prohibitiv hoch. Dies betrifft nicht nur die Eingabedaten für ein solches Simultanmodell, die alle den höchsten Detaillierungsgrad aufweisen müssten, sondern auch die Konstruktion des Modells selbst, da es praktisch unmöglich ist, alle Interdependenzen exakt zu erfassen.[8]
- Aktuell ist ein umfassendes Simultanmodell in realistischer Problemgröße noch zu komplex, als dass es mit den heutigen Methoden bzw. der heutigen Rechentechnik lösbar wäre – wenn auch die Umsetzbarkeit einer *begrenzten* Simultanplanung (d. h. nur ausgewählte Bereiche) für die nahe Zukunft nicht mehr ausgeschlossen werden kann bzw. bereits gegeben ist.[9]
- Verschiedene Planungsbereiche verfügen üblicherweise über unterschiedliche Detaillierungsgrade, Planungshorizonte und Entscheidungstragweiten – je nachdem inwie-

[5] Die hier gebrachte Abgrenzung von „Produktionsplanung“ schließt dabei folgerichtig denjenigen Teil der Beschaffungsplanung mit ein, der direkt aus den Vorgaben der restlichen Produktionsplanung folgt (im Wesentlichen die zu beschaffenden Vorproduktemengen).

[6] Adam (1998), S. 117. Auf die Inhalte der einzelnen Aufgabenblöcke wird hier nicht näher eingegangen, siehe dazu z. B. Adam (1998), S. 117 ff. und Domschke et al. (1997), S. 9 ff.

[7] Für Beispiele zu den zahlreichen Wechselbeziehungen siehe z. B. Adam (1998), S. 121 ff., Bloech (2004), S. 117 f. und Kurbel (2005), S. 37 f.

[8] Vgl. Derstroff (1995), S. 6 und Bloech (2004), S. 118.

[9] Vgl. Adam (1998), S. 124 und Kurbel (2005), S. 39 f.

weit es vorteilhaft ist bzw. die Daten überhaupt verfügbar sind. Werden diese Bereiche nun in einer Planung zusammengefasst, müsste z. B. das Zeitraster mit dem höchsten Detaillierungsgrad verwendet werden, wofür jedoch bei einigen Planungsbereichen keine Detaildaten vorliegen bzw. diese nicht sinnvoll wären. Ähnliche Schwierigkeiten ergeben sich bei einer Vereinheitlichung der Planungszeiträume, da die Sicherheit der Daten nicht mehr in ausreichendem Maße gegeben und somit der Nutzen einer solchen Planung fraglich wäre.[10]

- Eine umfassende Simultanplanung ist ein zentralistischer Ansatz, der auch für die unteren Ebenen detaillierte Vorgaben „von oben“ enthält. Dies widerspricht nicht nur den realistischen Gegebenheiten in vielen Firmenhierarchien, sondern hat auch eine demotivierende Wirkung.[11]

Eine isolierte bzw. dezentrale Planung der einzelnen Bereiche würde zwar viele Schwierigkeiten der Simultanplanung vermeiden, hätte jedoch gravierende Nachteile bei der Güte der erreichten Lösung (Nähe zum Gewinnoptimum). Hinzu käme die Schwierigkeit, überhaupt eine umsetzbare Lösung zu finden, wenn die Interdependenzen zwischen den Bereichen nicht ausreichend berücksichtigt werden (z. B. Einhaltung der Kapazitätsgrenzen). Einen vorteilhaften Kompromiss dieser beiden Planungsgrundsätze stellt dagegen die hierarchische Planung dar. Sie unterteilt das Gesamtproblem in sukzessiv zu lösende Teilprobleme mit unterschiedlich starker Aggregation bzw. Abstraktion. Es erfolgt eine Unterteilung nach der Fristigkeit in die Ebenen der strategischen, taktischen und operativen Planung, wobei die Planung auf der jeweils übergeordneten Ebene die Rahmenbedingungen für die Planung auf der daruntergelegenen Ebene vorgibt.[12]

Im Folgenden weniger relevant sind die strategische und die taktische Planung. Ihr Zeithorizont umfasst zwei bis zehn Jahre (strategisch) bzw. sechs Monate bis zwei Jahre (taktisch). Auf diesen Planungsebenen werden Entscheidungen mit langfristigen Auswirkungen getroffen (z. B. über Produktionsstandorte und die Produktfelder), für die lediglich grobe Daten verfügbar sind. Die operative Ebene plant dagegen mit einem Zeithorizont von bis zu sechs Monaten. Dabei benutzt sie detailreiche Daten auf Wochen-, Tage- oder gar Stundenbasis. Dieser operative Teil der Produktionsplanung ist auch überwiegend gemeint, wenn man von „Produktionsplanung und -steuerung“ (PPS) spricht.[13]

[10] Vgl. Kurbel (2005), S. 40 und Derstroff (1995), S. 6.

[11] Vgl. Derstroff (1995), S. 7 und Bloech (2004), S. 118.

[12] Vgl. Bloech (2004), S. 119. Einige Autoren verzichten auf die taktische Ebene und unterscheiden nur zwischen strategisch und operativ (vgl. z. B. Kurbel (2005), S. 6 f.).

[13] Vgl. Domschke et al. (1997), S. 2 f. und Kurbel (2005), S. 6.

Innerhalb der operativen Produktionsplanung bzw. PPS gab bzw. gibt es verschiedene Vorgehensweisen. So z. B. enthielt die mittlerweile überholte „klassische PPS"[14] die in der folgenden Abbildung 2-1 genannten Teilschritte:[15]

Abbildung 2-1: Schritte der klassischen PPS

Diese Abfolge von Schritten entstand jedoch nicht (nur) aus theoretischen Überlegungen, sondern ergab sich in der Praxis zum großen Teil aus den technischen Beschränkungen, die zur Zeit der Etablierung der klassischen PPS vorherrschten.[16] Insbesondere die bis zum vierten Schritt fehlende Berücksichtigung der verfügbaren Kapazitäten stellt ein erhebliches Manko[17] dar, welches in der Regel zu stark sub-optimalen oder gar zu nicht umsetzbaren Plänen führt. Dieses Manko musste jedoch früher aufgrund der nicht vorhandenen bzw. wenig leistungsfähigen Rechentechnik akzeptiert werden. Mit Hilfe moderner Technik lassen sich mittlerweile zeitgemäßere Konzepte einsetzen, die wichtige Interdependenzen berücksichtigen können und sich so einer (teilweisen) Simultanplanung auf dem Gebiet der operativen

[14] Vor allem in älteren Quellen wird die klassische PPS auch „Standard-PPS" genannt (z. B. Derstroff (1995), S. 11). Aufgrund der fortschreitenden Entwicklung der Planungsmodelle und der Informationstechnik zu ihrer Umsetzung (vgl. Kurbel (2005), u. a. S. 39 f. und S. 363) ist die Bezeichnung „Standard" mittlerweile fraglich, weshalb sie hier nicht verwendet werden soll.

[15] Vgl. Derstroff (1995), S. 11 ff. Für ausführliche Erklärungen der einzelnen Schritte siehe ebenda.

[16] Vgl. Kurbel (2005), S. 40.

[17] Vgl. Günther/Tempelmeier (2005), S. 310. Siehe zu den Folgen der fehlenden Kapazitätsberücksichtigung Derstroff (1995), S. 16 ff.

Produktionsplanung annähern.[18] Eines dieser Konzepte stellt die kapazitätsorientierte PPS nach Drexl et al.[19] dar, die hier beispielhaft für die modernen Konzepte genannt werden soll. Sie enthält die folgenden drei Phasen[20]:

1. Kapazitierte Hauptproduktionsprogrammplanung (zentrale Planung)
2. Detaillierte Losgrößen- und Ressourceneinsatzplanung (simultane Kapazitäts- und Losgrößenplanung auf dezentraler Ebene – je nach Anforderungen der jeweiligen Ebene, z. B. per MLCLSP[21])
3. Segmentspezifische Feinplanung und -steuerung

In diesem Konzept werden die zur Verfügung stehenden Ressourcen bereits von Beginn an beachtet. Zur (teilweisen) Nutzung der Vorteile einer Simultanplanung wird außerdem der Inhalt mehrerer Schritte der klassischen PPS in Phase 2 des Konzepts nach Drexl et al. zusammengefasst.

Ein oft in Zusammenhang mit den wissenschaftlich-theoretischen Produktionsplanungskonzepten besprochenes Thema ist die Realisierung der Produktionsplanung als Firmensoftware in der Praxis. Begriffe wie MRP, ERP und APS bezeichnen Klassen von Rechnerprogrammen und werden z. T. synonym für die Produktionsplanung eines Unternehmens verwendet.[22] Diese Praxiskonzepte haben sich ursprünglich eigenständig entwickelt, da die frühe betriebswirtschaftliche Forschung keine ausreichende Unterstützung für die Produktionsplanung in der Praxis anbieten konnte. Im Zuge der technischen Entwicklung ist in letzter Zeit jedoch eine stärkere Übertragung bzw. Übertragbarkeit theoretischer Modelle auf die Praxis festzustellen.[23] Für die nahe Zukunft ist deshalb auf dem Gebiet der Produktionsplanung eine größere Nähe von Forschung und Praxis zu erwarten.

Die bis zu diesem Punkt umrissene Produktionsplanung reicht in der Gesamtheit ihrer Schritte von der strategischen Programmplanung bis hin zur Feinplanung. Im Folgenden wird jedoch nur ein Teil dieser Aufgaben betrachtet – und zwar der operative Teil der Produktionsplanung im Anschluss an die Festlegung des Produktionsprogramms. Die verwendete Abstraktionsebene liegt aber noch über derjenigen der Feinplanung mit ihrer Stunden- oder gar Minutenbasis. Der im Folgenden betrachtete Planungszeitraum beträgt deshalb Tage, Wochen oder wenige Monate. Wenn in späteren Abschnitten dieser Arbeit von „Produktionsplanung" die Rede ist, ist somit nur ein eingeschränkter Aufgabenumfang gemeint, der näherungsweise die zweite Phase des kapazitätsorientierten PPS-Konzepts nach Drexl et al. (s. o.) abdeckt. Eine

[18] Vgl. Kurbel (2005), S. 37 ff.

[19] Vgl. Drexl et al. (1994).

[20] Vgl. Günther/Tempelmeier (2005), S. 310 ff.

[21] MLCLSP ist ein kapazitiertes Losgrößenmodell, vgl. Kapitel 2.2.3.

[22] Für eine Zusammenfassung der Entwicklung von den Anfängen mit MRP bis hin zu heutigen APS siehe Kurbel (2005), S. 1 ff.

[23] Vgl. Kurbel (2005), S. 39 f.

wichtige Konsequenz dieser Eingrenzung ist, dass die insgesamt im Planungszeitraum herzustellenden Güter nach Art und Menge bereits bekannt sind und man sich deshalb bei der restlichen Produktionsplanung auf die Minimierung der Kosten (bzw. alternativ der Auszahlungen) konzentrieren kann, da die Einnahmen bzw. Einzahlungen als feststehend angenommen werden.

Die mathematisch-algorithmische Bearbeitung dieser Produktionsplanung i. e. S. erfolgt in den späteren Kapiteln 3 und 4 mit Verfahren, die eine Weiterentwicklung der Methoden der traditionellen Losgrößenplanung darstellen. Um für diese späteren Ausführungen eine Grundlage zu schaffen, soll im folgenden Abschnitt ein kurzer Überblick zur Losgrößenplanung von ihren Anfängen bis hin zu den modernen Modellen gegeben werden.[24]

2.2 Die Losgrößenplanung als Teil der Produktionsplanung

Unter Losgröße versteht man die „Anzahl gleichartiger Objekte, die auf einem Arbeitsträger unmittelbar nacheinander ohne Rüstvorgänge zu fertigen sind“[25]. Die Losgrößenplanung legt nun fest, wie groß diese Anzahl von Objekten ist und zu welchem Zeitpunkt sie gefertigt werden sollen. Doch nicht nur die Fertigung ist im Folgenden relevant, denn viele der Methoden der Losgrößenplanung in der Produktion lassen sich auch auf eine vergleichbare Frage in der Bestellmengenplanung anwenden[26]: Wie viele gleichartige Objekte sollen in einer Bestellung bzw. in einer Lieferung zusammengefasst werden? Hier sollen deshalb unter „Losgrößen“ nicht nur Produktions-, sondern auch Bestellmengen verstanden werden.

Zur Planung der Losgrößen in Produktion und Beschaffung wurden so viele Verfahren entwickelt, wie in kaum einem anderen Bereich des Operations Research.[27] Kurbel (2005) konstatiert sogar eine „weitverästelte Flut an Losgrößenmodellen“[28]. Neben anderen Gründen[29] hat diese hohe Anzahl ihre Ursache vermutlich im Wesentlichen in der Existenz zahlreicher Möglichkeiten der Verfeinerung – die ersten Losgrößenmodelle berücksichtigten derart viele Aspekte der Realität nicht bzw. nur unzureichend, dass es entsprechend viele Ansatzpunkte für Verbesserungen in Form neuer Modelle gab. Zusätzlich zu der hohen Anzahl von Model-

---

[24] Leser mit fortgeschrittenen Kenntnissen auf dem Gebiet der Losgrößenplanung können das Kapitel 2.2 überspringen. Unabhängig von den Vorkenntnissen sollte man jedoch beachten, dass die vorliegende Arbeit zwar mathematisch auf der Losgrößenplanung aufbaut, thematisch aber nicht auf sie beschränkt ist. Damit soll betont werden, dass, wenn auch die spätere Ausgestaltung des in dieser Arbeit propagierten Vorgehens „MVOZ“ per Losgrößenmodell erfolgt, es auch bei Anwendung anderer Verfahren der Produktionsplanung seine Gültigkeit behält (detaillierte Erklärungen dazu folgen im 4. Kapitel).

[25] Domschke et al. (1997), S. 69.

[26] Siehe zur Analogie der Losgrößenplanung in Beschaffung und Produktion z. B. Francois (2000), S. 34.

[27] Vgl. Kurbel (2005), S. 35.

[28] Kurbel (2005), S. 36.

[29] Vgl. Kurbel (2005), S. 35 f.

len wuchs die Anzahl der Verfahren dadurch, dass die Optimallösungen teilweise aufgrund der früher unzureichenden Rechentechnik nicht mit vertretbarem Aufwand zu ermitteln waren, weshalb für ein und dasselbe Modell manchmal mehrere (heuristische) Verfahren entwickelt wurden, um sich immer besser dem Optimum anzunähern.[30]

Um einen Eindruck von der Vielfalt der Losgrößenmodelle zu geben, zeigt Abbildung 2-2 die wichtigsten Modelle bzw. Modellklassen der Losgrößenplanung. Nicht weiter berücksichtigt wurden dabei (wie auch im Folgenden) die verschiedenen Modelle innerhalb der stochastischen Losgrößenplanung.[31]

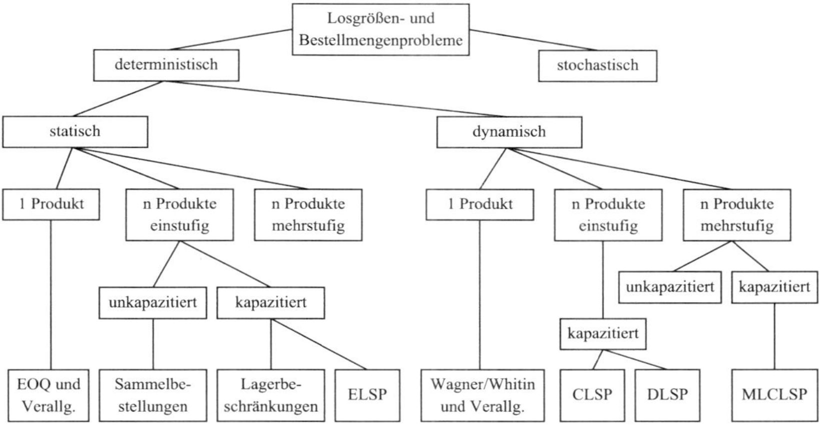

Abbildung 2-2: Wesentliche Modellklassen der Losgrößenplanung (vgl. Domschke et al. (1997), S. 74)

Aufgrund der großen Vielfalt der Modelle und ihrer (bis auf einige Ausnahmen) geringen Relevanz für die späteren Ausführungen konzentrieren sich die folgenden Unterkapitel auf wichtige Eckpunkte der Losgrößenplanung. Zunächst erfolgt in Kapitel 2.2.1 eine kurze Erläuterung des klassischen Losgrößenproblems („EOQ“, siehe Abbildung 2-2), das man als „Urvater“ der Losgrößenplanung bezeichnen kann. Anschließend wird in Kapitel 2.2.2 auf Erweiterungen bzw. Weiterentwicklungen innerhalb der statischen Losgrößenplanung eingegangen. Kapitel 2.2.3 beschreibt das Modell nach Wagner/Whitin, welches man in Analogie zum EOQ als „Vater“ der dynamischen Losgrößenplanung bezeichnen kann. Kapitel 2.2.4 schließt diesen Überblick zur Losgrößenplanung mit einer Zusammenfassung erweiterter Probleme der dynamischen Losgrößenplanung ab. Darin sind auch moderne Modelle enthalten, die, wie bereits angekündigt, den Rahmen der traditionellen Losgrößenplanung verlassen.

---

[30] Mehrere Verfahren gibt es z. B. für das Modell von Wagner-Whitin. Der Rechenaufwand ist jedoch nicht immer der einzige Vorteil dieser Heuristiken, vgl. Domschke et al. (1997), S. 127 ff.

[31] Siehe zu stochastischen Verfahren z. B. Domschke et al. (1997), S. 166 ff.

2.2.1 Das klassische Losgrößenproblem

Das klassische Losgrößenproblem[32] stammt von Harris (1913) und wird alternativ auch als EOQ („Economic order quantity“) oder Andler-Modell[33] bezeichnet. Es ist nicht nur das älteste[34], sondern vermutlich auch das bekannteste Losgrößenmodell. Dieses Modell enthält – wie für das erste Losgrößenmodell zu vermuten ist – den denkbar einfachsten Fall, ohne schon trivial zu sein. Dies bedeutet, dass nahezu sämtliche Gegebenheiten der Realität, die einen Einfluss auf die Losgröße haben, vereinfacht dargestellt oder ganz vernachlässigt werden. Die wichtigsten Eigenschaften bzw. Annahmen dieses Modells[35] sind deshalb folgende:

(1) Es wird nur die Produktion bzw. Disposition eines Gutes betrachtet. Folglich werden sowohl die Interdependenzen zu anderen Produkten der gleichen Stufe als auch zu angrenzenden Bereichen (z. B. weiterverarbeitende Produktionsstufen) vernachlässigt.

(2) Die nachgefragte Menge pro Zeiteinheit D [ME/ZE] ist konstant („statisch“) und der Planungshorizont ist unendlich (stetiger Zeitstrahl). Das Lager ist zu Beginn leer.

(3) Das Los Q steht direkt nach Beginn der Fertigung bzw. nach der Bestellung in voller Höhe zur Verfügung und wird eingelagert bzw. zur Bedarfsbedienung verwendet.

(4) Es werden lediglich fixe Kosten pro Los KF [GE] (Rüstkosten bzw. fixe Bestellkosten) und ein Lagerhaltungskostensatz KL [GE/(ME·ZE)] im Anschluss an die Losfertigung bzw. -lieferung in das Modell einbezogen. Die variablen Einkaufs- bzw. Produktionskosten brauchen nicht berücksichtigt zu werden, da ihre Summe pro ZE unabhängig von der Losgröße ist.

(5) Es liegen keine Kapazitätsbeschränkungen vor.

Eine zu diesem Modell exakt passende Situation kommt (bis auf einzelne Sonderfälle) in der Realität praktisch nie vor. Das EOQ-Modell ist deshalb heutzutage nur zum Verständnis der Grundlagen anderer Modelle von Interesse.[36] Die Vorteile des EOQ-Modells selbst liegen lediglich in der leichten Verständlichkeit und in der einfachen Lösbarkeit.

Ausgehend von den obigen Annahmen erhält man die charakteristische Sägezahnkurve als Lagerbestandsverlauf über die Zeit (Abbildung 2-3). Typisch sind vor allem die schlagartige Bereitstellung des Loses und die gleichmäßige Abgabe der Güter an den konstanten Bedarf.

---

32 Vgl. im Folgenden Adam (1998), S. 475 ff. und Domschke et al. (1997), S. 76 ff.

33 Siehe zur fälschlichen Zuordnung zu Andler die Ausführungen in Francois (2000), S. 75 ff.

34 Vgl. Junge (2003), S. 81.

35 Vgl. Adam (1998), S. 493 ff. und Günther/Tempelmeier (2005), S. 202 f.

36 Wobei nicht sicher ist, ob die wiederholte Einbeziehung dieses Modells in die moderne Literatur nicht eher schädlich ist, da dadurch implizit der Eindruck der Anwendbarkeit bzw. Aktualität geweckt werden kann. Hier wird deshalb besonders deutlich auf die Nachteile des EOQ-Modells verwiesen.

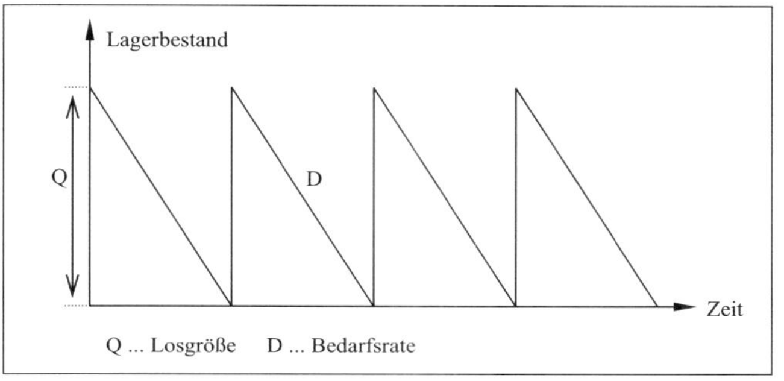

Abbildung 2-3: Lagerbestandverlauf im EOQ-Modell

Aufgrund der Dreiecksform ergibt sich ein durchschnittlicher Lagerbestand in Höhe der halben Losgröße. Daraus resultiert die folgende Gesamtkostenfunktion $K(Q)$ [GE/ZE] in Abhängigkeit von der Losgröße Q:[37]

$$K(Q) = \frac{D}{Q} \cdot KF + \frac{Q}{2} \cdot KL$$

Wenn sich, wie in diesem Fall, der Zusammenhang der zu optimierenden Größe (hier: Gesamtkosten) und einer einzigen gesuchten Größe (hier: Losgröße) in einer einfachen Formel ausdrücken lässt, dann kann eine Lösung per Nullsetzen der ersten Ableitung gefunden werden. Bei EOQ-Modell ergibt sich die bekannte Formel:

$$Q^* = \sqrt{\frac{2 \cdot D \cdot KF}{KL}}$$

Diese optimale Losgröße Q^* ist nun stets anzuwenden (d. h. herstellen bzw. anliefern lassen), sobald das Lager leer ist. Die Bündelung des gesamten Bedarfes in Lose ist deshalb allein mit obiger Formel bereits vollständig beschrieben.

Die beschränkenden Annahmen des klassischen Losgrößenmodells lieferten Grund und Ansatzpunkt zugleich für zahlreiche Erweiterungen, die im folgenden Abschnitt besprochen werden. Anhand der zunächst beibehaltenen zentralen Annahme eines konstanten Bedarfs (s. o.) werden sie zur Gruppe der „statischen“ Losgrößenmodelle zusammengefasst.

[37] Die genauen mathematischen Her- bzw. Ableitungen sind hier nicht von Interesse, siehe dazu z. B. die bereits angegebenen Quellen Adam (1998), S. 475 ff. und Domschke et al. (1997), S. 76 ff.

2.2.2 Erweiterte Modelle der statischen Losgrößenplanung

Das EOQ-Modell wurde in vielfacher Hinsicht ergänzt. Zumeist stellen diese Ergänzungen Verallgemeinerungen dar, d. h. sie heben vereinfachende Annahmen früherer Modelle ganz oder teilweise auf. Die früheren Modelle werden dadurch zu Spezialfällen innerhalb der neuen, allgemeineren Modelle. Dadurch werden die Modelle zwar komplexer und der Lösungsaufwand steigt, aber sie nähern sich zugleich der Realität.

Die erste Verallgemeinerung ist die Einführung einer endlichen Fertigungsgeschwindigkeit. War das EOQ-Modell mit seiner schlagartigen Anlieferung (Annahme Nr. 3 im vorangegangenen Abschnitt) für Beschaffungslosgrößen noch sinnvoll, so impliziert es dadurch für Produktionslosgrößen jedoch eine unendlich große Fertigungsgeschwindigkeit. Durch die Einführung der Fertigungsgeschwindigkeit g und die Annahme, dass jedes Produkt sofort nach Fertigstellung für die Bedienung des Bedarfs zur Verfügung steht (sog. „offene Produktion“), ergibt sich folgende erweiterte Formel[38]:

$$Q^* = \sqrt{\frac{2 \cdot D \cdot KF}{\left(1 - \frac{D}{g}\right) \cdot KL}}$$

Eine andere Formel für die gleiche Verallgemeinerung ergibt sich, wenn man davon ausgeht, dass die hergestellten Einheiten erst nach der Fertigstellung des gesamten Loses für die Bedienung des Bedarfs zur Verfügung stehen (sog. „geschlossene Produktion“).[39]

Doch nicht nur an der dritten Annahme des EOQ-Modells, der Produktionsgeschwindigkeit (siehe Kapitel 2.2.1), setzen die erweiterten Modelle an. Verschiedene Möglichkeiten ergeben sich auch bei Änderung der vierten Annahme, die die Identität und den Verlauf der einzubeziehenden Kostengrößen enthält. Kennt man z. B. die finanziellen Nachteile, die durch eine verspätete Bedienung des Bedarfs entstehen (sog. „Fehlmengenkosten“), kann man diese in die Kostensumme einfließen lassen und dadurch das Modell um Verzugsmengen erweitern.[40] Weiterhin werden die variablen Einkaufskosten (Preise) für die Dimensionierung der Bestelllose relevant, wenn der Lieferant Mengenrabatte gewährt.[41] Ein drittes Beispiel für die Verallgemeinerung mit Hilfe der Kostengrößen ist die Aufhebung der strikten Linearität der Lagerhaltungskosten durch Einbeziehung von sprungfixen Lagerhaltungskosten. Auf diese

---

[38] Diese Erweiterung für Produktionslosgrößen wird in der Literatur z. T. schon zum „klassischen Modell“ gerechnet, so z. B. in Adam (1998), S. 483.

[39] Vgl. zur geschlossenen Produktion z. B. Bloech et al. (2004), S. 271 f. und Corsten (2007), S. 454 f.

[40] Vgl. Domschke et al. (1997), S. 81 f.

[41] Siehe zu Modellen mit Bestellmengenrabatten z. B. Benton/Park (1996).

Weise können z. B. die bei Platzmangel zusätzlich angemieteten Lagerflächen berücksichtigt werden.[42]

Für die Abbildung realitätsnaher betrieblicher Situationen ausgesprochen wichtige Verallgemeinerungen ergeben sich bei Abänderung der Annahmen Nr. 1 (nur ein Produkt) und Nr. 5 (keine Kapazitätsgrenzen). So findet man u. a. Modelle, die mehrere Produkte auf einer Produktionsstufe betrachten, sei es aufgrund komplexer Rabatte bei Sammelbestellungen verschiedener Produkte[43] oder aufgrund von Kapazitätsbeschränkungen des Lagers[44] bzw. der Fertigung[45]. Die andere Art, mehrere Produkte zu betrachten, ist die Berücksichtigung mehrerer Produktionsstufen. Hierbei werden die Interdependenzen der Endprodukte zu den Vor- und Zwischenprodukten in die Planung einbezogen. Besonders mehrstufige Modelle mit Kapazitätsbeschränkungen[46] weisen eine hohe Komplexität auf, kommen der Realität aber näher als einfache Modelle.

Schon aus diesem kurzen und unvollständigen Überblick wird ersichtlich, welche Vielfalt an Modellen existiert. Hinzu kommen Modelle, die mehrere Verallgemeinerungen früherer Modelle kombinieren, z. B. die gleichzeitige Berücksichtigung von Rabatten und Kapazitätsschranken[47]. Solange jedoch die Annahme des statischen Bedarfsverlaufs beibehalten wird, werden all diese Modelle in der Klasse der statischen Modelle zusammengefasst (vgl. Abbildung 2-2).[48] In den folgenden Abschnitten werden Modelle vorgestellt, die auch diese Annahme aufheben.

2.2.3 Das Modell nach Wagner/Whitin

Für die Klasse der dynamischen Losgrößenmodelle nimmt das Modell von Wagner/Whitin (1958) eine ähnliche Stellung ein, wie sie das klassische Modell (EOQ) für die statischen Modelle innehat: Es geht von einem einfachen Fall aus und zog eine große Zahl von erweiterten Modellen nach sich.

Wie bereits angedeutet, liegt der entscheidende Unterschied zwischen der Klasse der statischen und der Klasse der dynamischen Modelle im unterstellten Bedarfsverlauf: Im Modell von Wagner/Whitin (und in den darauf aufbauenden Modellen) wird für jede Periode inner-

---

[42] Vgl. Rao/Bahari-Kashani (1990).

[43] Vgl. Kaspi/Rosenblatt (1991).

[44] Vgl. Brink (1988).

[45] Vgl. Adam (1998), S. 485.

[46] Vgl. z. B. Jackson et al. (1988).

[47] Vgl. Pirkul/Aras (1985) und Benton (1992).

[48] Es gibt Mischformen, die zwar keine exakt konstanten Bedarfe aufweisen, aber trotzdem zu den statischen Modellen gerechnet werden können, vgl. Domschke et al. (1997), S. 83 f.

halb des Planungszeitraums eine individuelle Bedarfshöhe angesetzt. Abgesehen davon gleichen die Annahmen des Wagner-Whitin-Modells sehr denen des EOQ-Modells:[49]

(1) Es wird nur die Produktion bzw. Disposition eines Gutes betrachtet. Folglich werden sowohl die Interdependenzen zu anderen Produkten der gleichen Stufe als auch zu angrenzenden Bereichen (z. B. weiterverarbeitende Produktionsstufen) vernachlässigt.

(2) Der Planungshorizont ist endlich und in Perioden gleicher Länge unterteilt. Er ist außerdem abgeschlossen, d. h. die Lagerbestände sind zu Beginn und Ende des Planungshorizonts jeweils Null. Die nachgefragte Menge fällt zu Beginn jeder Periode in voller Höhe an und kann je nach Periode andere Werte annehmen.

(3) Produzierte bzw. bestellte Lose stehen zu Periodenbeginn in voller Höhe zur Verfügung und werden eingelagert bzw. sofort zur Bedarfsbedienung verwendet.

(4) Es werden lediglich fixe Kosten pro Los *KF* [GE] (Rüstkosten bzw. fixe Bestellkosten) und ein Lagerhaltungskostensatz *KL* [GE/(ME·ZE)] im Anschluss an die Losfertigung bzw. -lieferung in das Modell einbezogen. Die variablen Einkaufs- bzw. Produktionskosten brauchen nicht berücksichtigt zu werden, da ihre Summe pro ZE unabhängig von der Losgröße ist.

(5) Es liegen keine Kapazitätsbeschränkungen vor.

Wie man sieht, entsprechen die Annahmen Nr. 1, 4 und 5 exakt denjenigen des EOQ-Modells. Aus der Kombination der geänderten Annahmen Nr. 2 und 3 ergibt sich neben den variablen Bedarfshöhen nun auch ein anderes Lagerbewegungsprinzip: Alle Zu- und Abgänge erfolgen sprunghaft, da der Lagerbestand nur zu Beginn jeder Periode angepasst wird. Daraus resultiert ein treppenförmiger Verlauf des Lagerbestands über die Zeit (Abbildung 2-4).

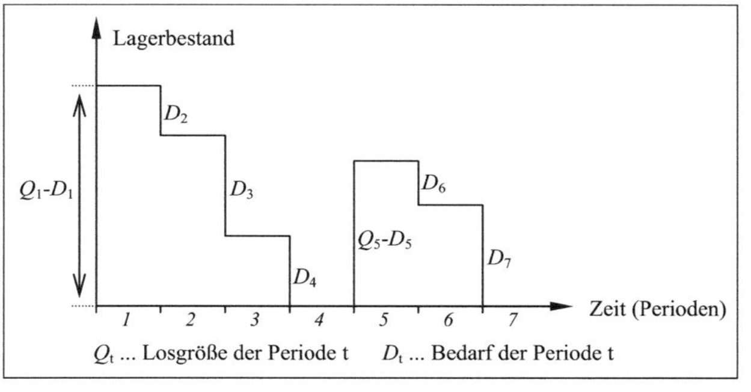

Abbildung 2-4: Lagerbestandsverlauf im Wagner-Whitin-Modell

[49] Vgl. Francois (2000), S. 84 ff und Domschke et al. (1997), S. 115.

Aufgrund der unterschiedlichen Periodenbedarfe sind nun auch die optimalen Lose je nach Zeitpunkt unterschiedlich groß. Bei ihrer Bestimmung ergibt sich deshalb eine zusätzliche Schwierigkeit: Beim statischen EOQ-Modell und vielen seiner statischen Nachfolger konnte die Lösung aufgrund der einfachen Situation noch analytisch, d. h. auf direktem Weg per Ableitung und Nullsetzung erfolgen. Es ergab sich eine Formel, die für alle beliebigen Kombinationen der einfließenden Parameter galt. Ein „echtes" Verfahren zur Ermittlung der optimalen Losgröße war daher unnötig bzw. bestand lediglich in der Anwendung eben jener Formel. Diese vorteilhafte Eigenschaft ist bei den dynamischen Losgrößenmodellen nicht mehr gegeben, da durch die mehrdimensionale Ergebnisstruktur (unterschiedliche Losgrößen pro Periode) zumeist keine analytische Lösung mehr möglich bzw. sie zu aufwändig ist.

Die Lösung dynamischer Losgrößenmodelle erfolgt aus dem obigen Grund in der Regel mit Algorithmen, die deutlich komplexer als eine einzelne Formel sind. Es gibt mehrere derartige Verfahren zur (exakten) Lösung des Wagner-Whitin-Modells: Neben der Lösung mit Hilfe der dynamischen Optimierung[50] existieren auch Verfahren, die dieses Modell in ein Kürzeste-Wege-Problem oder in ein Warehouse-Location-Problem transformieren und dann mit den jeweiligen Methoden dieser Gebiete lösen. Zusätzlich sind zahlreiche Heuristiken für dieses Modell entwickelt worden, z. B. die nach ihren Autoren benannten Verfahren Silver/Meal, Groff und Axsäter.[51]

Wie schon beim EOQ-Modell lieferten auch hier die beschränkenden Annahmen Grund und Ansatzpunkt für zahlreiche Erweiterungen, die Thema des folgenden Abschnitts sind. Anhand der beibehaltenen Annahme Nr. 2 (variable Bedarfe) werden diese Modelle zur Gruppe der dynamischen Losgrößenmodelle zusammengefasst.

2.2.4 Erweiterte Modelle der dynamischen Losgrößenplanung

Analog zu den statischen Modellen entstand auch bei den dynamischen Modellen eine große Modellvielfalt durch die Verallgemeinerung beschränkender Eigenschaften früherer Modelle. Auch für dynamische Bedarfe finden sich u. a. Modelle und Lösungsverfahren für Rabatte auf Einstandpreise, die Berücksichtigung von Fehlmengenkosten sowie die Beachtung von Kapazitätsbeschränkungen im Lager oder in der Produktion.[52]

Erweitert man dagegen das Modell von Wagner/Whitin auf mehrere Produktionsstufen, behält aber die restlichen Eigenschaften bei, so erhält man das MLLSP („Multi-Level Lot Sizing Problem"). Zur Lösung dieses Modells wurden verschiedene Verfahren entwickelt, sowohl

[50] Vgl. Domschke/Drexl (2007), S. 159 ff.

[51] Vgl. Domschke et al. (1997), S. 117 ff. und Heinrich (1987), S. 44, bzw. Silver/Meal (1973), Groff (1979) und Axsäter (1980).

[52] Vgl. Domschke et al. (1997), S. 131 f.

exakte Methoden (z. B. durch Crowston/Wagner[53] und Afentakis/Gavish[54]) als auch Heuristiken (z. B. durch Blackburn/Millen[55] und Graves[56]).

Verzichtet man auf zusätzliche Produktionsstufen und bezieht stattdessen zusätzliche Produkte auf der gleichen Produktionsstufe, die sich gemeinsame Kapazitäten teilen, in die Beachtung ein, so erhält man das CLSP („Capacitated Lot Sizing Problem"). Hierfür kommen z. B. die Heuristik von Dixon/Silver[57] sowie das (exakte) Branch-and-Bound-Verfahren von Gelders et al.[58] zum Einsatz.

Die bisher genannten Verallgemeinerungen konzentrierten sich meist auf ein oder zwei Eigenschaften des ursprünglichen Modells nach Wagner/Whitin und näherten sich der Realität deshalb nur teilweise an. Weitaus komplexer, aber auch deutlich näher an realen Produktionsbedingungen sind dagegen Modelle, die möglichst viele der vereinfachenden Annahmen des Wagner-Whitin-Modells aufheben. Ein solches Modell ist das MLCLSP („Multi-Level Capacitated Lot Sizing Model"). Es betrachtet mehrere Produkte auf der gleichen Stufe, mehrere Produktionsstufen und mehrere Kapazitätsbeschränkungen zugleich. Für das MLCLSP lassen sich darüber hinaus auch Varianten finden, die Rüst- bzw. Stationszeiten einbeziehen, Überstunden (und deren Kosten) modellieren oder Wartezeiten des Personals optimieren.[59]

Die in diesem Abschnitt genannten Modelle der erweiterten dynamischen Losgrößenplanung werden in der Regel bewusst in der für die mathematischen Modelle des Operations Research (OR) typischen Form aufgestellt, d. h. mit Zielfunktion und Nebenbedingungen.[60] Aufgrund der in den Losgrößenmodellen getroffenen Annahmen ergibt sich dabei zumeist ein lineares OR-Modell in der folgenden Form[61]:

$$\begin{array}{ll} Min. & F(\mathbf{x}) := \mathbf{c}^T\mathbf{x} \\ u.d.N & \mathbf{A}\mathbf{x} = \mathbf{b} \\ & \mathbf{x} \geq 0 \end{array} \quad \text{mit } \mathbf{x} = \begin{pmatrix} x_1 \\ \vdots \\ x_q \end{pmatrix}; \mathbf{c} = \begin{pmatrix} c_1 \\ \vdots \\ c_q \end{pmatrix}; \mathbf{A} = \begin{pmatrix} a_{11} & \cdots & a_{1q} \\ \vdots & & \vdots \\ a_{m1} & \cdots & a_{mq} \end{pmatrix}; \mathbf{b} = \begin{pmatrix} b_1 \\ \vdots \\ b_m \end{pmatrix}$$

53 Vgl. Crowston/Wagner (1973).

54 Vgl. Afentakis/Gavish (1986).

55 Vgl. Blackburn/Millen (1982).

56 Vgl. Graves (1981).

57 Vgl. Dixon/Silver (1981).

58 Vgl. Gelders et al. (1986).

59 Vgl. Junge (2003), S. 107 f.

60 Vgl. z. B. die durchgehende Form der Präsentation der Losgrößenmodelle in Junge (2003) mit den Modellen des Operations Research in Neumann/Morlock (2002), S. 12 ff.

61 Standardproblem der linearen Optimierung (hier ohne gesondert indizierte Schlupfvariablen), vgl. Neumann/Morlock (2002), S. 41 f..

Liegen die Losgrößenprobleme einmal als derartige lineare OR-Modelle vor, so kann auch ihre Lösung mit den entsprechenden Methoden des Operations Research erfolgen (z. B. Simplexverfahren[62]). Modelle mit einer Komplexität, wie sie z. B. das MLCLSP hat, lassen sich jedoch nicht mehr mit vertretbarem Aufwand „von Hand“ lösen. Hier kommen Rechnerprogramme zum Einsatz, die über eine integrierte Modellanalyse verfügen und automatisch das passende Lösungsverfahren auswählen und anwenden. Dadurch können sich sowohl Anwender in der Praxis als auch Wissenschaftler[63] auf die Modell*bildung* konzentrieren – die Modell*lösung* hingegen kann den Standardprogrammen überlassen werden. Dadurch rückt die Frage der Darstellung der betriebswirtschaftlich relevanten Sachverhalte als mathematisches Modell in das Zentrum des Interesses der Forschung in der Produktionsplanung. Die Lösungsverfahren hingegen liegen i. d. R. auch für neue Modelle schon als einsatzbereite Werkzeuge vor.[64]

Wie schon bei den statischen Modellen wurden auch bei den dynamischen Modellen aufgrund ihrer Vielzahl nicht alle Ansätze genannt.[65] Dies ist jedoch auch gar nicht nötig, da mit den Mitteln der modernen Modellbildung zusätzliche Gegebenheiten der Produktion sowie Interdependenzen zu angrenzenden Planungsbereichen dem Modell sehr flexibel hinzugefügt werden können: Die Zielfunktion und insbesondere die Menge der Nebenbedingungen werden einfach um entsprechende Elemente ergänzt. Auf diese Weise können mit vergleichsweise geringem Aufwand neue Modelle bzw. neue Modellvarianten entworfen werden, deren Lösung anschließend den bereits erwähnten Standardprogrammen überlassen wird. Die Frage lautet daher nicht mehr „Welche Modelle gibt es?“, sondern vielmehr „Welches Modell wird im vorliegenden Fall benötigt?“.

Die Ausbaufähigkeit moderner Modelle, verbunden mit der Verfügbarkeit leistungsfähiger Rechner(-programme), führt auch dazu, dass die Losgrößenplanung durch die Berücksichtigung immer weiterer betrieblicher Aspekte ihren ursprünglich sehr engen Wirkungsraum verlässt. So geht beispielsweise bereits die Einbeziehung von Kapazitätsrestriktionen über die in der klassischen PPS (siehe Kapitel 2.1) vorgenommene unkapazitierte Losgrößenplanung hinaus und integriert Teile der Kapazitätsplanung in die Losgrößenplanung. Mehrstufige Modelle können aufgrund der Äquivalenz der Losgröße in Beschaffung und Produktion nicht nur die Planung der Sekundärbedarfe („Bedarfsauflösung“) vornehmen, sondern zusätzlich auch die Bestellmengenplanung für Zukaufteile und Rohstoffe. So genannte Mikroperiodenmodelle[66] betrachten nicht nur die Größe der Lose, sondern auch deren Reihenfolge („Losse-

---

[62] Zu dieser und anderen Methoden des Operations Research siehe z. B. Neumann/Morlock (2002), S. 52 ff.

[63] Dies gilt natürlich für nur den hier vorausgesetzten Fall des *anwendenden*, speziell des betriebswirtschaftlichen Forschers. Die Schaffung bzw. Modifizierung von Verfahren zur Modelllösung verlagert sich aufgrund ihrer hohen Komplexität auf Spezialisten der entsprechenden Teilwissenschaften (Mathematik, Operations Research etc.).

[64] Vgl. Junge (2003), S. 78.

[65] Einen Überblick über weitere Modelle gibt z. B. Junge (2003), S. 128 ff.

[66] Vgl. Domschke et al. (1997), S. 133 ff.

quenz“) und dringen dadurch in den Gestaltungsbereich der Feinplanung ein, deren detaillierte, stundenweise Planung traditionell der Losgrößenplanung nachgeschaltet ist bzw. war. Es lassen sich zahlreiche Beispiele dieser Art finden, die allesamt die Entwicklung der Losgrößenplanung hin zu einer teilweisen Simultanplanung der Produktion dokumentieren. Aufgrund der in Kapitel 2.1 genannten Gründe, die einer Simultanplanung entgegenstehen, wird sich daraus zwar keine vollständig simultane Produktionsplanung ergeben, jedoch zumindest eine stärker integrierte Planung, die mehr umfasst, als der Begriff „Losgrößenplanung“ traditionell enthält.

Im Zuge dieser Entwicklung erscheinen auch Kritiken der Losgrößenplanung in neuem Licht, welche ihr z. T. einen, in Relation zu ihrer Vielzahl an Modellen, eher geringen praktischen Nutzen unterstellen[67]. Bezüglich der Modelle der *traditionellen*, d. h. auf den engen Wirkungskreis im Rahmen der klassischen PPS beschränkten, Losgrößenplanung mag dieses Urteil gerechtfertigt sein.[68] Anders sieht es jedoch bei der soeben vorgestellten modernen Losgrößenplanung aus: Weiterentwickelte Modelle (s. o.) gehen über die Losgrößenplanung i. e. S. hinaus – Kernpunkt in ihnen ist weniger die Dimensionierung einzelner Auftragsgrößen, sondern vielmehr die vorteilhafte Verteilung der zu produzierenden Mengen über den Planungszeitraum, wobei die traditionellen Einflussfaktoren der Losgrößenplanung (Rüst- und Lagerhaltungskosten) zugunsten anderer Einflussgrößen (Kapazitäten bzw. Kapazitätskosten, Konventionalstrafen etc.) an Bedeutung verlieren. Moderne mathematische Planungsmodelle sind um nahezu *beliebige* Restriktionen erweiterbar, welche neben den bereits erwähnten Themen (Kapazitätsplanung etc.) auch individuelle Forderungen des laufenden Geschäfts (Kundenbevorzugung, zeitliche Engpässe etc.) enthalten können. Dadurch sind sie, bei geschickter Modellierung, auch für moderne Produktionsprinzipien (Kundenorientierung, variantenreiche Fertigung mit jeweils kleinen Stückzahlen etc.) relevant, welche ansonsten eher als Argument *gegen* eine Anwendung der Losgrößenplanung dienen.[69]

---

[67] Vgl. Kurbel (2005), S. 36.

[68] Kurbel scheint bei seiner Kritik trotz seiner allgemeinen Formulierung auch tatsächlich nicht die moderne Losgrößenplanung zu berücksichtigen, sondern lediglich die traditionelle (unkapazitierte, einstufige etc.) Losgrößenplanung, wie sie Teil der klassischen PPS ist. Das kann man daran erkennen, dass sein im Anschluss an die Kritik folgender Hinweis auf an anderer Stelle vorgestellte Losgrößenplanungsverfahren den Leser zu einer Textpassage mit ausschließlich „altmodischen“ Verfahren führt (EOQ, Gleitende wirtschaftliche Losgröße etc.; vgl. Kurbel (2005), S. 116 ff.). Dies zeigt, dass der Begriff „Losgrößenplanung“ auch heute noch immer stark mit der *traditionellen* Losgrößenplanung identifiziert wird. Das kann man entweder als Anlass nehmen, bei der Vorstellung moderner Verfahren die Bezeichnung „Losgrößenplanung“ weitgehend zu vermeiden (was z. B. bei Dudek (2004) zu beobachten ist) oder aber man weist ausdrücklich auf den unterschiedlichen Horizont der traditionellen und der modernen Losgrößenplanung hin, wie in dieser Arbeit geschehen.

[69] Vgl. erneut Kurbel (2005), S. 36. Dabei muss wiederum eingeräumt werden, dass die Gültigkeit dieses Arguments analog zu den obigen Ausführungen von dem unterstellten Umfang des Begriffs „Losgrößenplanung“ abhängt.

Als Fazit dieses Abschnitts bleibt festzuhalten, dass mit den modernen Modellen der dynamischen Losgrößenplanung der Rahmen der Losgrößenplanung wesentlich erweitert wird. Diese Modelle sind zunehmend in der Lage, zur Annäherung an die Simultanplanung verschiedener Bereiche innerhalb eines Unternehmens beizutragen. Zusätzlich lassen sich auch individuelle betriebliche Umstände flexibel modellieren, weshalb – in Zusammenspiel mit der stetig steigenden Leistungsfähigkeit der verfügbaren Rechentechnik – für die Zukunft eine steigende Bedeutung der Losgrößenplanung zu erwarten ist. Dies gilt jedoch nicht für die *traditionelle* Losgrößenplanung, weshalb man bei der Frage der Anwendbarkeit stets klar zwischen ihr und der modernen Losgrößenplanung unterscheiden sollte. Dennoch werden in dieser Arbeit beide Bereiche unter dem Begriff „Losgrößenplanung" vereint, da auch die modernen dynamischen Modelle in der Regel im Kern auf traditionellen Modellen wie dem Wagner-Whitin-Modell basieren. Dieses umfassende Verständnis des Begriffs „Losgrößenplanung" muss sich dann aber auch in seiner Definition wiederfinden, d. h. es sind solche Definitionen zu vermeiden, die einschränkende Bestandteile der traditionellen Losgrößenplanung enthalten, wie z. B. eine Fixierung auf Rüst- und Lagerkosten[70]. Die zu Beginn von Kapitel 2.2 gebrachte Erklärung des Wesens der Losgrößenplanung ist somit allgemein genug gehalten, um diese Forderung zu erfüllen. Wenn in der weiteren Arbeit von Losgrößenplanung die Rede ist, sind demzufolge beide Aspekte dieses Wissenschaftsbereichs gemeint – wenn auch, aufgrund ihrer höheren Zukunftsfähigkeit, die Betonung zumeist auf der modernen Losgrößenplanung liegt. Ihre Methoden sind geeignet, große Teile der zum Abschluss von Kapitel 2.1 beschriebenen Produktionsplanung (i. e. S.) zu umfassen.

2.3 Zusammenfassung

In diesem Kapitel wurde in kurzer Form die Produktionsplanung eines Unternehmens beschrieben, wobei der Teilbereich der Losgrößenplanung ausführlicher erklärt wurde. Zweck dieses Kapitels war es, die Aufgaben und Methoden der Produktionsplanung im Rahmen eines einzelnen Unternehmens zu beschreiben. Damit wurde die Grundlage für die folgenden Kapitel geschaffen, in denen Verfahren vorgestellt werden, die die Produktionsplanung auf mehrere Unternehmen ausweiten. Da diese Verfahren ihren Ursprung oft in den Modellen und Methoden der Losgrößenplanung haben, wurde dieser Teilbereich der Produktionsplanung in diesem Kapitel stärker betont.

Bevor jedoch in Kapitel 4 ein neuer Ansatz zur Produktionsplanung im Unternehmensnetzwerk vorgestellt wird, sollen nun zunächst in Kapitel 3 die Grundidee einer unternehmensübergreifenden Produktionsplanung sowie die zu dieser Thematik bislang veröffentlichten Ansätze untersucht werden.

[70] Eine zu enge Definition dieser Art verwendet z. B. Adam (1998), S. 483.

3 Produktionsplanung im Unternehmensnetzwerk

Nach der im vorangegangenen Kapitel erfolgten grundsätzlichen Beschreibung der Produktionsplanung und speziell der Losgrößenplanung eines einzelnen Unternehmens, soll in diesem Kapitel die Erweiterung auf mehrere Unternehmen in einem Unternehmensnetzwerk erfolgen. Mit dem Begriff „Unternehmensnetzwerk" sind hier keine besonderen Vorstellungen verknüpft, die über eine Menge von mindestens zwei selbstständigen Unternehmen, welche durch die Lieferung von Vorprodukten zueinander in Beziehung stehen, hinausgehen. Lediglich drei Eigenschaften werden für diese Geschäftsbeziehungen vorausgesetzt, damit das Unternehmensnetzwerk eine für diese Arbeit sinnvolle Struktur erhält: eine gewisse Dauerhaftigkeit, eine hohe Bedeutung für die beteiligten Unternehmen (damit man sich trotz vielfältiger Geschäftsbeziehungen auf ein bestimmtes Netzwerk einigen kann) und ein Mindestmaß an Bereitschaft zur Kooperation miteinander.[71]

Zunächst zeigt der folgende Abschnitt die Vorteilhaftigkeit der Grundidee einer unternehmensübergreifenden Produktionsplanung in Form ungenutzter Effizienzpotenziale auf (Kapitel 3.1). Anschließend wird auf grundsätzliche Probleme eingegangen, die sich durch die Ausweitung der Produktionsplanung über das einzelne Unternehmen hinaus ergeben (Kapitel 3.2). Diese Probleme stellen die Hindernisse dar, die sich der Ausschöpfung der zuvor veranschaulichten Effizienzpotenziale entgegenstellen.

Um den Raum für eigene Lösungsvorschläge abzustecken, erfolgt in Kapitel 3.3 eine Zusammenfassung der wesentlichen bisherigen Arbeiten auf dem Gebiet der unternehmensübergreifenden Produktionsplanung (speziell der Losgrößenplanung). Mit Hilfe des sich dadurch ergebenden Bildes sollen Lücken in der bisherigen Forschung identifiziert und bewertet

[71] Eine ausführlichere Erläuterung dieser Eigenschaften von „Unternehmensnetzwerk" folgt in Kapitel 4.2. Mit diesem weitgesteckten Begriffsverständnis werden nicht-zielführende Spitzfindigkeiten in der Definitions- und Begriffskonstruktion bewusst vermieden, zu denen es bei Unterscheidungen zwischen „Lieferkette", „Unternehmensnetzwerk", „supply chain", „supply network", „demand chain" (Vollmann et al. (2005), S. 479) oder gar „supply and demand chain" (Marbacher (2001), S. 21) und anderen meist quasi-synonymen Ausdrücken kommt. (Mitunter erhalten diese begrifflichen Bemühungen einiger Autoren fast schon amüsante Züge, wie z. B. bei der entschiedenen Ablehnung des Begriffs „Lieferkette" aufgrund der impliziten Linearität von „Kette" und der gleichzeitig davon völlig unbeeindruckten Weiternutzung des Begriffs „supply *chain*", wie bspw. in Sucky (2004), S. 8 ff.) Derartige Definitionsexzesse (vgl. auch Mentzer et al. (2001), S. 3 ff. sowie Grünauer (2001), S. 17 f.) erinnern an den wenig hilfreichen methodologischen Essentialismus, dessen fundierte Kritik von Popper (siehe Popper (1992a), S. 39-42 und Popper (1992b), S. 20-22) dem interessierten Leser sehr zu empfehlen ist. Eine aus jener Kritik zu ziehende Lehre ist, dass man oft eben nicht eine möglichst umfassende Definition zu einem gegebenen Begriff aufstellen, sondern dem Untersuchungsgegenstand lediglich einen praktikablen Namen geben sollte. Ausgangspunkt ist demzufolge nicht der Begriff, sondern der reale Untersuchungsgegenstand. „Unternehmensnetzwerk" soll deshalb hier nur ein Name sein, der diesem Gebilde aus mehreren Unternehmen zugewiesen wird.

werden. Diese Vorgehensweise hilft später bei der zielgerichteten Konzeption und Bewertung des in Kapitel 4 vorgestellten neuen Ansatzes.

3.1 Optimierungspotenziale durch unternehmensübergreifende Planung

In diesem Abschnitt gilt es zu zeigen, warum bei einer Ausweitung der Produktionsplanung über das einzelne Unternehmen hinaus Effizienzsteigerungen möglich sind.[72] Dafür genügt es, sich zu verdeutlichen, dass jede einzelne Firma eines Unternehmensnetzwerkes nur einen Teil einer sukzessiven Planungskette darstellt, in der die Planungsergebnisse einer Firma eine Rahmenbedingung für die Planung einer anderen Firma bilden. Die für diese Arbeit besonders interessante Rahmenbedingung ist der direkte Kundenbedarf. Er ergibt sich aus der Festsetzung von Bestellmengen nach Gutdünken der abnehmenden Firma und deren Meldung an den Lieferanten. Dies hat wie jede Einführung einer Restriktion zur Folge, dass der Lösungsraum schrumpft, d. h. die Menge der für den Lieferanten möglichen Produktionspläne wird kleiner. Durch die Übermittlung konkreter Bestellmengen ist diese Einschränkung des Lösungsraums für den Lieferanten jedoch größer, als es zur Erfüllung der Restriktion „Endkundenbedarf"[73] zwingend erforderlich wäre. Auf diese Weise kann jeder Lieferant in einem Unternehmensnetzwerk seinen Produktionsplan nur aus einem Teil der zur Befriedigung des Endkundenbedarfs zulässigen Pläne auswählen. Dies allein verdeutlicht bereits, dass eine gemeinsame Festlegung der Bestellmengen durch Lieferant und Abnehmer Verbesserungspotenziale birgt, da durch einen größeren Lösungsraum die zu erwartende Güte des besten darin enthaltenen Ergebnisses steigt[74]. Umgangssprachlich ausgedrückt: Man hat mehr Auswahl und kann deshalb (vermutlich) eine bessere Lösung finden.

Eine andere Herangehensweise verdeutlicht den gleichen Sachverhalt mit Hilfe einer Analogie zur internen Mehrstufigkeit: Jede in einer anderen Firma enthaltene Anlage, zu der indirekt Materialsflussverbindungen aufgrund der Verwendung von Vorprodukten bestehen, stellt aus der Sicht der mehrstufigen Losgrößenplanung nichts anderes als eine weitere, noch nicht in die Planung einbezogene Produktionseinheit dar (siehe Abbildung 3-1). Gleiches gilt für Distributions- und Beschaffungsaktivitäten, wenn diese sich genau wie eine Produktionseinheit auf die nach- bzw. vorgelagerten Stufen auswirken und mit analogen Methoden bearbeitet werden können.[75]

---

[72] Eine alternative Erklärung findet sich bei Bhatnagar et al. (1993), S. 147.

[73] Hier und im Folgenden wird die Bezeichnung „Endkundenbedarf" für diejenigen Kundenbedarfe verwendet, die der letzten, d. h. der am weitesten (material-)flussabwärts gelegenen, Stufe des Unternehmensnetzwerks vorliegen und in deren Befriedigung die Vorleistungen der (Sub-)Lieferanten direkt oder indirekt einfließen.

[74] Ausgenommen davon sind natürlich Restriktionen, die bewiesenermaßen den Lösungsraum begrenzen, ohne die beste Lösung auszuschließen. Dies kann jedoch von einer isoliert durch den Abnehmer festgelegten Bestellmenge nicht geleistet werden, da er nicht über die dafür notwendigen Informationen verfügt.

[75] Zur Analogie der Losgrößenplanung in Beschaffung und Produktion vgl. z. B. Francois (2000), S. 34.

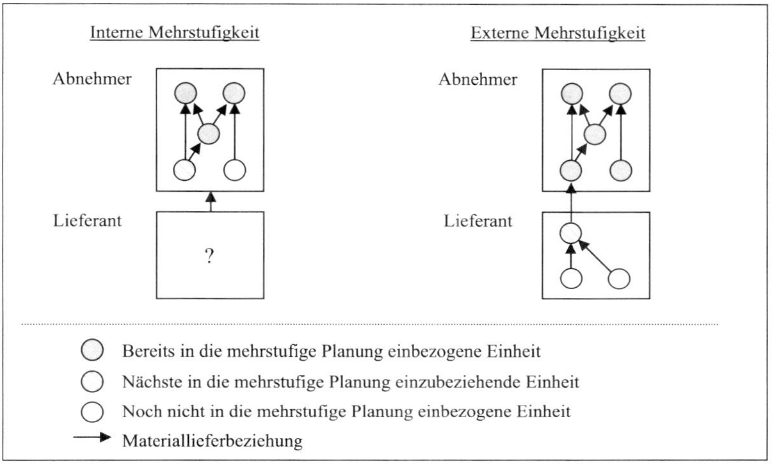

Abbildung 3-1: Analogie von interner und externer Mehrstufigkeit

Das bei der mehrstufigen Planung beste erreichbare Ergebnis verbessert sich jedoch mit jeder zusätzlich einbezogenen Stufe.[76] Deshalb kann die Ausweitung der Produktionsplanung auf angrenzende Unternehmen aus Sicht der mehrstufigen Losgrößenplanung begrüßt werden. Ein unternehmensübergreifendes Optimum ist schließlich in der Regel vorteilhafter als die Summe der individuellen Optima.[77]

Um diese Potenziale zu nutzen, muss die Maximierung des höchstmöglichen individuellen Gewinns der Maximierung des unternehmensübergreifenden Gewinns weichen. Diese Zielverschiebung darf jedoch nur ein Zwischenschritt sein! Bleibt man bei der Betonung des Gesamtgewinns des Unternehmensnetzwerks stehen, so wird letztendlich jedes darauf fußende Kooperationskonzept, das ohne hierarchischen Druck funktionieren soll, scheitern. In einem weiterführenden Schritt müssen die Bestrebungen stattdessen wieder zurück zum höchstmöglichen individuellen Gewinn jedes teilnehmenden Unternehmens führen. Auf diese Weise ist sowohl eine (vorläufige) Zielverschiebung als auch eine Zielbeibehaltung nötig, damit die Potenziale der unternehmensübergreifenden Produktionsplanung genutzt werden können. Der höchste individuelle Gewinn ergibt sich also nicht durch seine direkte, sondern durch seine indirekte Verfolgung: Man muss zunächst die lokal beste Lösung aufgeben, um

[76] Das Ergebnis bleibt im schlechtesten Fall gleich (schwach monotone Verbesserung). Dies alles berücksichtigt natürlich noch nicht die mit dem Einbeziehen weiterer interner oder gar externer Stufen zusätzlich entstehenden Komplikationen, so z. B. den Koordinationsaufwand. An dieser Stelle geht es aber auch nur um die Betonung des *theoretischen* Potenzials – bei einer tatsächlichen Realisierung kann es im konkreten Fall sehr wohl vorteilhafter sein, autonome Teileinheiten zu bilden (vgl. z. B. Bretzke (2005), S. 80).

[77] Vgl. Knolmayer et al. (2000), S. 15.

andere Lösungen zu ermöglichen und dadurch am Ende trotzdem einen höheren lokalen Gewinn aufweisen zu können.

Dieser letztendlich lokal, d. h. auf Firmenebene, höhere Gewinn trotz des Verzichts auf ausschließlich lokale Optimierungen kann sich auf verschiedene Weise ergeben:

- direkt, d. h. die firmenintern realisierbare Lösung verbessert sich aufgrund der wegfallenden Einschränkungen des Lösungsraums durch andere Firmen;
- quasi-direkt, d. h. die firmenintern realisierbare Lösung verschlechtert sich zwar zunächst, dieser Verlust wird aber durch Seitenzahlungen oder andere Entschädigungsleistungen der anderen Mitglieder des Unternehmensnetzwerkes überkompensiert;
- indirekt, d. h. die der Kooperation direkt zuordenbaren Einsparungen bleiben zwar auf der Netzwerk-Ebene (d. h. bei anderen Firmen), nutzen jeder einzelnen Firma aber trotzdem, da dadurch die Wettbewerbsfähigkeit des gesamten Netzwerkes steigt, z. B. durch tendenziell sinkende Endkundenpreise[78].

Besonderes Augenmerk sollte jedes Kooperationskonzept auf die ersten beiden Anstriche der obigen Aufzählung legen, da mit indirekten Vorteilen auf Netzwerkebene allein nicht ausgeschlossen werden kann, dass einzelne Firmen dauerhaft Nachteile aus der Kooperation ziehen.

Abschließend muss nochmals betont werden, dass man vermeiden sollte, das Unternehmensnetzwerk selbst als letztes Zielobjekt zu behandeln und sei es auch nur verbal[79]. Derartige Betrachtungsweisen bergen die Gefahr, die Interessen der einzelnen Firmen aus dem Blick zu verlieren. Das Ziel einer Zusammenarbeit ist es eben nicht, den *gemeinsamen* Gewinn zu steigern, sondern den Gewinn *jedes einzelnen* Unternehmens – der gemeinsame Gewinn ist lediglich eine Zwischenstation. Schließlich sind nicht die Unternehmen für das Unternehmensnetzwerk da, sondern das Netzwerk für die Unternehmen.[80] Nur unter dieser Maxime kann es gelingen, die Potenziale der unternehmensübergreifenden Produktionsplanung trotz Selbstständigkeit der beteiligten Firmen dauerhaft nutzbar zu machen.

[78] Vgl. Christopher (2005), S. 18.

[79] Ein verbaler Fehltritt dieser Art unterläuft z. B. Zimmer (2001), S. 34.

[80] Derartige Fragen lassen sich immer aufwerfen, wenn ein „Ganzes“ aus selbstständigen Teilen aufgebaut ist. Die wohl bekannteste dieser Fragen ist die nach dem Verhältnis zwischen Staat und Bürger, siehe dazu Popper (1992a), S. 120-123. Erkenntnisse auf diesem Gebiet lassen sich in gewissem Maß auch für Anregungen für Beziehungen zwischen Unternehmen verwenden.

3.2 Probleme der unternehmensübergreifenden Produktionsplanung

Der vorangegangene Abschnitt zeigte zwar die potenzielle Vorteilhaftigkeit gemeinsamer Produktionsplanung auf, die Entscheidung für oder gegen eine solche Kooperation kann aber erst nach der Betrachtung aller (wesentlichen) Vor- und Nachteile fallen.

Die Nachteile bzw. Hindernisse, die einer unternehmensübergreifenden Produktionsplanung im Wege stehen und die deshalb von einer Methode für dieses Gebiet überwunden werden sollten, unterteilen sich im Folgenden in drei Gruppen und zwar in praktische, emotionale und spieltheoretische Probleme.[81] Diese Gruppen sollen nun anhand von wichtigen Beispielen ihrer Vertreter veranschaulicht werden.

Praktische Probleme:

Bei der gemeinsamen Betrachtung mehrerer Unternehmen sind verstärkt Unterschiede in Art, Aufbau und Ablauf der Produktion zu erwarten – der Betrachtungsgegenstand wird also heterogener. Eine Methode für diesen Zweck sollte deshalb entweder selbst verschiedenste Strukturen berücksichtigen oder mit den strukturspezifischen Methoden der Unternehmen zusammenarbeiten können. Im ersten Fall stellt die neue Planungsmethode einen Ersatz für die „alte" Planung dar, wogegen diese im zweiten Fall beibehalten, aber durch die neue Methode ergänzt wird[82].

Weiterhin wird jede Kooperationsmethode durch ihre Implementierung und Durchführung zusätzliche Kosten verursachen. Demzufolge steht den zu erwartenden finanziellen Vorteilen (siehe Kapitel 3.1) auch stets ein finanzieller Nachteil gegenüber. Methoden der unternehmensübergreifenden Planung müssen daher nicht nur möglichst viel Optimierungspotenzial ausschöpfen, sondern auch selbst effizient sein.

Bei der Kooperation mehrerer Unternehmen treffen außerdem Hierarchien aufeinander, zwischen denen es keine Weisungsbefugnisse gibt.[83] Anders als betriebsinterne Abläufe können unternehmensübergreifende Methoden daher nur durch Anreizmechanismen und nicht über Anordnungen funktionieren.[84]

---

[81] Die Einordnung in die Gruppen mag nicht in jedem Fall völlig überschneidungsfrei sein, dient aber an dieser Stelle auch nur der Beschreibung und ist nicht als strenge Systematisierung gedacht.

[82] Auf dem Gebiet der IT-Systeme findet sich dieses zweite Prinzip bei den sog. „Advanced Planning – Systemen" (APS) wieder, die als unternehmensübergreifender „Aufsatz" die bestehenden betrieblichen IT-Systeme ergänzen (vgl. Meyr et al. (2005), S. 109 ff.).

[83] Vgl. Bretzke (2005), S. 77. Fälle mit Unternehmen, zwischen denen explizite oder implizite Hierarchien (z. B. durch starke Abhängigkeiten) bestehen, werden dagegen hier nicht betrachtet. Für eine ausführliche Begründung siehe Kapitel 4.2.

[84] Bewusst hier nicht aufgeführt wird das Problem der Einbindung einer Firma in mehrere Netzwerke, vgl. z. B. Bretzke (2005), S. 76 f. Grund dafür ist, dass die Identifizierbarkeit *eines* Netzwerks eine Voraussetzung für diese Arbeit darstellt (vgl. die Aussagen zum Begriff „Unternehmensnetzwerk" zu Beginn von Kapitel 3).

Emotionale Probleme:

Unter diesem Punkt seien die Vorbehalte gegenüber unternehmensübergreifenden Planungsmechanismen zusammengefasst, die zwar im Gegensatz zu den obigen praktischen Problemen nicht immer tatsächlich zutreffen müssen, aber von Kooperationsmethoden trotzdem zu berücksichtigen sind. Ein Beispiel hierfür ist die Ablehnung einer Fremdbestimmung. Trotz finanzieller Vorteile könnten Vorgaben von außen aus diesem Grund abgelehnt werden. Methoden der unternehmensübergreifenden Planung sollten daher allen beteiligten Unternehmen eine Mitwirkung an der gemeinsamen Planung ermöglichen, um den Eindruck einer Fremdbestimmung zu vermeiden. Gleichermaßen ist mit Befürchtungen, durch die Zusammenarbeit würden stärkere Abhängigkeiten geschaffen, zu rechnen. Unternehmensübergreifende Konzepte sollten daher die Wahrung der Unabhängigkeit der Firmen trotz der engeren Kooperation im Auge behalten.

Spieltheoretische Probleme:

Sobald eine Situation von den Handlungen mehrerer unabhängiger Akteure beeinflusst wird, sind spieltheoretische Aspekte zu beachten.[85] Bei der unternehmensübergreifenden Produktionsplanung umfasst dies insbesondere drei Punkte: Das Verteilungsproblem, die Informationsweitergabe und den Opportunismus.

Das Verteilungsproblem entsteht aufgrund des unterschiedlichen Gewinns, den die Unternehmen aus der Kooperation ziehen. Die mögliche Spanne reicht für die einzelnen Firmen von deutlichen Gewinnen bis hin zu großen Verlusten. Das Verteilungsproblem beinhaltet deshalb sowohl die Entschädigung derjenigen Unternehmen, die im Vergleich zur isolierten Planung einen Nachteil erleiden, als auch die Aufteilung des Gesamtgewinns. Beide Fragen sind zwar grundsätzlich per Seitenzahlungen zwischen den Unternehmen lösbar, ihre genaue Ausarbeitung enthält jedoch Konfliktpotenzial.[86] In der Literatur wird oft vollständig rationales Verhalten der Akteure unterstellt, d. h., es wird jede Verteilung akzeptiert, solange sich die Unternehmen im Vergleich zur isolierten Planung verbessern.[87] Experimente zeigen jedoch, dass ein solches Verhalten oftmals nicht zu beobachten ist.[88] Beispielweise kann selbst die auf den ersten Blick faire Aufteilung von jeweils 50 % zwischen zwei Unternehmen abgelehnt werden, wenn eines der Unternehmen der Meinung ist, dass es zur Erreichung der gesamten Einsparungen mehr beiträgt als das andere Unternehmen.

Dadurch werden Geschäftsbeziehungen außerhalb des betrachteten Netzwerks jedoch nicht unmöglich – lediglich ihre Planung *zugleich* mit der Netzwerkplanung wird ausgeschlossen. Diese Außengeschäfte müssen deshalb entweder im Nachhinein oder im Vorfeld der hier thematisierten Netzwerkplanung geplant werden. Mehr zu dieser Problematik folgt an den passenden Stellen in Kapitel 4.2, Kapitel 4.3.4 und Kapitel 6.

[85] Siehe für eine Einführung in die Spieltheorie z. B. Holler/Illing (2006).

[86] Siehe dazu auch Knolmayer et al. (2000), S. 19.

[87] Vgl. Dudek (2004), S. 132.

[88] Vgl. Fees/Schumacher (2001), S. 278 ff. und Dudek (2004), S. 132 f.

Der zweite Punkt betrifft die Informationsweitergabe. Unternehmensübergreifende Planung beinhaltet die Einbeziehung von Sachverhalten außerhalb des eigenen Unternehmens, d. h. die Unternehmen müssen mehr Informationen austauschen, als dies bei der isolierten Planung notwendig ist. Bezüglich des Informationsaustausches bestehen in der Praxis jedoch starke Vorbehalte (s. u.). Dies resultiert aus der Befürchtung, die Informationen könnten zum Nachteil des fraglichen Unternehmens verwendet werden, z. B. in Gestalt eines Abnehmers, der von seinem Lieferanten, dessen überschüssige Kapazitäten oder Lagerbestände ihm bekannt sind, Preisnachlässe fordert. Die wichtigsten Datenarten der Produktionsplanung sind Bedarfe, Kapazitäten, Kosten(-Parameter) und Lagerbestände. Sie können hinsichtlich ihrer Sensibilität folgendermaßen eingestuft werden:

- Bedarfsdaten werden als weitgehend unkritisch angesehen. Hier wird der Nutzen einer Weitergabe oft höher bewertet als ihr Risiko.[89]
- Kapazitätsdaten sind dagegen kritisch. Dies betrifft nicht nur die Gesamtkapazität, sondern insbesondere auch Informationen über freie Kapazitäten.[90]
- Kostenwerte sind ebenfalls kritisch und werden deshalb ungern weitergegeben.[91]
- Zu Informationen über Lagerbestände lassen sich in der Literatur nicht im gleichen Maße Einschätzungen finden, wie dies bei den anderen Größen der Fall ist. Sie können jedoch eher als kritisch eingestuft werden.[92]

Zusätzliche Unterstützung erhalten diese Einschätzungen durch eine Befragung von Automobilherstellern und -zulieferern.[93] Abbildung 3-2 stellt einige Ergebnisse dieser Befragung aus Sicht der Zulieferer zusammenfassend dar.

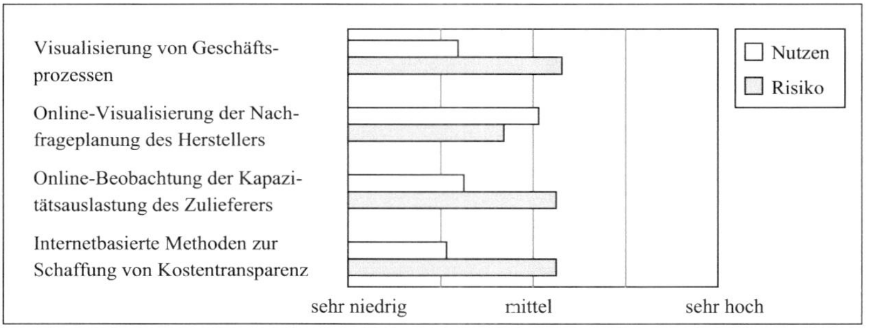

Abbildung 3-2: Empirische Nutzen- / Risiko-Bewertung von Maßnahmen zur Informationsweitergabe (gekürzt, vgl. Kersten et al. (2003), S. 333)

89 Vgl. Dudek (2004), S. 58, Sucky (2004), S. 237 und Zimmer (2001), S. 46.
90 Vgl. Stadtler/Kilger (2005), S. 457, Sucky (2004), S. 285 und Zimmer (2001) S. 46.
91 Vgl. Sucky (2004), S. 237 und Zimmer (2001), S. 34.
92 Vgl. Knolmayer et al. (2000), S. 13.
93 Vgl. Kersten et al. (2003), S. 332 ff.

In Summe kann somit nur die Weitergabe von Bedarfsdaten als wahrscheinlich angesehen werden. Jede Methode zur unternehmensübergreifenden Produktionsplanung, deren Informationsbedarf darüber hinaus geht, ist deshalb zumindest teilweise kritisch zu sehen.

Einen Mittelweg stellt die Weitergabe von aggregierten Daten bzw. von Unterschiedsdaten[94] dar. Diese sind zwar nicht völlig unkritisch, werden aber als weniger sensibel angesehen.[95] Inwieweit die reduzierte Detaillierung jedoch noch ausreicht, die Vorteile der unternehmensübergreifenden Produktionsplanung zu realisieren, ist je nach der verwendeten Methode gesondert zu untersuchen. Ebenfalls im Einzelfall zu prüfen ist der Grad der Verfremdung der Information durch die Aggregation bzw. Unterschiedsrechnung.

Der dritte spieltheoretische Aspekt ist die Möglichkeit opportunistischen Verhaltens. Darunter fallen Aktionen entgegen der Kooperationsvereinbarung, die die Vorteile der Kooperation zugunsten einzelner Firmen verschieben und dadurch den anderen Firmen schaden.[96] Relevant sind hier jedoch nur solche Aktionen, die erst durch die Kooperation ermöglicht werden, also z. B. die Weitergabe verfälschter Informationen. Das fragliche Unternehmen könnte auf diese Weise versuchen, seinen Anteil am Gesamtgewinn zu steigern. Der Gesamtgewinn selbst sinkt dadurch jedoch. Methoden der unternehmensübergreifenden Produktionsplanung, die Anspruch auf Umsetzbarkeit erheben, sollten daher auf ihre Anfälligkeit für manipulierte Daten hin untersucht werden.

Eine Möglichkeit zur Unterbindung von Manipulationen ist, einzelne kritische Informationen gar nicht auszutauschen. Bei dieser Variante werden jedoch Optimierungspotenziale verschenkt. Vorteilhafter ist es daher, die Zusammenarbeit dermaßen zu gestalten, dass eine Datenverfälschung zwar theoretisch möglich ist, aber dem potenziellen Betrüger keinen Vorteil verspricht. Idealerweise stellt sich auch auf Firmenebene der maximale Gewinn genau dann ein, wenn die Informationen wahrheitsgemäß weitergegeben werden, da dann kein Anreiz zum Betrug existiert.[97] Dies ist jedoch nicht immer möglich, weshalb die Kooperationsvereinbarungen zumindest garantieren sollten, dass die möglichen Auswirkungen opportunistischen Verhaltens gering ausfallen. Beispielsweise sollte es den beteiligten Firmen möglich sein, die im Rahmen der Kooperation erzielten Ergebnisse auch im späteren Verlauf der Zusammenarbeit noch mit den Ergebnissen zu vergleichen, die sie ohne die fragliche Kooperation erreicht hätten. Auf diese Weise wäre zumindest das Minimalziel „keine Verschlechterung“ garantiert.

Ist weder die Methode der Zusammenarbeit vor Opportunismus geschützt noch ein Ergebnisvergleich der obigen Art möglich, so hängt es von dem Vertrauen der beteiligten Firmen

[94] Hierbei werden nicht die genauen Einzelwerte ausgetauscht, sondern lediglich die Differenzen zu anderen Größen, also z. B. Kostenunterschiede statt absoluter Kostenparameter.

[95] Vgl. Dudek (2004), S. 58 und S. 93 sowie Zimmer (2001), S. 209.

[96] Vgl. Junge (2003), S. 239.

[97] Vgl. Feldmann/Müller (2003), S. 63 ff.

zueinander ab, ob sie trotzdem in die Zusammenarbeit einwilligen. Im Zweifelsfall kann auch ganz auf den Austausch der fraglichen Information verzichtet werden, wie bereits weiter oben erwähnt. Für diese Entscheidung ist es hilfreich, den Nutzen der übermittelten Information quantifizieren zu können. Auf diese Weise könnte der Austausch kritischer, aber für die erzielten Einsparungen weniger wichtiger Informationen unterbleiben.[98]

Zusammenfassend lässt sich sagen, dass einer unternehmensübergreifenden Produktionsplanung viele Hindernisse im Weg stehen. Konzepte, die die bislang firmeninterne Planung dahingehend erweitern wollen, sollten diese Hindernisse berücksichtigen. Jedes dieser Probleme stellt jedoch auch (im nicht-formalen, übertragenen Sinn) eine zusätzliche Restriktion dar, die den praktisch erreichbaren Lösungsraum einschränkt. Es ist deshalb zu erwarten, dass der Abstand zur rein mathematisch bestmöglichen Lösung, dem Gesamtoptimum, zu dem von einer Methode vorhergesagten Ergebnis tendenziell um so größer ist, je mehr der oben aufgeführten „Restriktionen" die Methode berücksichtigt. In welchem Umfang diese Restriktionen überhaupt von den bisherigen Ansätzen beachtet werden, wird im folgenden Abschnitt 3.3 diskutiert.

3.3 Ausgewählte bisherige Ansätze der unternehmensübergreifenden Produktionsplanung

In diesem Abschnitt sollen die wesentlichen bislang veröffentlichten Verfahren, die eine unternehmensübergreifende Produktionsplanung (insbes. Losgrößenplanung) anstreben, kurz erläutert werden. Die Auswahlkriterien für eine Einbeziehung in die folgende Betrachtung sind folgende:

- Die Methode beinhaltet die Produktionsplanung für mindestens zwei Unternehmen.
- Das zentrale Ziel ist die Festlegung der Produktionsmengen und -zeitpunkte im Sinne der Losgrößenplanung.
- Die insgesamt zu produzierenden Mengen sind vorgegeben, d. h. die Methode ist der operativen Planung[99] zuzuordnen.

Außerdem erfolgt im Rahmen dieser Arbeit eine Einschränkung auf deterministische Modelle. Die deterministische Planungssituation stellt jedoch keine Einschränkung der Realität dar, da

[98] Einen Versuch dieser Art liefert Zimmer (2001), S. 194 ff.

[99] Die operative Produktionsplanung setzt die Zielvorgaben der taktischen bzw. strategischen Planung um und entscheidet deshalb nur noch über die Art ihrer Realisierung (vgl. Fleischmann et al. (2005), S. 82 f. und Derstroff (1995), S. 4 f.). Damit wird im Wesentlichen eine Beeinflussbarkeit der insgesamt absetzbaren Mengen durch die Ergebnisse der Planung ausgeschlossen, wodurch die Einnahmenseite zur Konstanten wird.

angenommen wird, dass die Unsicherheit durch entsprechende Sicherheitszuschläge in den Daten und durch Maßnahmen in den vorgelagerten Planungsstufen berücksichtigt wird.[100]

3.3.1 Vorarbeit zur Klassifizierung der Ansätze

Um die bisherigen Ansätze sinnvoll zu gruppieren, werden im Folgenden drei Dimensionen verwendet[101]:

- Bedarfsmodell
- Umfang des Netzwerks
- Beachtung der Problemfelder

Die Auswahl dieser Dimensionen erfolgte nicht nur anhand der Schwerpunkte dieser Arbeit, sondern auch anhand der durch sie jeweils möglichen Vergleichbarkeit verschiedener Ansätze. Die erzielte Effizienzsteigerung (bzw. Kostensenkung) – ein ansonsten intuitiv vorrangiges Merkmal zur Unterscheidung – wurde hier deshalb nicht in einer eigenständigen Dimension erfasst. Die ungenügende Vergleichbarkeit anhand der Effizienzsteigerung hat mehrere Gründe; hier waren insbesondere die unterschiedlichen, jeweils getroffenen Annahmen sowie die von den jeweiligen Autoren nicht immer in vergleichbarer Weise durchgeführte Berechnung der Kostensenkung ausschlaggebend. Die Effizienzsteigerung (bzw. Kostensenkung) wird in diesem Abschnitt deshalb nicht als Dimension abgebildet, sondern stellt ein zusätzliches Kriterium dar, auf das später gesondert hingewiesen wird.

Die erste hier verwendete Dimension unterscheidet zwischen statischen und dynamischen Modellen. Im Wesentlichen basieren schon die Verfahren zur firmeninternen Losgrößenplanung aus Kapitel 2.2 im Hinblick auf ihren Bedarfsverlauf entweder auf dem EOQ-Modell[102] (stetige Zeitskala mit gleich bleibendem Bedarf pro Zeiteinheit) oder auf dem Modell nach Wagner-Whitin[103] (in Perioden eingeteilter Planungszeitraum mit unterschiedlichen Bedarfen je Periode). Diese Zweiteilung lässt sich auch auf die in diesem dritten Kapitel betrachteten Verfahren zur unternehmensübergreifenden Losgrößenplanung anwenden. Da diese Dimension im Gegensatz zu den anderen beiden Dimensionen keine klare Wertung enthält, sondern lediglich zwischen verschiedenen mathematischen Herangehensweisen trennt, soll sie im Folgenden außerdem zur inhaltlichen Trennung der Ansätze verwendet werden: Kapitel 3.3.2 enthält die statischen und Kapitel 3.3.3 die dynamischen Ansätze. Diese Unterteilung ist

[100] Vgl. Derstroff (1995), S. 22. Eine Übersicht zu Arbeiten mit stochastischem Bedarf (speziell dem sog. „News vendor problem") gibt Cachon (2001).

[101] Dieses Klassifizierungsschema ist eine überarbeitete Version der Ergebnisse einer Zusammenarbeit mit Herrn Lars Böhm, dem ich für seine Anregungen und Zuarbeiten für diesen Abschnitt dankbar bin.

[102] „Economic Order Quantity", auch „Andler-Formel" bzw. richtiger „Harris-Formel", vgl. Kapitel 2.2.1 sowie Francois (2000), S. 75 ff.

[103] Vgl. Kapitel 2.2.3 sowie Francois (2000), S. 84 ff.

sinnvoll, weil auf diese Weise diejenigen Ansätze, zwischen denen sich Vergleiche eher anbieten, in jeweils einem Abschnitt besprochen werden. Zwischen den beiden Gruppen sind Vergleiche dagegen nur bedingt sinnvoll, da die unterschiedlichen Modellannahmen die Anwendungsbereiche beider Gruppen voneinander abgrenzen.

Die zweite Dimension enthält den Umfang des Netzwerks, auf das sich die jeweiligen Verfahren anwenden lassen. Hier kann man z. B. zwischen drei Ausprägungen unterscheiden: kleine Netzwerke (zwei Stufen[104]), mittlere Netzwerke (mehr als zwei Stufen, aber dennoch begrenzte Netzwerkgröße) und große Netzwerke (unbegrenzte Stufenzahl bzw. sehr hoch liegende Grenzen). Bezüglich dieser Dimension ist es c. p. ein klarer Vorteil einer Methode, wenn sie möglichst wenige Einschränkungen bezüglich der Anzahl der teilnehmenden Unternehmen bzw. ihrer Lage im Netzwerk vornimmt.

Die dritte Dimension beinhaltet schließlich die durch die jeweilige Methode vorgenommene Berücksichtigung der Problemfelder aus Kapitel 3.2. Hier lässt sich kein mathematisches Kriterium aufstellen, vielmehr muss anhand der in Kapitel 3.2 aufgestellten Forderungen ein abschätzendes Gesamturteil ermittelt werden. Vorteilhaft zu bewerten sind dabei die Methoden derjenigen Autoren, die möglichst viele dieser Problemfelder direkt ansprechen und deren Verfahren überzeugende Lösungen dafür enthalten. Die Einteilung dieser Dimension soll außerdem nicht diskret, sondern stetig sein, um ihre zahlreichen Ausprägungen erfassen zu können.

Für jede der beiden Modellgruppen (Dimension Nr. 1) entsteht auf diese Weise ein zweidimensionales Diagramm, in welches sich die Verfahren zur unternehmensübergreifenden Losgrößenplanung einordnen lassen (Abbildung 3-3).

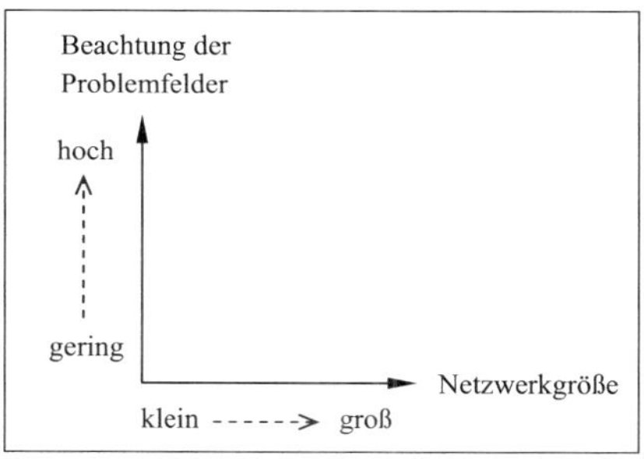

Abbildung 3-3: Diagramm zur Einordnung der Verfahren

[104] Zwei Stufen eines Netzwerks bedeutet, dass Lieferant(en) und Abnehmer direkten Kontakt zueinander haben. Mögliche Ausprägungen sind 1:1, 1:*m*, *m*:1 und *m*:*m*, vgl. Dudek (2004), S. 103 f.

Wie genau die Einordnung in die Diagramme und damit auch die (Teil-)Bewertung der Verfahren ausfällt, wird in den beiden folgenden Kapiteln 3.3.2 und 3.3.3 im Anschluss an die Vorstellung des jeweiligen Verfahrens besprochen. Dabei beschränkt sich die Bewertung der Verfahren jedoch nicht auf die Einordnung in das Diagramm, da die erzielte Kostensenkung nicht im Diagramm enthalten ist. Damit ist der Kostenunterschied zur isolierten sukzessiven Planung (Abnehmer reichen für sie optimale Bestellungen an ihre Lieferanten weiter) gemeint, die im Folgenden als „traditionelle Planung“ bezeichnet wird. Diese Kostensenkung ist nicht in den genannten Dimensionen erfasst und deshalb der jeweiligen Diagrammeinordnung gegenüberzustellen, um zu einem abschließenden Urteil zu gelangen.

3.3.2 Statische Modelle

In diesem Abschnitt sollen diejenigen Modelle mit unternehmensübergreifender Produktionsplanung betrachtet werden, die auf einer konstanten („statischen“) Nachfrage aufbauen. Trotz der bereits zu Beginn von Kapitel 3.3 vorgenommenen Einschränkung auf deterministische Modelle können hier nicht alle Vertreter dieser Gruppe behandelt werden. Im Folgenden wird daher die Entwicklung dieser Modellgruppe anhand beispielhafter Vertreter aufgezeigt. Dabei werden die Modelle stets nur kurz vorgestellt, da sie aufgrund der Herangehensweise der jeweiligen Autoren (mathematische Annahmen) eine eher geringe Relevanz für die vorliegende Arbeit haben. Größere Aufmerksamkeit wird dagegen der Einordnung in die zwei im vorangegangenen Abschnitt genannten Dimensionen „Netzwerkgröße“ und „Problemfeldbeachtung“ geschenkt.

Die erste Arbeit zur unternehmensübergreifenden Losgrößenplanung stammt von Goyal (1976) und betrachtet den denkbar einfachsten Fall: Ein Lieferant beliefert einen Abnehmer (siehe Abbildung 3-4), wobei für beide Parteien das klassische Ein-Produkt-Losgrößenmodell (EOQ) angewendet wird. Über die Annahmen des klassischen Modells[105] hinaus wird noch festgelegt, dass das Fertigungslos des Lieferanten und die Bestellmenge des Abnehmers in einem ganzzahligen Verhältnis zueinander stehen.

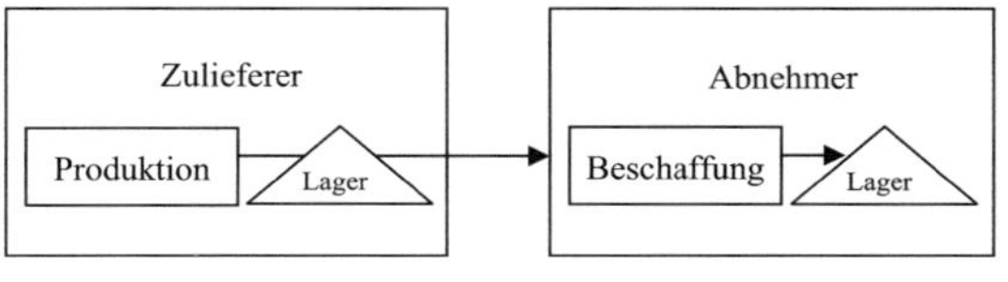

Abbildung 3-4: Planungssituation im Modell von Goyal

Goyal vergleicht nun die Kosten bei traditioneller Planung (der Abnehmer legt die für ihn optimalen Bestellmengen fest, an die sich der Lieferant anpasst) mit den Kosten einer ge-

[105] Vgl. dazu Kapitel 2.2.1.

meinsamen Planung. Unter letzterer wird hier eine simultane Planung durch einen zentralen Entscheider verstanden, der über alle notwendigen Informationen verfügt. Aufgrund der einfachen Struktur des Modells erfolgt die Lösung analytisch, d. h. Goyal addiert die Kostenfunktionen beider Firmen und findet mit Hilfe einer partiellen Ableitung die Bestell- bzw. Produktionsmengen, die in Summe über beide Unternehmen zu den minimalen Kosten führen. Wie zu erwarten, verursacht die so erhaltene Lösung geringere Gesamtkosten als die traditionelle Planung. Die neue Lösung resultiert jedoch auch in einer Kostenerhöhung für den Abnehmer, da er nun nicht länger seine individuell beste Lösung realisieren kann. Goyal schlägt deshalb eine Aufteilungsformel vor, die den Firmen denjenigen *prozentualen* Anteil an den (niedrigen) Gesamtkosten der gemeinsamen Lösung zuordnet, den die „alten" Firmenkosten an den (höheren) Gesamtkosten der traditionellen Planung hatten. Auf diese Weise haben beide Akteure geringere Kosten als in der traditionellen Planung zu tragen.

Dieser erste Ansatz von Goyal erreicht zwar das Gesamtoptimum (und damit die größte realisierbare Effizienzsteigerung), ist aber auch mit nahezu allen Nachteilen behaftet, die ein Modell der unternehmensübergreifenden Losgrößenplanung aufweisen kann: Zusätzlich zu den extrem vereinfachenden Annahmen des EOQ-Modells beschränkt es die Anzahl an teilnehmenden Firmen auf zwei und berücksichtigt kaum eines der in Kapitel 3.2 genannten Problemfelder. Lediglich die Aufteilung des Gewinns wird angesprochen. Der zu diesem Punkt gemachte Vorschlag in Form einer Formel muss jedoch ebenfalls kritisch gesehen werden. So beinhaltet jede konkrete Formel nur eine von mehreren denkbaren Aufteilungen, in diesem Fall die nach bisherigen Kosten gewichtete Aufteilung.[106] Aufgrund unterschiedlicher individueller Vorstellungen von „Fairness" kann jedoch eine der Firmen eine andere Art der Aufteilung bevorzugen, sei es im Vorfeld in allgemeiner Form (z. B. eine 50:50-Aufteilung) oder anhand eines konkreten Einzelfalls. Beispielsweise fließen dem Abnehmer im von Goyal gebrachten Beispiel nur knapp 30 % des (ihm bekannten) Gesamtgewinns zu.[107] Es kann nicht ausgeschlossen werden, dass der Abnehmer mit diesem Anteil unzufrieden ist und deshalb das Zustandekommen der Vereinbarung blockiert. Weiterhin werden die Anteile anhand von Informationen über die Kosten der traditionellen Lösung berechnet, wodurch sie (wie allgemein jede Lösung mit Hilfe einer einzigen, allen bekannten Formel) anfällig für Manipulationen in Form von Falschmeldungen ist: Meldet eine Firma höhere Kosten der traditionellen Lösung, dann erhält sie einen größeren Anteil vom Gewinn.

Eine vollständige Auswertung aller Schwächen dieses Ansatzes kann hier entfallen, da das Bild (abgesehen von der oben besprochenen Gewinnaufteilung) sehr einheitlich ausfällt und in jedem Punkt das schlechteste Urteil enthält. Besonders betont seien lediglich die Annahme der vollständigen Weitergabe aller Informationen und die Reduzierung der betriebsinternen

---

[106] Regeln dieser Art können nicht eindeutig hergeleitet, sondern nur postuliert und auf ihre Vor- bzw. Nachteile hin untersucht werden, vgl. z. B. die Vorgehensweise bei Fleischmann (1999), S. 183 ff. mit vier Aufteilungsregeln für horizontale Kooperationen.

[107] Vgl. Goyal (1976), S. 111.

Abläufe auf jeweils einen einzigen Vorgang (Produktion beim Lieferanten und Bestellung beim Abnehmer). In Summe kann daher nicht von einer Möglichkeit zur Umsetzung und damit der Realisierbarkeit der berechneten Einsparungen ausgegangen werden. Einen Wert besitzt dieser Ansatz somit lediglich durch seine innovative Grundidee der unternehmensübergreifenden Losgrößenplanung sowie als Ausgangspunkt für weiterführende Arbeiten.

Derartige weiterführende Arbeiten gab es durch zahlreiche Autoren. In der Regel veränderten sie ein vorheriges Modell in ein oder zwei Punkten (z. B. durch Abschwächung einer restriktiven Annahme), beließen den Rest des Modells unverändert und bedienten sich dann ebenfalls einer analytischen Vorgehensweise, um die optimale Lösung zu finden. Somit behalten auch die oben genannten Kritikpunkte ihre Gültigkeit, solange sie nicht mit den veränderten Aspekten zusammenfallen. Im Folgenden soll daher stets nur kurz auf die jeweiligen Veränderungen eingegangen werden.

Zunächst erweitert Banerjee (1986a) das Modell von Goyal, indem er die Annahme einer unendlichen Produktionsgeschwindigkeit aufhebt und sich dadurch stärker der Realität annähert. Allerdings führt er auch die zusätzliche Vereinfachung ein, dass der Zulieferer nach der Los-für-Los-Politik produziert (Produktionslosgröße beim Lieferanten entspricht der Bestelllosgröße durch den Abnehmer). Zur Aufteilung des Gewinns bemerkt Banerjee lediglich, dass es „vielleicht fair wäre“, ihn den beiden Parteien zu gleichen Teilen zukommen zu lassen[108].

In Summe stellt dieses Modell von Banerjee im Vergleich zum Ursprungsmodell von Goyal einen teilweisen Fort- und einen teilweisen Rückschritt dar. Die wesentlichen Kritikpunkte bleiben jedoch bestehen.

Den Rückschritt der Beschränkung auf eine Los-für-Los-Politik hebt erneut Goyal (1988) in einer späteren Arbeit auf und führt so seine ursprüngliche Arbeit und das Modell von Banerjee zusammen. Landeros/Lyth (1989) nehmen kurze Zeit später diesen zweiten Ansatz von Goyal auf und erweitern ihn um die Berücksichtigung von Transportkosten. Die bislang bestehende Annahme einer geschlossenen Produktion[109] ersetzen später Chatterjee/Ravi (1991) durch die Annahme einer offenen Produktion mit unterschiedlichen Transportlosen. Agrawal/Raju (1996) verwendeten für eine ebenfalls offene Produktion gleich große Transportlose. Bogaschewsky et al. (1999) erweitern schließlich das Modell von Agrawal/Raju, indem sie zusätzlich auch Bereitstellungskosten einbeziehen, wobei ihr Modell sowohl die geschlossene als auch die offenen Produktweitergabe berücksichtigt.[110]

---

[108] Im Original heißt es: „Perhaps [...] [a] ‘fair’ way to allocate the joint benefits would be to divide [them] [...] equally between the vendor and the purchaser.” (Banerjee (1986a), S. 305)

[109] Vgl. Kapitel 2.2.1.

[110] Einen Überblick über weitere Modelle geben z. B. Sharafali/Henry (2000) und Rizk/Martel (2001).

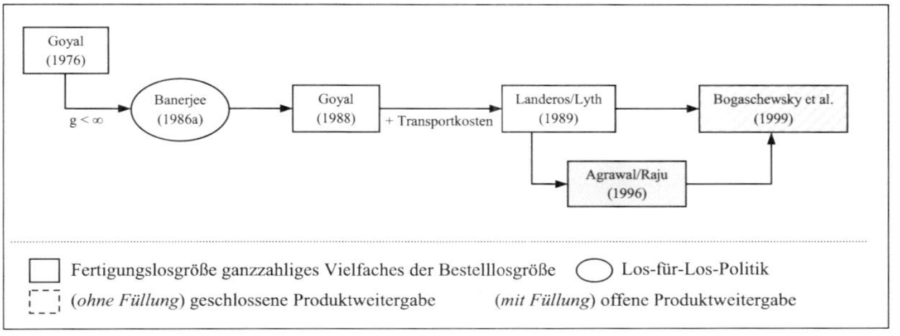

Abbildung 3-5: Weiterentwicklungen des Modells von Goyal mit Simultanplanung (vereinfacht)

Die bis zu diesem Punkt erwähnten Folgearbeiten zum Ursprungsmodell von Goyal konzentrieren sich in ihren Verbesserungsbestrebungen alle auf die expliziten Annahmen des EOQ-Modells bzw. auf andere quantitative Aspekte (siehe Abbildung 3-5). Nahezu unbeachtet bleiben dagegen die *qualitativen* Aspekte, z. B. die in Kapitel 3.2 genannten Problemfelder. Allein schon die Tatsache, dass die eben genannten Modelle simultan planen und damit einen zentralen Entscheider voraussetzen, lässt sie für den Einsatz in Situationen mit selbstständigen Unternehmen als ungeeignet erscheinen. Wenn überhaupt, dann wird diese Art der unternehmensübergreifenden Planung nur in wenigen Ausnahmen möglich sein. Eine breitere Anwendbarkeit dieser Modelle kann dagegen für zwei getrennte Einheiten innerhalb eines Unternehmens festgestellt werden.[111]

An diesem Kritikpunkt der Simultanplanung setzt eine andere Entwicklungslinie von Modellen an, die ebenfalls von der ursprünglichen Arbeit von Goyal (1976) ausgeht. So wird in einer Arbeit von Monahan (1984) ein sukzessiver Ansatz gewählt, d. h. die Parteien optimieren nacheinander: Unter Kenntnis der Situation des Abnehmers versucht der Lieferant, den Abnehmer durch die Gewährung eines Preisnachlasses dazu zu bewegen, seine Bestellmenge zu erhöhen. Die dadurch verlorenen Einnahmen auf Seiten des Lieferanten werden durch Einsparungen bei seinen Handling- und Rüstkosten (über-)kompensiert. Monahan gelingt es, ein Intervall für diesen Preisnachlass anzugeben, innerhalb dessen beide Firmen von dieser Maßnahme profitieren. Der Lieferant praktiziert eine Los-für-Los-Politik und verfügt über eine unendlich hohe Produktionsrate.

Dieser Ansatz von Monahan weist gegenüber der Arbeit von Goyal (1976) zwei wesentliche Vorteile auf: Die zur Situation mit selbstständigen Unternehmen passende Sukzessivplanung und die Integration der Ausgleichszahlungen (d. h. die Lösung des Verteilungsproblems) in den Prozess der Mengenplanung. Letzteres wird erreicht, da die Mengenplanung auf den bereits angepassten Einkaufspreisen basiert und deshalb die Ausgleichszahlungen nicht erst

[111] Vgl. Sucky (2004), S. 99 f.

im Nachhinein gesondert festgelegt werden müssen[112], wie dies noch bei Goyal der Fall war. Der Anreiz für den Abnehmer, seine Bestellmengen zu ändern, ist dadurch viel direkter und auch sicherer, denn Mengenplanung und Ausgleichszahlung sind bei Monahan zwei Aspekte ein und desselben Vorgangs. Sie sind wie zwei Seiten einer Medaille, deren jeweilige Lage untrennbar mit der Lage der anderen verbunden ist. Bei Goyal (1976) dagegen handelt es sich durch die Aufteilung der Kosten im Nachhinein mit Hilfe einer Formel eher um zwei Vorgänge. Dadurch ergeben sich zusätzliche spieltheoretische Unwägbarkeiten, insbesondere wenn diese zwei Vorgänge in der Umsetzung zeitlich nacheinander ablaufen. Die bei Monahan bereits in der Modellstruktur vorhandene „natürliche" Kopplung der beiden Aspekte müsste bei Goyal und ähnlichen Modellen deshalb über zusätzliche Verträge erst „künstlich" hergestellt werden.

Trotz dieser Vorteile dominieren aber nach wie vor die Nachteile. Im Hinblick auf die rechnerische Festlegung des Preisnachlasses bei Monahan sei besonders daran erinnert, dass die dafür notwendigen Informationen über die Kostenstruktur des Abnehmers dem Lieferanten bekannt sein müssten.

Analog zu der oben vorgestellten Reihe von Modellen mit Simultanplanung setzen die nachfolgenden Arbeiten zunächst jedoch nicht am Problem der Informationsweitergabe oder anderen qualitativen Schwächen an, sondern erweitern das Modell von Monahan zunächst mit Hilfe quantitativer Aspekte. Beispielsweise heben Lee/Rosenblatt (1986) die Prämisse der Los-für-Los-Politik auf und berücksichtigen im Zusammenhang damit nun auch Lagerbestandskosten auf Seiten des Lieferanten. Banerjee (1986b) behält zwar die Los-für-Los-Politik bei, lässt aber die Annahme einer unendlich hohen Produktionsrate fallen und erhält so ein Modell, das äquivalent zu seiner oben im Rahmen der Simultanplanungsansätze vorgestellten Arbeit[113] ist. Das Modell von Monahan wird dadurch zu einem Spezialfall des Ansatzes nach Banerjee.[114] Joglekar (1988) führt schließlich die Arbeiten von Banerjee und Lee/Rosenblatt zusammen, indem er sowohl endliche Produktionsraten als auch unterschiedliche Produktions- und Bestelllose betrachtet.

Erst spätere Arbeiten[115] beschäftigen sich ausdrücklich mit der Verfügbarkeit der Informationen, so beispielsweise Corbett/de Groote (2000). In dieser Arbeit vernachlässigen sie zwar vereinfachend die Bestellfixkosten des Abnehmers, nehmen aber in richtiger Einschätzung der

---

[112] Sucky (2004, S. 103) bemerkt dazu ganz richtig, dass die bei Monahan fehlende Anpassung des Lagerhaltungskostensatzes infolge der Preissenkung eine Interpretation der Ausgleichzahlung als gesonderte Transferzahlung ermöglicht. Diese Zahlungsart würde den Grad der Integration von Mengenplanung und Ausgleichszahlung zwar deutlich senken, sie ist aber nicht die einzig mögliche Deutung der Vorgehensweise von Monahan – es kann sich auch um lediglich eine weitere mathematische Vereinfachung des Modells handeln, analog zu anderen simplifizierenden Aspekten im Modell von Monahan.

[113] Vgl. Banerjee (1986a).

[114] Vgl. Zimmer (2001), S. 58.

[115] Einen Überblick über weitere Modelle mit Preis- bzw. Mengenrabatten geben z. B. Benton/Park (1996) und Klastorin et al. (2002).

Realität an, dass der Lieferant die Lagerhaltungskosten des Abnehmers nicht kennt. Der Lieferant bietet deshalb dem Abnehmer verschiedene Rabatte und Mindestabnahmemengen an, unter denen dieser sich das für ihn vorteilhafteste Angebot auswählt. Auf diese Weise wird zwar nicht länger das globale Optimum erzielt, das die weiter oben genannten Modelle noch erreichten, aber die Gesamtkosten werden trotzdem gesenkt. Schon in diesem einfachen Modell kann man somit sehen, dass bei unvollständiger Informationslage das globale Optimum nicht länger garantiert werden kann.[116]

Die bislang erwähnten Ansätze zur unternehmensübergreifenden Losgrößenplanung beschränkten sich stets auf das einfachste denkbare Unternehmensnetzwerk, bestehend aus zwei Firmen – einem Lieferanten und einem Abnehmer (1:1-Situation). Andere Arbeiten gehen jedoch über diese Minimallösung mit zwei Firmen hinaus. Beispielsweise erweitern Lal/Staelin (1984) das Unternehmensnetzwerk auf 1:*m*, d. h. ein Lieferant beliefert mehrere Abnehmer (Abbildung 3-6).

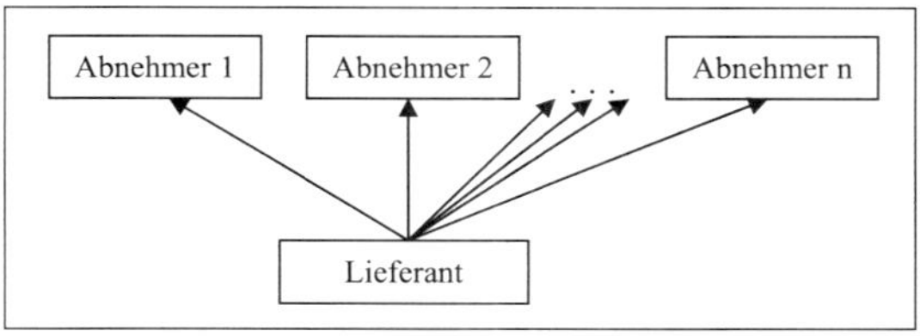

Abbildung 3-6: Unternehmensnetzwerk mit einer 1:*m*-Struktur

Diese Arbeit verwendet ebenfalls einen Sukzessivplanungsansatz mit Preisnachlässen. Vereinfachend wird allerdings angenommen, dass die Abnehmer sich in Gruppen einteilen lassen, innerhalb derer sie identische Kostenparameter (Bestellfix- und Lagerhaltungskostensätze) aufweisen. Diese Vereinfachung hebt Hofmann (1998) auf. Interessant ist die Arbeit von Hofmann weiterhin aufgrund der Verwendung eines zahlungsstromorientierten Ansatzes, der statt Kapitalbindungskosten die tatsächlichen Ein- und Auszahlungen entsprechend ihres zeitlichen Anfalls berücksichtigt.

Auch andere Erweiterungen des betrachteten Netzwerkes lassen sich in der Literatur finden. So z. B. erforschen Buscher/Lindner (2000) die zu den obigen Arbeiten „umgekehrte" *m*:1-Situation, d. h. mehrere Zulieferer versorgen einen Abnehmer. Doch auch diese Arbeit behält die Zweistufigkeit des Netzwerkes bei – wie alle bislang genannten Arbeiten, die mehr als zwei Firmen berücksichtigen. Mehr als zwei Stufen verwendet dagegen ein anderer Ansatz von Hofmann (1994), der durch Buscher[117] noch verfeinert wurde. Diese Arbeiten berücksich-

[116] Traditionell-mathematisch nachweisen lässt sich dieser Zusammenhang zwar nur für das jeweils betrachtete konkrete Modell, aber generell ist nachvollziehbar, dass das Ergebnis einer Berechnung bei Fehlen einer Einflussgröße nicht bzw. nicht immer den gleichen Wert wie bei Vorliegen dieser Größe annehmen kann.

[117] Siehe Buscher (2003), S. 150-168.

tigen zwischen dem Lieferanten und dem Abnehmer zusätzlich noch einen Transporteur (Abbildung 3-7).

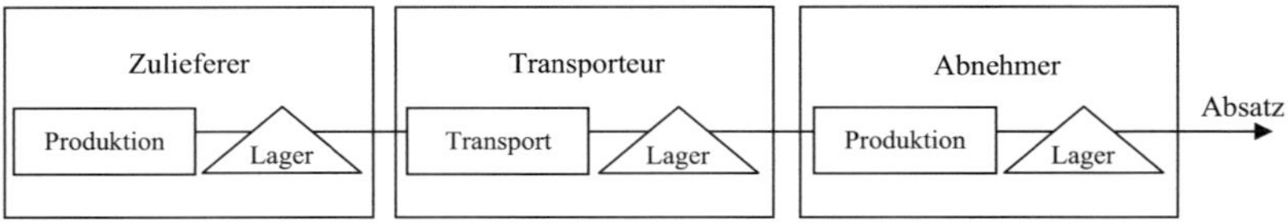

Abbildung 3-7: Planungssituation im Modell von Hofmann (vgl. Buscher (2003), S. 150)

Neben der Simultanplanung über alle drei Firmen und der traditionellen Planung (isolierte Planungen) untersucht Hofmann mit seinem Modell auch gemischt simultan-traditionelle Formen der (dann nur teilweise unternehmensübergreifenden) Produktionsplanung. Hierbei planen nur zwei der drei Firmen simultan, d. h. entweder Transporteur und Lieferant oder Transporteur und Abnehmer. Die Kosten dieser insgesamt vier Varianten vergleicht Hofmann und untersucht deren Abhängigkeiten von den Ausprägungen der Kostenparameter.

Einen ähnlichen Ansatz mit ebenfalls drei Stufen, aber mehreren Abnehmern stellt Toporowski (1999) vor. Er verallgemeinert das Netzwerk dadurch auf 1:1:*m*. Den „umgekehrten" Fall mit mehreren Lieferanten (*m*:1:1) betrachten in einer späteren Arbeit wiederum Hofmann[118] und auch Buscher[119]. Auch diese Arbeiten vergleichen simultane und gemischt simultan-traditionelle Formen der Planung.

Die Erweiterung auf nunmehr drei Stufen in den soeben genannten Modellen ist durchaus zu begrüßen. Einschränkend muss jedoch festgestellt werden, dass es sich hierbei nicht um drei (Produktions-)Stufen im allgemeinen Sinn handelt, die einem beliebigen dreistufigen Netzwerk entstammen könnten. Vielmehr wurde der Spezialfall eines zweistufigen Netzwerks mit zwischengeschaltetem Transporteur betrachtet. Die Einbeziehung von Sub-Lieferanten oder Abnehmern der Abnehmer wurde demzufolge mit diesen Ansätzen noch nicht untersucht.

Weiterhin müssen die Vergleiche von traditioneller, gemischt simultan-traditioneller und simultaner Planung in den obigen Arbeiten kritisch betrachtet werden. Zwar tragen diese zum Verständnis des Umfangs und des Ortes der Kostenentstehung im unternehmensübergreifenden Kontext bei und sind daher von Interesse für den Forscher. Sie stellen jedoch im Regelfall der Praxis keine tatsächlichen Alternativen dar, zwischen denen eine Wahl getroffen werden könnte. Dies liegt in den Eigenschaften der Simultanplanung (Informationsbedarf, Existenz eines zentralen Planers) begründet, die bereits weiter oben erläutert wurden. Lediglich in Fällen, in denen es zu einer Änderung der Hierarchien kommt bzw. kommen kann, können die angesprochenen Vergleiche eine Entscheidungsunterstützung darstellen. Dies trifft beispiels-

[118] Vgl. Hofmann (1995), S. 179-199.

[119] Vgl. Buscher (2003), S. 169-206.

weise auf Überlegungen zu vertikaler Integration oder Outsourcing zu, für die solche Informationen über Effizienzsteigerungen bzw. -verluste beim Übergang von der einen Hierarchieform zur anderen hilfreich sind. Für die hier betrachtete Situation selbstständiger Unternehmen ist eine Simultanplanung aus den genannten Gründen dagegen keine Option.

Zu einer Erweiterung des betrachteten Netzwerks über die bisherigen drei Stufen hinaus ließen sich keine Arbeiten mit statischem Bedarfsmodell finden. Folgt man jedoch den (z. T. impliziten) Annahmen der in diesem Abschnitt genannten Arbeiten, dann kämen für größere Netzwerke auch die Methoden der firmen*internen* mehrstufigen Losgrößenplanung[120] in Frage. Die Übertragung dieser Methoden auf den unternehmensübergreifenden Fall ist denkbar, da ja Produktions- bzw. Bestellstufen in anderen Firmen ebenfalls zur gesamten Produktionskette des eigenen Produktes gehören. Sie befinden sich jedoch unter der Kontrolle einer anderen Firma. Zur Einbeziehung in die Gesamtplanung müssten deshalb die internen Produktionsstrukturen und Kostenparameter der einzelnen Firmen zusammengetragen werden, um daraus eine große, vereinigte Produktionsstruktur zu konstruieren (siehe Abbildung 3-8), auf die dann das mehrstufige Losgrößenplanungsverfahren angewendet wird.

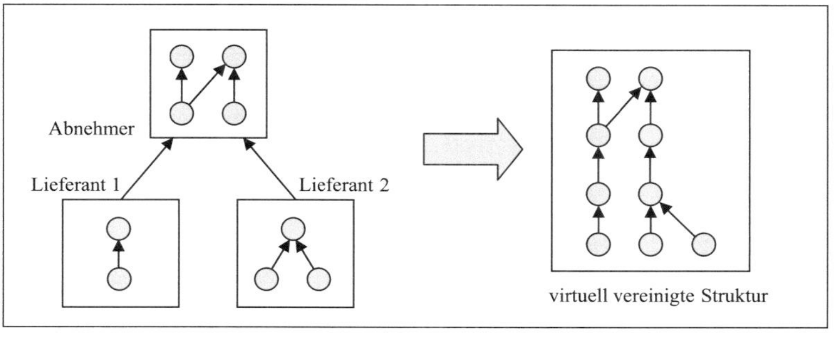

Abbildung 3-8: Vereinigung firmeninterner Produktionsstrukturen

Die Probleme mit einer derartigen Vorgehensweise sind offensichtlich: Allen wichtigen in Kapitel 3.2 angesprochenen Schwierigkeiten stünde ein derartiges Vorgehen ohne Lösung gegenüber. Es wäre daher in mehrfacher Hinsicht nicht praktikabel. Andererseits ergeht es der Mehrzahl der zuvor genannten Arbeiten ganz ähnlich, da auch sie die meisten Probleme ausblenden und beispielsweise von der Verfügbarkeit aller nötigen Informationen und der Abwesenheit von Opportunismus ausgehen. Der Hinweis auf eine theoretisch denkbare Übertragung firmeninterner Verfahren auf den unternehmensübergreifenden Fall ist deshalb nur eine konsequente Fortführung der Nennung verschiedener (meist stark simplifizierender) Ansätze.

[120] Zur statisch-mehrstufigen Losgrößenplanung siehe z. B. Domschke et al. (1997), S. 103 ff. und Bloech et al. (2004), S. 273 ff. sowie allgemein die Ausführungen in Kapitel 2.2.2.

Im Hinblick auf den Umfang des Unternehmensnetzwerks (Dimension Nr. 2 aus Kapitel 3.3.1) wurden alle Modellausprägungen vorgestellt, bezüglich der Berücksichtigung der Problemfelder (Dimension Nr. 3 aus Kapitel 3.3.1) kam dagegen bislang im Wesentlichen nur die Unterscheidung zwischen Simultan- und Sukzessivplanung zur Sprache. Doch selbst die vorteilhafteren Sukzessivansätze vernachlässigen noch viele der Problemfelder. So z. B. wird der zwischen den Unternehmen notwendigerweise stattfindende Verhandlungsprozess zur Aufteilung des gemeinsamen Gewinns nicht modelliert oder gar überhaupt nicht erwähnt.[121] Eine Einigung wird vielmehr vorausgesetzt und nur das (gewünschte) Ergebnis dieser Verhandlungen aufgezeigt, wie z. B. in Form der Aufteilungsformel in der Ursprungsarbeit von Goyal. Die bereits mehrfach angesprochene Annahme einer vollständigen und wahrheitsgetreuen Informationsweitergabe[122] ist eine weitere zentrale Schwäche fast aller bislang genannten Ansätze. An diesen beiden Punkten sowie an der Frage der Machtverteilung zwischen den Firmen setzt die Arbeit von Sucky (2004) an, die im Rahmen dieses Überblicks zu den statischen Modellen den Schlusspunkt markieren soll.

Sucky betrachtet ausdrücklich autonome Unternehmen, die ihre individuellen Kostenziele verfolgen. Wie schon die Vorgängerarbeiten verwendet auch Sucky die verschiedenen Erweiterungen des Modells von Goyal, die bereits zur Sprache kamen: offene/geschlossene Produktion und identische/unterschiedliche Transportlose. Außerdem untersucht er – und das ist gegenüber den anderen Arbeiten positiv hervorzuheben – ausführlich Fälle mit unvollständiger Information[123], ungleiche Machtverhältnisse und den Verhandlungsablauf zur Aufteilung des Gewinns[124].

Trotz dieser Vorteile können auch bei Sucky noch Schwachpunkte identifiziert werden. Diese ergeben sich z. T. indirekt aus der gewählten Vorgehensweise. So beispielsweise wären die analytischen Herleitungen für größere Netzwerke kaum zu bewältigen, weshalb Sucky sich stets auf nur zwei Unternehmen beschränkt. Andere Kritikpunkte sind dagegen direkt in den Annahmen enthalten, z. B. die Tatsache, dass in beiden beteiligten Unternehmen identische Auffassungen von der Verteilung der Verhandlungsmacht vorherrschen[125].

Noch wesentlicher ist jedoch die Annahme von Sucky, dass zwar die eine Firma (B) bestimmte Informationen nicht weitergibt, dass jedoch trotzdem die andere Firma (A) Wahrschein-

---

[121] Vgl. Sucky (2004), S. 101 und S. 109.

[122] Auch der Umweg über die Annahme, dass die Parteien einem Kooperationsvertrag zustimmen, der sie zur wahrheitsgemäßen Datenweitergabe verpflichtet (wie z. B. in Bogaschewsky et al. (1999), S. 136 und Buscher (2003), S. 66), bietet für dieses Problem keine befriedigende Lösung. Ohne Untersuchung der genauen Konditionen eines solchen Vertrages, der Anreize für die Beteiligten ihm zuzustimmen und vor allem der Möglichkeiten der Kontrolle des Wahrheitsgehalts der Daten und der Bestrafung von „Lügnern“ kann nicht davon ausgegangen werden, dass ein potenzieller Betrüger durch sein Versprechen, nicht zu betrügen, vom Betrug abgehalten wird. Schließlich ist ihm nicht zu trauen - andernfalls wäre der Vertrag ja nicht nötig.

[123] Vgl. Sucky (2004), bspw. S. 235 ff.

[124] Vgl. Sucky (2004), S. 211 ff.

[125] Vgl. Sucky (2004), S. 195 f.

lichkeiten für bestimmte Ausprägungen dieser ihr unbekannten Größe angeben kann.[126] Mit Hilfe dieser Wahrscheinlichkeitswerte kann Firma A dann die fehlenden Informationen aus der beobachteten Handlung der Firma B schlussfolgern. Dass jedoch in der Realität die Planungsverantwortlichen einer Firma ein Wertemenü für bestimmte Kostenparameter einer anderen Firma aufstellen und diese Werte auch noch mit Wahrscheinlichkeiten versehen können, darf angezweifelt werden. Zusätzlich enthält diese Vorgehensweise implizit die Annahme, dass die interne Produktionsstruktur von Firma B nur eine einzige Stufe enthält (Sucky rechnet wie die vorherigen Arbeiten für beide Unternehmen mit jeweils nur einer Produktions- bzw. Beschaffungsstufe[127]). Für eine realitätsnahe interne Firmenstruktur mit Beschaffungs-, Produktions- und Absatzlagern sowie dazwischengeschalteten Einkaufs-, Herstellungs- und Verkaufsprozessen, die allesamt Einfluss auf die Wahl der Losgrößen haben (können), ist eine derartige Herangehensweise nicht praktikabel, da diese nur zur Schätzung einzelner Parameter gedacht ist. Bei einer komplexen internen Struktur müsste deshalb zunächst gezeigt werden, wie gut sich diese Struktur durch eine einzelne Stufe approximieren lässt und ob die Parameterschätzung trotz dieser Approximation noch brauchbare Resultate erzielt.

Mit diesen Ausführungen soll jedoch nicht geleugnet werden, dass die Arbeit von Sucky den vorläufigen Höhepunkt in dieser Reihe von Modellen einnimmt. Viele der Problembereiche aus Kapitel 3.2 werden ausführlich untersucht, insbesondere die spieltheoretischen Probleme. Wie die obige Kritik zeigte, ist es jedoch fraglich, ob die jeweils aufgezeigten Lösungen für diese Probleme tatsächlich umsetzbar sind. Im Hinblick auf die Umsetzbarkeit ist außerdem die allgemeine Herangehensweise fraglich, die dieser gesamten Modellreihe eigen ist. Sucky muss bereits für eine relativ einfach strukturierte Situation (nur zwei Firmen, nur je eine Produktionsstufe etc.) eine hochkomplexe mathematische Analyse verwenden. Würden auch nur einige der obigen Kritikpunkte berücksichtigt und die Situation nähme dadurch an Komplexität zu, dann wären die erforderlichen Berechnungen selbst für Wissenschaftler schwer durchführbar – umso mehr für Praktiker im zeitkritischen betrieblichen Alltag (z. B. im Falle der Notwendigkeit von Anpassungen an individuelle Gegebenheiten). Für eine *zu einfache* Situation ist hier also eine *zu komplexe* Lösung notwendig. Für die Praxis interessant sind dagegen eher Methoden, die die hochkomplexe Realität mit Hilfe einfacher Verfahren in praktikable Lösungen umsetzen – also das genaue Gegenteil.[128] Für eine Erweiterung dieser

---

[126] Vgl. Sucky (2004), S. 240 f.

[127] Alternativ könnte man argumentieren, dass die beteiligten Firmen zwar über mehrere interne Stufen verfügen, aber jeweils nur lokal optimieren, d. h. sie führen keine integrierte Planung durch, die die Inderdependenzen zwischen den Stufen berücksichtigen würde. In einem solchen Fall wäre eine Berücksichtigung nur einer Stufe im unternehmensübergreifenden Kontext gerechtfertigt, da die anderen internen Stufen das Ergebnis der finalen Stufe nicht beeinflussen. Einerseits jedoch wäre das Vorherrschen dieser lokalen Planung auch wieder nur eine fragliche Modellannahme und andererseits sollte man ein fortschrittliches Modell der unternehmensübergreifenden Planung nicht auf eine intern isolierte und damit rückständige Planung aufbauen lassen. Dieses Argument ist daher hier nicht anwendbar.

[128] Damit soll nicht unterschlagen werden, dass die hier besprochene Reihe von Modellen zu einem wichtigen Erkenntnisgewinn für die Wissenschaft geführt hat. Es soll lediglich klar herausgestellt werden, dass die

Modellreihe deutlich über das Modell von Sucky hinaus sind daher Konzepte der Aggregation und Approximation oder eine Automatisierung von Zwischenschritten mit Hilfe rechnergestützter Optimierungsprogramme (sog. „Solver") bzw. andere komplexitätsreduzierend wirkende Maßnahmen notwendig.

Wie zu Beginn dieses Kapitels angekündigt, sollen nun die hier vorgestellten Ansätze in ein Diagramm eingeordnet werden, das den Stand der Forschung auf dem Teilgebiet der statischen Bedarfsmodelle bezüglich der zwei Dimensionen „Netzwerkgröße" und „Problemfelderbeachtung" widerspiegelt. Insbesondere aufgrund der zahlreichen, oft nur qualitativ bewertbaren Unteraspekte der Dimension „Problemfelderbeachtung" kann eine Einordnung jedoch nur approximativ erfolgen und bleibt zwangsläufig in gewissem Maße subjektiv. Trotzdem ist diese Einordnung der Modelle sinnvoll, da sie wesentliche Schwachstellen zusammenfasst und dadurch die grundsätzliche Richtung von zusätzlich notwendigen Forschungsanstrengungen aufzeigt.

Zur einfacheren Nachvollziehbarkeit der Einordnung in das Diagramm folgt jedoch zunächst ein kurzer Rückblick auf die vorgestellten Modelle in Tabelle 3-1. Für die hier betrachteten Dimensionen nicht relevante Eigenschaften der Modelle (Lieferlospolitiken, geschlossene/offene Produktion etc.) wurden dabei ausgeblendet.

(sinnvolle) Umsetzbarkeit (noch) nicht gegeben ist. Dies ist besonders dann wichtig, wenn die jeweiligen Autoren explizit (z. B. durch eine Softwarelösung wie bei Sucky (2004), S. 286 ff.) oder implizit (z. B. durch Auslassung der Betonung des rein wissenschaftlichen Charakters) den oft trügerischen Eindruck einer Umsetzbarkeit entstehen lassen.

Modell	Planungs-konzept	Informations-stand	Gewinn-aufteilung	Anfälligkeit für Opportunismus	Netzwerk-größe
Goyal (1976)	Simultan	vollständig	fixe Formel	hoch	1:1
Banerjee (1986a)	Simultan	vollständig	fixe Formel	hoch	1:1
Goyal (1988)	Simultan	vollständig	k. A.	hoch	1:1
Landeros/Lyth (1989)	simultan	vollständig	k. A.	hoch	1:1
Chatterjee/Ravi (1991)	simultan	vollständig	k. A.	hoch	1:1
Agrawal/Raju (1996)	simultan	vollständig	k. A.	hoch	1:1
Bogaschewsky et al. (1999)	simultan	vollständig	k. A.	hoch	1:1
Monahan (1984)	sukzessiv	vollständig	automatisch	mittel	1:1
Lee/Rosenblatt (1986)	sukzessiv	vollständig	automatisch	mittel	1:1
Banerjee (1986b)	sukzessiv	vollständig	automatisch	mittel	1:1
Joglekar (1988)	sukzessiv	vollständig	automatisch	mittel	1:1
Corbett/de Groote (2000)	sukzessiv	mittel	automatisch	eher gering	1:1
Lal/Staelin (1984)	sukzessiv	vollständig	automatisch	mittel	1:m
Hofmann (1998)	sukzessiv	vollständig	automatisch	mittel	1:m
Buscher/Lindner (2000)	simultan	vollständig	k. A.	hoch	m:1
Hofmann (1994)	simultan	vollständig	k. A.	hoch	1:1:1
Buscher (2003) (I)	simultan	vollständig	k. A.	hoch	1:1:1
Toporowski (1999)	simultan	vollständig	k. A.	hoch	1:1:m
Hofmann (1995)	simultan	vollständig	k. A.	hoch	m:1:1
Buscher (2003) (II)	simultan	vollständig	k. A.	hoch	m:1:1
intern-mehrstufige Planung	simultan	vollständig	k. A.	hoch	unbegrenzt
Sucky (2004)	sukzessiv	mittel	Verhandlung	eher gering	1:1

k. A. = keine Angabe (inkl. nicht explizit beschriebener Aufteilungsvorschläge und nicht modellierter Verhandlungen)

Tabelle 3-1: Eigenschaften der genannten Ansätze mit statischem Bedarfsverlauf (vereinfacht)

Aus diesen Eigenschaften leitet sich schließlich die Einordnung in das untenstehende Diagramm ab. Zur Wahrung der Übersichtlichkeit wurden dabei jedoch nicht alle Modelle einzeln genannt, sondern diese stattdessen zu sinnvollen Gruppen zusammengefasst, innerhalb derer sich die Modelle bezüglich Netzwerkgröße und Problemfelderbeachtung nicht oder nur unwesentlich unterscheiden (siehe Abbildung 3-9).

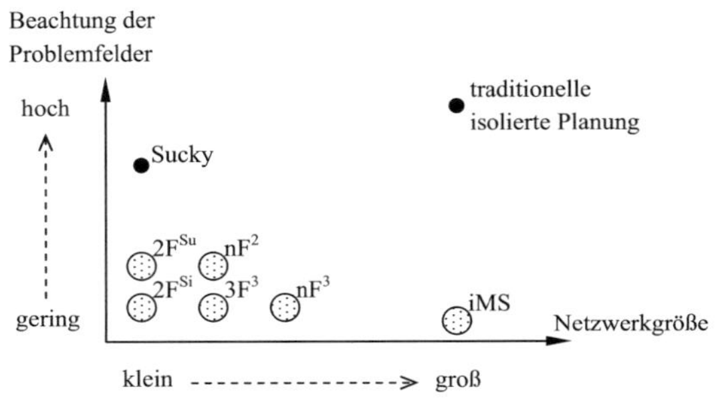

Gruppennamen:

$2F^{Si}$: 2-Firmen-Simultanmodelle (Goyal (1976) und vergleichbare)
$2F^{Su}$: 2-Firmen-Sukzessivmodelle (Monahan (1984) und vergleichbare)
nF^2: n Firmen auf 2 Stufen (Lal/Staelin (1984) und vergleichbare)
$3F^3$: 3 Firmen auf 3 Stufen (Hofmann (1994) und vergleichbare)
nF^3: n Firmen auf 3 Stufen (Toporowski (1999) und vergleichbare)
iMS: Verfahren zur intern-mehrstufigen Planung

Abbildung 3-9: Einordnung der Verfahren mit statischem Bedarfsmodell

Die jeweilige Einordnung der Modelle in das Diagramm enthält zwar eine (Teil-)Wertung, ist aber nicht mit einem vollständigen Urteil gleichzusetzen, wie bereits bei der Erläuterung der Dimensionen im vorangegangenen Abschnitt betont wurde. So z. B. ist die nicht unternehmensübergreifende (d. h. die traditionelle isolierte) Planung bezüglich der obigen beiden Dimensionen zwar sehr positiv zu bewerten (siehe Abbildung 3-9), führt aber zu keinerlei Kostensenkungen im Sinne von Kapitel 3.1. Dass sie trotzdem noch nicht im großen Stil von einem der Modelle zur unternehmensübergreifenden Planung abgelöst wurde, ist ein Indiz für die überragende Bedeutung der Dimension „Problemfelderbeachtung“.[129]

Aus dem obigen Diagramm wird nochmals deutlich, dass generell ein Mangel an Arbeiten zur unternehmensübergreifenden Losgrößenplanung herrscht, die eine Mehrzahl der Problemfelder beachten. Dies gilt insbesondere dann, wenn die Reichweite der Planung auf mehr als nur zwei Unternehmen ausgedehnt werden soll. Bislang wurden jedoch nur die Modelle mit statischem Bedarfsverlauf beschrieben. Wie sich die Situation bei den Modellen mit dynamischem Bedarfsverlauf darstellt, beschreibt der folgende Abschnitt.

---

[129] Natürlich ist dies allein noch kein Beweis, wohl aber ein *Hin*weis. Eine gleichermaßen hohe Bedeutung der möglichen Netzwerkgröße kann dagegen nicht geschlussfolgert werden, da ein Netzwerk durchaus bezüglich der Reichweite der angewendeten Planungsmethoden „geteilt“ werden könnte, d. h. ein Modell zur unternehmensübergreifenden Planung käme dann nur in einem Teil des Netzwerks zum Einsatz. Bezüglich der Problemfelder ist eine teilweise Anwendung einer Methode dagegen nicht vorstellbar.

3.3.3 Dynamische Modelle

Die im Folgenden besprochenen Modelle erlauben die Verwertung von im Zeitverlauf unterschiedlichen Bedarfsdaten. Damit sind sie zwar nicht automatisch und in jedem Fall „besser" als die Modelle mit statischem Bedarfsverlauf, sie können jedoch als stärker relevant eingestuft werden. Der Grund dafür liegt darin, dass in der Praxis eine überwiegend kundenauftragsorientierte Fertigung zu beobachten ist[130], bei der das Vorliegen einer statischen Nachfrage ausgeschlossen ist. Weiterhin ergeben sich bei der Betrachtung von mehrstufigen Strukturen selbst bei Vorliegen einer idealtypisch-statischen Endproduktnachfrage auf den vorgelagerten Ebenen dynamische Bedarfe, u. a. aufgrund der schubweisen Weitergabe von Vorprodukten bei geschlossener Fertigung.[131] Modelle, die realitätsnahe firmeninterne Strukturen abbilden können, sollten daher auch in der Lage sein, diese (dynamischen) Bedarfsschwankungen der Vorprodukte zu berücksichtigen. Dies ist mit grundsätzlich dynamischen Modellen, d. h. Modellen, die von Beginn an für jede Stufe einen dynamischen Bedarfsverlauf vorsehen, einfacher möglich.

Ein weiterer grundsätzlicher Unterschied zu den Modellen im vorangegangenen Abschnitt besteht in der Vorgehensweise der Autoren, d. h. in der Art der Ermittlung der Lösung. Die statischen Modelle wurden noch überwiegend mit Hilfe der Differenzialrechnung „von Hand" gelöst und dadurch in eine exakte und allgemein gültige Lösung überführt – z. B. in Gestalt einer einzigen Formel. Dies ist bei dynamischen Modellen aufgrund deren höherer Komplexität i. d. R. nicht mehr möglich. Die Lösungen werden hier mit Hilfe von Heuristiken und insbesondere mit Hilfe von rechnergestützten „Solvern" ermittelt, die aus einem aufgestellten mathematischen Modell, versehen mit den Daten des konkreten Einzelfalls, die Lösung errechnen. Der Vorteil der Kombination von mathematischen Modellen und Solvern liegt in der dadurch möglichen Komplexität der modellierten Situationen. Erst auf diese Weise können annähernd praxisnahe Modelle aufgestellt und gelöst werden.[132]

Im Unterschied zu den statischen Modellen konnte hier keine im gleichen Maße zusammenhängende und umfangreiche Entwicklungsreihe von Modellen identifiziert werden. Auch beim Studium der relevanten Literatur entsteht der Eindruck, dass für die hier vorliegende Situation deutlich weniger Modelle mit dynamischem Bedarf aufgestellt wurden.[133] Bedenkt man jedoch die geringe Anpassung vieler der statischen Modelle aus Kapitel 3.3.2 an die Anforderungen realer Netzwerke und der ihnen dadurch anhaftende Charakter einer weitge-

[130] Vgl. Kernler (2003), S. 3 und Zimmer (2001), S. 42.

[131] Vgl. Derstroff (1995), S. 21.

[132] Vgl. Dudek (2004), S. 26.

[133] Vgl. die Literaturüberblicke in Werken, die ausdrücklich auf Situationen der Produktionsplanung zwischen *selbstständigen* Unternehmen abzielen, z. B. Dudek (2004), Sucky (2004) und Zimmer (2001). Ein Grund für die häufige Bevorzugung statischer Modelle mag die bereits erklärte, bei ihnen mögliche analytische Herangehensweise sein (explizit genannt wird dieser Grund z. B. für das Modell von Bogaschewsky et al. (1997), S. 36).

hend modifikationslosen Übertragung mehrstufiger Methoden auf den unternehmensübergreifenden Fall, so erscheint die reine Zahl von Arbeiten nicht mehr als sinnvoller Maßstab für den Bearbeitungsstand eines Forschungsgebiets.

Eine weitere Schwierigkeit bei der Auswahl von dynamischen Modellen ergibt sich aus der Tatsache, dass die Abgrenzung zu benachbarten Forschungsgebieten, insbesondere der unternehmensintern standortübergreifenden Planung[134], oft schwierig ist. Im Folgenden werden deshalb nur einige ausgewählte Vertreter genannt, die beispielhaft für die jeweiligen Herangehensweisen stehen.

Eine mögliche Herangehensweise sind Lagrange-Ansätze. Ertogral/Wu (2000) verwenden einen solchen auf Zerlegung mit Hilfe von Lagrange-Operatoren[135] basierenden Ansatz, um eine Planung über verschiedene selbstständige Bereiche zu erreichen. Zu diesem Zweck modifizieren die Autoren das Gesamtproblem der Produktionsplanung über alle Betriebe hinweg (d. h. das Zentralplanungsproblem), das sie als MLCLSP[136] abbilden, so, dass sich voneinander weitgehend unabhängige Planungsbereiche (d. h. „kleinere" MLCLSP-Modelle) ergeben. Die Planung in diesen einzelnen (Firmen-)Bereichen kann nun eigenständig erfolgen. Die Koordination zwischen diesen Bereichen erfolgt dabei über Lagrange-Parameter, die in die Planung der Bereiche als Vorgaben einfließen, in Kombination mit einer Mehrfachplanung der Bereiche in deren Verlauf man sich iterativ einer Lösung nähert (siehe Abbildung 3-10). Die Lagrange-Parameter werden vor jeder Iteration durch eine zentrale Stelle neu festgelegt, um eine möglichst vorteilhafte Koordination zwischen den Bereichen zu gestatten.

[134] Für Vertreter dieser Richtung siehe z. B. Thorn (2002), S. 114. Auch bei der unternehmensintern standortübergreifenden Planung wird die Produktion mehrerer Betriebe koordiniert, alle Standorte befinden sich aber im Eigentum eines Unternehmens. Abhängig von der Frage, wie weitgehend die Selbstständigkeit der einzelnen Standorte in diesem unternehmensinternen Netzwerk ist, lassen sich diese Arbeiten nun mehr oder weniger für die unternehmensübergreifende Planung verwenden.

[135] Siehe zu mathematischen Details der Lagrange-Zerlegung die grundlegende Arbeit von Guignard/Kim (1987).

[136] „Multi-level Capacitated Lot Sizing Problem"; eine vorteilhafte, weil flexible und weitgehend allgemeingültige Form des Losgrößenplanungsproblems, siehe für weitere Informationen hierzu Derstroff (1995), S. 53 ff. In der vorliegenden Arbeit findet das MLCLSP ebenfalls Verwendung (Kapitel 4.3.4).

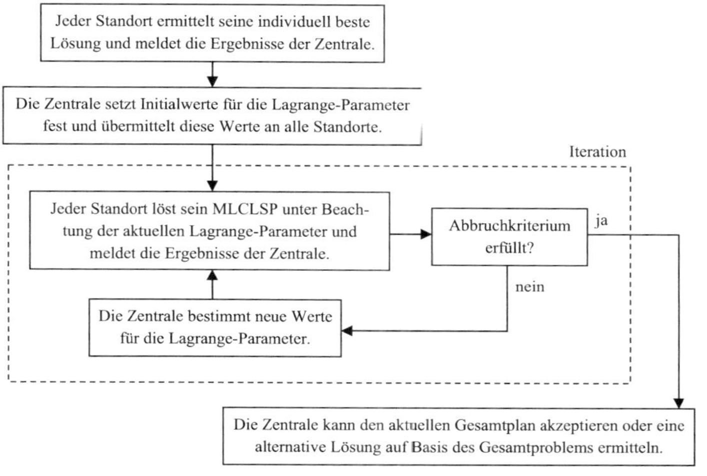

Abbildung 3-10: Verfahrensablauf bei Ertogral/Wu (vereinfacht, vgl. Ertogral/Wu (2000), S. 937)

Für die Untersuchung in diesem Kapitel ist jedoch weniger die mathematische Herangehensweise, als vielmehr der modellierte Untersuchungsgegenstand und die sich aus dem Lösungsansatz ergebenden Konsequenzen entscheidend. So betonen Ertogral/Wu bei der Beschreibung des Untersuchungsgegenstands die Existenz mehrerer Standorte, die sich entweder unter der Kontrolle verschiedener Firmen befinden oder – wenn sie lediglich Teile desselben Unternehmens sind – zumindest selbstständig planen[137]. Die Anzahl dieser Standorte bzw. Firmen ist in ihrem Modell nicht beschränkt, wodurch auch große Unternehmensnetzwerke abgebildet werden könnten – ein klarer Pluspunkt für das Modell.

Bei der Beachtung der Problemfelder ergibt sich dagegen ein gemischtes Bild. Ertogral/Wu bewahren einerseits die Selbstständigkeit der Firmen durch die lokal durchgeführten Planungen. Diese Planungen richten sich allerdings andererseits an den von einer Zentrale vorgegebenen Parametern aus, wodurch die Selbstständigkeit reduziert wird. Überhaupt scheint die Ernennung einer Zentrale zunächst kritisch zu sein und wurde bereits bei den statischen Modellen verworfen. Es stellt jedoch ein überwindbares Problem dar, solange diese Zentrale nach vorher exakt bekannten Regeln handeln muss, da ihre Entscheidungen dann vorhersehbar wären und keinerlei Willkür unterlägen. Dies ist bei Ertogral/Wu zum großen Teil der Fall, da die Hauptaufgabe der Zentrale in der Neubestimmung der Lagrange-Parameter besteht, d. h. in der Durchführung von Rechnungen mit Hilfe vorher festgelegter Formeln[138].

---

[137] Vgl. Ertogral/Wu (2000), S. 932.

[138] Diese Aufgabe wäre auch automatisierbar, wodurch die „Zentrale" auf ein „Zentralprogramm" bzw. einen „Zentralrechner" reduziert würde. Fremdbestimmungen bzw. deren Nachteile könnten so im Vorfeld durch eine allseits akzeptierte Programmierung der Zentrale ausgeschlossen werden – vorausgesetzt die Bandbreite

Außerdem hat die Zentrale jedoch die Aufgabe, über Abbruch der Iteration und Akzeptanz des aktuellen Gesamtplans zu entscheiden (siehe finalen Schritt in Abbildung 3-10). Ohne ein exaktes und allseitig akzeptiertes Kriterium dafür ist diese Aufgabe eine Frage des Ermessens und führt zu einer Beschränkung der Selbstbestimmung der beteiligten Firmen. Außerdem ergibt sich, selbst nach Einigung über die Existenz der Zentrale, die Schwierigkeit der Einigung auf die Identität eines solchen zentralen Koordinators, d. h. wer übernimmt diese Aufgabe.[139]

Das zweite Problemfeld, das Ertogral/Wu beachten, ist die Informationsweitergabe. Durch die lokale Durchführung der Planungen müssen die meisten Informationen nicht ausgetauscht werden, was sehr vorteilhaft für die Umsetzbarkeit dieser Methode ist. In die Bestimmung der jeweils neuen Lagrange-Parameter fließen jedoch die Gesamtkosten des aktuellen Plans jeder Firma ein, so dass zumindest eine Weitergabe dieser Größe vorausgesetzt werden muss.

Das dritte von den Autoren beachtete Problemfeld ist das Verteilungsproblem. Ertogral/Wu führen ein Maß der „Fairness“ ein, das misst, wie gleichmäßig die Last des Kompromisses, den eine systemweit umsetzbare Lösung darstellt, unter den Firmen verteilt ist. Diese Fairness wird mathematisch optimiert, indem die Summe der Abweichungen der Mehrkosten (Unterschied der Firmenkosten im individuellen Optimum zu den Firmenkosten der systemweiten Lösung) jeder Firma von den durchschnittlichen Mehrkosten minimiert wird. Durch die Beachtung dieser neuen Zielfunktion bei der iterativen Generierung einer systemweiten Lösung ergibt sich dann auch tatsächlich ein Gesamtplan, der die Mehrkosten gleichmäßiger verteilt. Ansatzpunkte zur Kritik ergeben sich jedoch schon bei Betrachtung dieser grundsätzlichen Herangehensweise an das Verteilungsproblem. Die Autoren postulieren ihr Maß „Fairness“ lediglich, d. h. es wird weder hergeleitet noch kritisch untersucht oder mit anderen, alternativen Maßzahlen verglichen. Wie bei jeder exakt vorgegebenen Aufteilungsregel besteht auch hier das Problem, dass sich alle Beteiligten auf diese eine Regel einigen müssten, was insbesondere bei Existenz unterschiedlich großer Firmen im Netzwerk nicht vorausgesetzt werden kann.[140] Weiterhin wird durch die Minimierung der *Summe* der Abweichungen nicht ausgeschlossen, dass Einzelne verlieren können, solange nur die anderen Beteiligten überproportional stark profitieren. Um ein Netzwerk selbstständiger Akteure von einer neuen Methode zu überzeugen, bedarf es jedoch der Aussicht, dass alle Beteiligten davon profitieren. Das Verteilungsproblem klären Ertogral/Wu daher zwar besser als die Zentralplanung, aber noch nicht zufriedenstellend.

---

der Auswirkungen der Entscheidungen durch das Rechnerprogramm ließe sich im ausreichenden Maße vorhersehen.

[139] Vgl. Dudek (2004), S. 51. Vorausgesetzt wird ein Netzwerk ohne bereits existierende Zentrale, da diese dem zu Kapitelbeginn postulierten Fehlen von unternehmensübergreifenden Hierarchien widersprechen würde.

[140] Eine ähnliche Kritik wurde bereits zur Arbeit von Goyal (1976) in Kapitel 3.3.2 vorgebracht. Die dort gemachten allgemeinen Aussagen treffen auch hier zu.

Die drei von Ertogral/Wu beachteten Problemfelder sind daher jeweils nur teilweise gelöst. Weitere Probleme ergeben sich durch die unbeachtet gebliebenen Problemfelder, insbesondere den Opportunismus. Da z. B. die individuellen Firmenkosten direkt und auf eine bekannte Art und Weise in die Bestimmung der systemweiten Lösung einfließen, wäre eine Falschmeldung durch eine Firma zu ihrem eigenen Vorteil und zugleich zum Nachteil der anderen Firmen durchaus denkbar.[141]

Ein zusätzlicher Nachteil der Vorgehensweise von Ertogral/Wu liegt in der hohen mathematischen Komplexität begründet, die ihrer Methode trotz des vorteilhaften MLCLSP eigen ist. Insbesondere bei einer hohen Anzahl von selbstständigen Entscheidern (großes Unternehmensnetzwerk) mit ihren unterschiedlichen Vorkenntnissen, Fähigkeiten und Zeitreserven ist eine leichte Verständlichkeit von Vorteil für die Akzeptanz neuer Methoden. Weiterhin sind die genauen wirtschaftlichen Konsequenzen einfacher Algorithmen leichter zu überschauen – insbesondere im zeitkritischen betrieblichen Alltag. Eine hohe mathematische Komplexität deutet daher in Richtung einer schwierigen Umsetzung.[142]

Wenn auch die hier aufgeführten Kritikpunkte speziell für die Arbeit von Ertogral/Wu erläutert wurden, so sind doch einige davon generell für die Herangehensweise mit Hilfe von Lagrange-Zerlegungen gültig. Dies betrifft das Problem der Informationsweitergabe (aufgrund der Notwendigkeit der Berechnung neuer Lagrange-Parameter) sowie insbesondere die Existenz einer zentralen Stelle. Der Anwendungsbereich dieser Methode wird daher auch oft eher im Rahmen einer dezentralisierten Firma mit selbstständigen Teilbereichen gesehen.[143]

Einen gänzlich anderen Ansatz wählt Zimmer (2001) in ihrer Arbeit. Auch sie strebt eine dezentrale Koordination durch selbstständige Planung der Firmen an, im Unterschied zur gerade besprochenen Arbeit von Ertogral/Wu aber ohne eine zentrale oder neutrale Stelle. Das Konzept von Zimmer ist jedoch nur bei kleinen Netzwerken realisierbar, explizit erklärt wird es sogar nur für das kleinste denkbare Netzwerk mit zwei Firmen[144].

Die mathematische Modellierung erfolgt für die Firmen sehr unterschiedlich. Während beim Abnehmer eher Aspekte der Maschinenbelegungsplanung betont werden (verschiedene

141 Ertogral/Wu treffen die Annahme „ ...that each facility is represented by a self-interest (but truthful) agent..." (Ertogral/Wu (2000), S.936).

142 Nicht vermeidbare Komplexität sollte sich aus diesem Grund weitgehend „kapseln" lassen, d. h. gegenüber den Entscheidern als „Black Box" auftreten. Ein gutes Beispiel hierfür sind die Lösungsverfahren innerhalb der Solver: Die mathematischen Modelle, die als Eingabedaten dienen, sowie die Resultate sind sehr leicht verständlich – ein Verständnis der Funktionsweise des Solvers selbst ist zur Entscheidung über seinen Einsatz dagegen nicht nötig. Eine solche Komplexitätsreduzierung nach außen ist bei Ertogral/Wu jedoch z. B. aufgrund der mathematischen Erfassung der „Fairness" nicht im gleichen Maß möglich. (Das Kriterium eines einfachen Verfahrensablaufs wird im Kapitel 4.1 wieder aufgegriffen und als eine Richtlinie für die Verfahrensentwicklung im Rahmen dieser Arbeit verwendet.)

143 Vgl. Dudek (2004), S. 51.

144 Vgl. Zimmer (2001), S. 44.

Aufträge mit Endterminen, Minimierung der Kapazitätskosten), herrscht beim Lieferanten die traditionelle Situation der Losgrößenplanung vor (Rüstkosten, Lagerhaltungskosten etc.). Beide Unternehmen werden sehr reduziert bzw. aggregiert betrachtet, da jeweils nur eine Produktionsstufe und eine Kapazitätsart verwendet wird. Zwar gestattet das Modell nach Zimmer die Betrachtung mehrerer Produkte, in Summe ist die Modellierung aber doch relativ weit von einem komplexeren realen Produktionsablauf entfernt.[145]

Die Kernidee von Zimmer, um eine vorteilhafte Koordination zu erreichen, ist die, dass der Abnehmer die Auswirkungen seiner Pläne auf den Lieferanten vor der Übermittlung der Bestellungen untersucht, die Reaktion(sfähigkeit) des Lieferanten dadurch erkennt, seine Bestellungen entsprechend anpasst und so insgesamt vorteilhaftere Bestellmengen bzw. -zeitpunkte festlegen kann. Der Abnehmer stellt zu diesem Zweck ein mathematisches Modell der Entscheidungen beim Lieferanten auf und setzt dieses Modell in sein eigenes Entscheidungsmodell ein, wodurch er die Reaktion des Lieferanten antizipieren kann. Auf diese Weise soll es ihm möglich sein, eine bessere Lösung zu erreichen, weil er z. B. Lieferschwierigkeiten des Lieferanten aufgrund dessen Kapazitäten vorhersehen kann (siehe Abbildung 3-11).

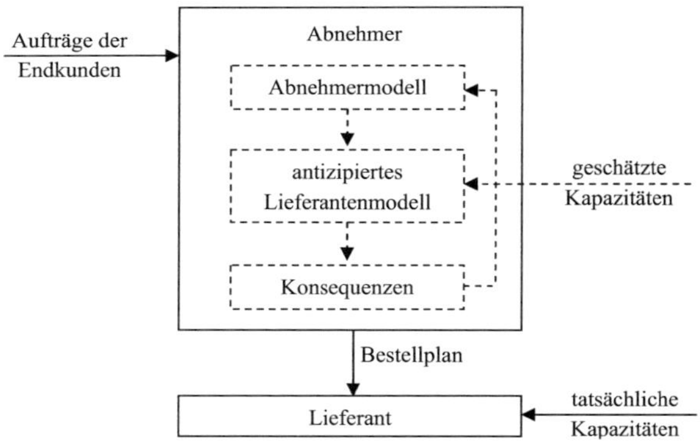

Abbildung 3-11: Verfahrensablauf bei Zimmer (verändert übernommen aus Zimmer (2001), S. 161)

Für diese Antizipation ist es notwendig, dass der Abnehmer zahlreiche Parameter des Lieferanten (Kosten, Kapazitäten etc.) kennt bzw. schätzen kann. Zimmer setzt zwar nicht voraus, dass der Lieferant all diese Daten bereitwillig übermittelt, räumt dem Abnehmer aber dennoch recht weitgehende Kenntnisse ein. Dieser Widerspruch wird teilweise gelöst, indem sie in einer interessanten Untersuchung ermittelt, wie groß der Einfluss der genauen Kenntnis der einzelnen Parameter (Kapazität, Rüstkosten, Lagerhaltungskosten etc.) des Lieferanten auf die Güte des resultierenden Plans ist. Dadurch kann Zimmer unterscheiden, welche Informationen der Abnehmer zwingend vom Lieferanten erfahren bzw. sehr genau schätzen muss und

[145] Vgl. Zimmer (2001), S. 135 ff.

welche Parameter eine geringere Rolle spielen. Diese Untersuchung ergibt, dass der Abnehmer auf die genaue Kenntnis einiger der in Kapitel 3.2 als kritisch identifizierten Größen (z. B. die Rüstkosten) verzichten kann, andere jedoch genau kennen muss (z. B. die Kapazität).[146] Das Problem der Informationsweitergabe ist somit nur teilweise gelöst, da das Modell von Zimmer auf bestimmte kritische Informationen angewiesen bleibt.

Kritisch ist weiterhin anzumerken, dass Zimmer Falschmeldungen durch den Lieferanten bewusst ausschließt und dadurch das Problem des Opportunismus umgeht.[147] Die Selbstständigkeit der Unternehmen bleibt dagegen weitgehend gewahrt und auch bei der Gewinnverteilung kann ihr Modell bei einer bestimmten Vertragsgestaltung[148] Vorteile für beide Unternehmen vorweisen. In Summe kann man feststellen, dass auch bei diesem Modell die Problemfelder aktiv bearbeitet, aber nur teilweise gelöst wurden. Es ergibt sich demzufolge wie schon bei Ertogral/Wu ein gemischtes Urteil, das aber aufgrund der hier fehlenden Zentrale und der durchgeführten Untersuchung der Entwicklung der individuellen Firmengewinne für Zimmer etwas positiver ausfällt. Dagegen ist das betrachtete Netzwerk sehr klein (zwei Firmen) und das verwendete mathematische Modell sehr speziell, was die direkte Übertragung in die Praxis bzw. die breite Anwendung erschwert.

Einen vorteilhafteren Weg beschreitet dagegen Dudek (2004) mit seinem Modell. Bei ihm liegt die Betonung auf einem maximal reduzierten Informationsaustausch, geringem Aufwand und der Gleichstellung der Partner. Wie schon Ertogral/Wu modelliert auch Dudek die Planung der Firmen jeweils als MLCLSP. Allerdings begrenzt er sein Modell zunächst auf lediglich zwei Firmen.

Die entscheidende Grundidee von Dudek ist nun die, dass, ausgehend von der Bestellung des Abnehmers („Plan 1“), der Lieferant Änderungen an diesem Plan vorschlägt („Plan 2“). Der Abnehmer prüft daraufhin diesen modifizierten Plan und schlägt nun seinerseits Änderungen vor („Plan 3“). Dieser Austausch von modifizierten Plänen wird solange fortgeführt, bis keine wesentlichen Verbesserungen mehr erreicht werden können (siehe Abbildung 3-12). Wichtig ist, dass das Ausmaß der jeweils propagierten Abweichungen vom vorherigen Plan beschränkt ist, damit sich die Beteiligten nicht stets nur gegenseitig die individuell optimalen Pläne vorschlagen. Aus diesem Grund wählen die Partner nur die für sie kostenmäßig vorteilhafteste Änderung des Plans aus, z. B. die Verschiebung eines Loses in eine angrenzende Periode.

---

[146] Vgl. Zimmer (2001), S. 240 ff.

[147] Vgl. Zimmer (2001), S. 210.

[148] Zimmer ordnet ihre Arbeit in die Kontrakttheorie ein und untersucht demzufolge intensiv die Vorteilhaftigkeit bestimmter Ausprägungen von Vertragsparametern, insbesondere der Strafen, die der Lieferant bei zu später oder zu zeitiger Lieferung an den Abnehmer zu zahlen hat.

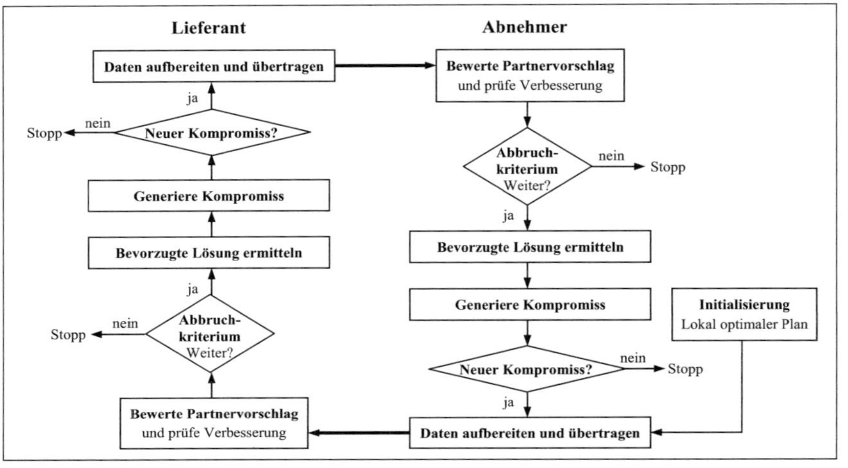

Abbildung 3-12: Verfahrensablauf bei Dudek (leicht verändert übernommen aus Dudek (2004), S. 96)

Um sich mit Hilfe dieses iterativen Austauschs modifizierter Pläne erfolgreich dem Gesamtoptimum zu nähern, ist nur ein geringer Informationsaustausch in Form des (unkritischen) Endkundenbedarfs sowie der firmenweiten Kostenunterschiedswerte nötig. Grundsätzlich stellen letztere zwar sensible Daten dar, da sie zu der Gruppe der Kosteninformationen gehören, dieser Charakter wird jedoch durch die Aggregation und die Reduktion auf Unterschiedswerte abgeschwächt. [149] In späteren Versionen seines Modells reduziert Dudek den Informationsbedarf seines Modells zusätzlich, u. a. indem nur noch einer der beiden Partner diese Kosteninformation preisgeben muss.

Mit seinem Algorithmus gelingt es Dudek, sich innerhalb weniger Iterationen (durchschnittlich vier bis sechs) dem Gesamtoptimum bis auf wenige Prozentpunkte bzw. -bruchteile zu nähern.[150] Er erreicht so ein besseres Ergebnis als z. B. Zimmer – und das trotz der bei Dudek geringeren Anforderungen an die Bereitwilligkeit der Partner zum Informationsaustausch.

Im Anschluss an sein Grundkonzept stellt Dudek Modellvarianten für allgemeine zweistufige Netzwerke vor, also für Strukturen der Form 1:*m*, *m*:1 und *m*:*m* und entschärft so die bislang extreme Beschränkung des Netzwerks. Teilweise wird für diese Erweiterungen jedoch ein „zentraler Agent“[151] nötig, dessen Rolle z. B. eines der beteiligten Unternehmen übernehmen soll. Dies ist zwar einerseits grundsätzlich ein Nachteil, andererseits stellt diese Zentrale aber aufgrund der ihr zugewiesenen Aktionen und der geringeren Notwendigkeit ihrer Existenz im

[149] Vgl. Kapitel 3.2: Bei der Besprechung des Problemfelds „Informationsaustausch“ waren diese beiden Formen der Abschwächung der Sensibilität von Firmendaten bereits genannt worden.

[150] Vgl. Dudek (2004), S. 181.

[151] Dudek (2004), S. 109.

Hinblick auf das Gesamtkonzept bei Dudek ein kleineres Manko dar als z. B. die Zentrale bei Lagrange-Zerlegungen (s. o.). Auch für noch größere Netzwerke mit mehr als drei Stufen bringt Dudek Vorschläge, so z. B. die mehrfache Anwendung der zweistufigen Methode innerhalb eines großen Netzwerks (siehe Abbildung 3-13).

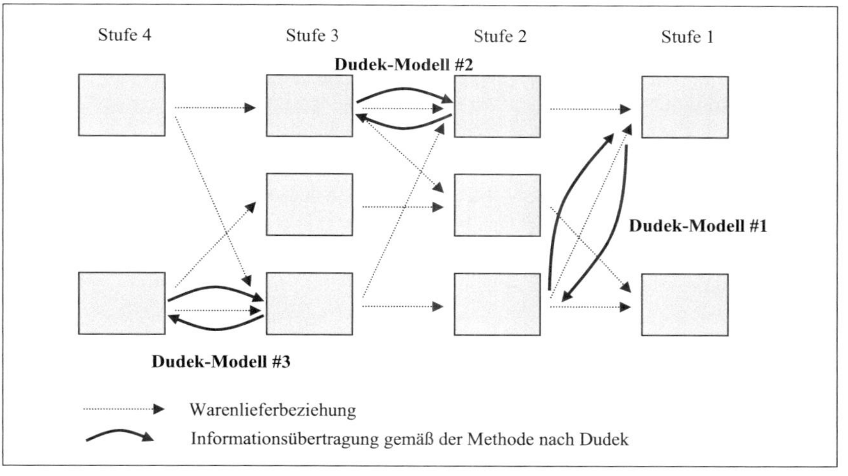

Abbildung 3-13: Anwendung des Modells von Dudek auf größere Netzwerke (vgl. Dudek (2004), S. 114)

Diese Vorschläge für große Netzwerke werden aber von Dudek nicht rechnerisch getestet und stellen ohnehin eher Notlösungen dar, da sein Algorithmus klar auf ein zweistufiges Netzwerk ausgerichtet ist.

Um sein Konzept abzurunden, schließt Dudek seine Arbeit mit einer längeren Diskussion über Gewinnverteilung und Opportunismus ab und bringt jeweils diverse Lösungsvorschläge zu diesen Problemen. Allerdings erfolgt keine vollständige Integration dieser Bemühungen in sein Modell, weshalb sie den Charakter eines „Anhangs" behalten, der nicht wirklich Teil des Modells ist.

Trotz der bisher genannten Kritikpunkte ist das Konzept von Dudek in Summe eindeutig positiv zu bewerten. Die Informationsweitergabe und die Selbstständigkeit bzw. Gleichstellung der Partner wurden überzeugend gelöst. Weiterhin ist die hinter dem Modell stehende Rechnung zwar komplex, diese Komplexität lässt sich aber für die Anwendung im Alltag und die Erklärung im Rahmen des Entscheidungsprozesses zur Einführung des Modells ausblenden. Die mathematische Komplexität beeinflusst somit nicht die Verständlichkeit des Modells, die Grundidee bleibt sehr gut fassbar. Außerdem erreicht Dudek eine bemerkenswerte Annäherung an das globale Kostenoptimum, trotz der reduzierten Informationsweitergabe.

Will man zusammenfassend die Nachteile des Modells von Dudek beleuchten, kann man sich zum großen Teil auf die von Dudek selbst vorgenommene Kritik[152] stützen: Die Lösung für mehr als zwei Netzwerkstufen bleibt unbefriedigend und trotz Dudeks Bemühungen auf diesem Gebiet enthält sein Modell noch Anreize, falsche Werte zu melden (Opportunismus). Zusätzlich kann man anbringen, dass die Frage der Aufteilung erst im Nachhinein behandelt wird und kein integraler Bestandteil seines Konzepts ist. Es ergibt sich dadurch eine nachteilige Situation, wie sie bereits bei dem kritischen Vergleich der Aufteilungskonzepte von Goyal (1976) und Monahan (1984) in Kapitel 3.3.2 geschildert wurde. Weiterhin beschränkt sich die Opportunismusgefahr nicht nur auf die direkt gemeldeten Werte, sondern betrifft auch die Aktionen der Zentrale, die Dudek bei den verallgemeinerten zweistufigen Strukturen verwendet. Das Ausmaß dieser Nachteile hält sich jedoch in Grenzen, so dass Dudeks Arbeit in Summe als die bislang stärkste Arbeit auf dem Gebiet der unternehmensübergreifenden Losgrößenplanung gelten kann. Sie hat eine umfassende Berücksichtigung der Problemfelder vorzuweisen – wenn auch nicht für jedes einzelne Problem eine vollständig zufriedenstellende Lösung erreicht werden konnte.

Einen Versuch, den Informationsbedarf noch weiter zu verringern, unternehmen schließlich Pibernik/Sucky (2008). Für ihr Netzwerk, bestehend aus einem Lieferanten und einem Abnehmer, ermitteln sie in einem ersten Schritt alle potenziell optimalen Verteilungen der Liefermengen zwischen den Partnern. Diese Pläne sind beiden Firmen bekannt, jedoch nicht die durch sie verursachten Kosten bei der jeweils anderen Firma. Für den zweiten Schritt unterscheiden Pibernik/Sucky zwischen gleich verteilter Macht und ungleich verteilter Macht: Liegt ersteres vor, so wird im Rahmen einer Verhandlung ein Plan ausgewählt, indem die Firmen wechselseitig Pläne aus der bekannten Planmenge zur Umsetzung vorschlagen. Ausgehend von den individuell optimalen Plänen nähert man sich so schrittweise einem Kompromissplan. Liegt dagegen ungleiche Machtverteilung vor, bietet bei Pibernik/Sucky die dominante Firma ihrem Partner ein Menü verschiedener Kombinationen von Plänen und dazugehörigen Kompensationszahlungen an. Die Zahlungsangebote sind so dimensioniert, dass der mächtige Partner von der Wahl des schwächeren Partners profitiert, ohne dass dieser dadurch Mehrkosten hat. Das Angebotsmenü wird, wie schon in Sucky (2004) in Kapitel 3.3.2, durch Schätzung der Kostenparameter des schwächeren Partners berechnet. Auf diese Weise soll auch bei ungleicher Machtverteilung ein vorteilhafter Netzwerkplan umgesetzt werden können.

Auffällig ist der generelle Nachteil dieses Konzepts, dass die zu Beginn zu ermittelnden Pläne eine exponentiell wachsende Anzahl aufweisen. Selbst bei dem auf nur ein Produkt und fünf Perioden beschränkten Beispiel von Pibernik/Sucky müssen bereits 42 verschiedene Pläne

[152] Vgl. Dudek (2004), S. 217. Eine so deutliche Nennung der Schwachpunkte durch den Autor selbst ist in der Literatur leider eher unüblich. Besonders lobenswert erscheint diese Eigenkritik von Dudek, wenn man die nahezu durchgehend vorteilhaften Eigenschaften seines Modells berücksichtigt – andere Autoren hätten *weitaus* mehr Grund und Gelegenheit, Schwächen am eigenen Modell zu diagnostizieren (vgl. z. B. Kapitel 3.3.2).

und deren firmenweite Kosten ermittelt werden. Für realistische Beispiele kann dies sehr schnell zu einem prohibitiv hohen Aufwand in Form der Erarbeitung hunderter (oder gar tausender) alternativer Pläne führen. Außerdem stellt das verwendete Netzwerk im Vergleich zu Dudek (2004) einen Rückschritt dar, weil nur zwei Firmen betrachtet werden.

Für eine weitere Bewertung des Konzepts von Pibernik/Sucky muss zwischen den beiden betrachteten Fällen der Machtverteilung unterschieden werden. Bei der Variante mit gleicher Macht ist vorteilhaft, dass sie einen grundsätzlich einfachen Aufbau hat und tatsächlich ohne den Austausch von Kosteninformationen auskommt. Allerdings wird nur im Vergleich zum individuellen Optimum der jeweils anderen Firma ein Gewinn für beide Partner erzielt, d. h. der Abnehmer muss im Vergleich zur traditionellen Planung Verluste hinnehmen! Pibernik/Sucky rechtfertigen dies mit der Annahme, dass bei symmetrischer Machtverteilung keine der Firmen ihr Optimum durchsetzen kann und dadurch die traditionelle Planung, bei der der Abnehmer Bestellmengen nach seinen Wünschen abgibt, keine umsetzbare Alternative ist. Dies setzt allerdings die Kenntnis des Endkundenbedarfs durch den Lieferanten voraus (er wirkt ja an der Bestimmung der Planmenge mit), ohne dass diese Daten vom Abnehmer weitergeleitet werden. Eine solche Situation erscheint recht unwahrscheinlich. Ist der Lieferant dagegen auf die Weitergabe des Endkundenbedarfs durch den Abnehmer angewiesen, dann könnte der Abnehmer dafür im Gegenzug eine Kompensation für seinen Verlust im Vergleich zur traditionellen Planung verlangen, was Pibernik/Sucky nicht vorsehen. Eine solche Kompensation wird nur für asymmetrische Machtverteilungen vorgeschlagen. Die dort dafür nötige Schätzung der Kosten des Partners wurde jedoch bereits in Kapitel 3.3.2 grundsätzlich kritisiert. Dem geringen Informationsbedarf bei gleicher Machtverteilung steht somit ein erheblicher Informationsbedarf bei gleicher Machtverteilung gegenüber. Zwar zeigen Pibernik/Sucky anhand eines einzelnen Beispiels, dass ihr Konzept trotz größerer Schätzfehler funktionieren *kann*[153], müssen jedoch einräumen, dass sie stark vereinfachte Annahmen bezüglich der zu schätzenden Produktionsbedingungen verwendet haben (keine Kapazitäten, keine komplexe interne Produktionsstruktur). Die Realisierbarkeit eines Angebotsmenüs – und damit die Umsetzbarkeit der Methode – muss deshalb auch in diesem Fall kritisch gesehen werden. Somit bietet der Ansatz von Pibernik/Sucky zwar interessante Ideen, erreicht jedoch in Summe nicht die Qualität der Methode von Dudek.

Analog zu den statischen Modellen soll nun für die dynamischen Modelle auf Basis einer zusammenfassenden Tabelle (Tabelle 3-2) ebenfalls eine graphische Einordnung in die beiden Dimensionen Netzwerkgröße und Problemfelderbeachtung erfolgen (siehe Abbildung 3-14).

[153] Einzelne Beispiele zeigen nur potenzielle Vorteile auf. Solange jedoch die grundsätzliche Funktionsweise einer Methode von der dauerhaften Gültigkeit dieser Vorteile abhängig ist (wie bei wie bei Pibernik/Sucky), dann wäre eine umfangreiche Simulation nötig, um das Konzept abzusichern.

Modell	Planungs-konzept	Informations-stand	Gewinn-aufteilung	Anfälligkeit für Opportunismus	Netzwerk-größe
Ertogral/Wu (2000)	sukzessiv (mit Zentrale)	gering	fixe Formel	hoch	unbegrenzt
Zimmer (2001)	sukzessiv	mittel	flexible Verträge	mittel	1:1
Dudek (2004)	sukzessiv	gering	verschiedene Formeln	je nach Formel mittel bis hoch	n:m
Pibernik/Sucky (2008)	sukzessiv	1) minimal 2) mittel	1) Verhandlung 2) automatisch	1) minimal 2) mittel	1:1
intern-mehrstufige Planung	simultan	vollständig	keine Angabe	hoch	unbegrenzt

Tabelle 3-2: Eigenschaften der genannten Ansätze mit dynamischem Bedarfsverlauf (vereinfacht)

Wiederum wurde die intern mehrstufige Planung[154] in die Betrachtung einbezogen. Für ihre Anwendung im unternehmensübergreifenden Fall gelten die bereits in Kapitel 3.3.2 genannten Eigenschaften.

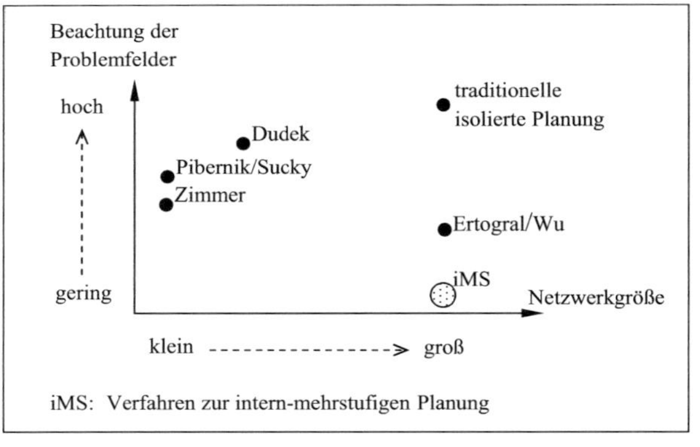

Abbildung 3-14: Einordnung der Verfahren mit dynamischem Bedarfsmodell

Es sei an dieser Stelle erneut daran erinnert, dass vor allem die erreichte Annäherung an das Gesamtoptimum nicht in dieser Darstellung enthalten ist. Nur zusammen mit dieser Eigenschaft kann man zu einem Gesamturteil über die Ansätze gelangen. Ein solches Gesamturteil wäre jedoch kaum allgemeingültig, da man nur bei Kenntnis der konkreten Anwendungssituation (Widerstand gegen Informationsweitergabe etc.) Kostenvorteile und Vor- bzw. Nachteile auf den anderen Gebieten gegeneinander abwägen könnte. Deshalb kann hier kein abschließendes Gesamturteil gefällt werden. Lediglich in eindeutigeren Fällen, in denen die obigen Dimensionen und die Kostenvorteile in die gleiche Richtung weisen, kann man sinnvolle

[154] Zur dynamisch-mehrstufigen Losgrößenplanung siehe Kapitel 2.2.4.

Aussagen im Sinne eines Gesamturteils machen, so z. B. die Hervorhebung von Dudeks Modell als vorteilhaftestes unter den betrachteten Modellen für kleine Netzwerke.

Wie schon bei den Modellen mit statischem Bedarfsmodell zeigen sich auch hier durchaus noch Verbesserungspotenziale, d. h. es werden noch nicht alle wünschenswerten Eigenschaften durch die existierenden Modelle abgedeckt. Im folgenden Kapitel wird daher abschließend aus der Situation auf dem Gebiet der unternehmensübergreifenden Produktionsplanung der bestehende Forschungsbedarf abgeleitet.

3.4 Fazit und aktueller Forschungsbedarf

Wie Kapitel 3.3 zeigte, versuchen zahlreiche Ansätze, das in Kapitel 3.1 beschriebene Optimierungspotenzial zu nutzen. Dabei stehen sie allerdings den in Kapitel 3.2 erklärten Hindernissen gegenüber. Diese Hindernisse werden zwar von den Ansätzen in Angriff genommen und in unterschiedlichem Ausmaß bewältigt, aber bislang konnte kein Ansatz in allen Problembereichen vollständig überzeugen.

Aktueller Forschungsbedarf besteht gemäß der Einordnung bisheriger Modelle in den Kapiteln 3.3.2 und 3.3.3 hauptsächlich in Form einer noch weitergehenden Beachtung der Problemfelder. Interpretiert man die aufgestellten Forderungen aus Kapitel 3.2 sehr streng, dann wäre noch kein bisheriger Ansatz wirklich umsetzbar. Für große Netzwerke dagegen gibt es zwar Modelle (z. B. Ertogral/Wu), derartige Ansätze weisen jedoch bislang anderweitige Nachteile auf. Ähnlich sieht es bei der Ausnutzung des Optimierungspotenzials aus: Hier gibt es zwar wenig Raum für Verbesserungen (siehe z. B. Dudeks Nähe zum Gesamtoptimum), man kann aber auch hier Forschungsbedarf in Form der Beseitigung bislang damit verbundener Nachteile feststellen.

Für einen Fortschritt in der Forschung auf dem Gebiet der Produktionsplanung in Unternehmensnetzwerken gibt es nun zwei Möglichkeiten: Einerseits kann man auf einem bestehenden Ansatz aufbauen und ihn in einem oder mehreren Aspekten vorteilhaft erweitern, wobei die restlichen Eigenschaften des ursprünglichen Ansatzes beibehalten werden. Der sich ergebende Ansatz ist dann zwar eine definitive Verbesserung, allerdings bleiben dabei eventuelle grundsätzlich-konzeptionellen Nachteile des jeweiligen Ansatzes erhalten. Zahlreiche Beispiele für ein solches Vorgehen sind in Kapitel 3.3.2 enthalten.

Die andere Möglichkeit ist die Neukonzeption eines Ansatzes, der sich an den bislang nicht bzw. nur unzureichend gelösten Problemfeldern orientiert. Für die dann besonders beachteten Problemfelder werden in solchen Ansätzen zwar zumeist sinnvolle Vorschläge präsentiert, in anderen Bereichen weisen sie dagegen oft zusätzliche Nachteile auf. Hier ist es schwerer, von einer definitiven Verbesserung zu sprechen, da sich die verschiedenen Vor- und Nachteile bei allgemeiner Betrachtung nur begrenzt gegeneinander abwägen lassen. Lediglich bei Betrachtung einer Einzelsituation (ein bestimmtes Netzwerk) ließe sich so ein Urteil fällen. Trotzdem stellen auch diese Arbeiten einen Fortschritt in der Forschung dar, da sie Neuland betreten.

Der im folgenden Kapitel 4 präsentierte Ansatz ist eine solche Neukonzeption, die versucht, *alle* wichtigen Problemfelder aus Kapitel 3.2 zu beachten und die gleichzeitig auf beliebig große Netzwerke anwendbar ist. An Stellen, wo diese Bestrebungen mit einer möglichst umfassenden Nutzung des Optimierungspotenzials kollidieren, wird ersteren generell Vorrang gewährt. Dadurch ist zu erwarten, dass die Annäherung an das Gesamtoptimum nicht im gleichen Maße gelingt wie bei vielen Ansätzen aus Kapitel 3.3.2 oder auch beim Ansatz von Dudek. Andererseits soll dadurch ein Ausmaß an Umsetzbarkeit erreicht werden, welches das bisheriger Ansätze übertrifft.

4 Produktionsplanung mit variablen Optimierungszentren

4.1 Grundidee und weiteres Vorgehen

Das Prinzip, dass jede wirtschaftlich selbstständige Firma ihre Produktions- und Beschaffungsmengen auf Basis der ihr vorliegenden Nachfrage ihrer unmittelbaren Kunden[155] plant, wird in der Regel als selbstverständlich hingenommen. Auf jedes Mitglied einer bestehenden Logistikkette angewendet, ergibt sich so eine Abfolge isolierter Planungsvorgänge, die der Tatsache, dass die Firmen Teil einer gemeinsamen Lieferkette sind, keine besondere Rechnung trägt.

Im Folgenden wird dagegen vorausgesetzt, dass die betrachteten Firmen sich als Teil eines Unternehmensnetzwerks sehen, in dessen Rahmen sie durchaus zu einer engeren Zusammenarbeit bereit sind, als es gegenüber Firmen außerhalb des Netzwerks der Fall ist. Bedingung hierfür muss jedoch, wie bereits Kapitel 3 zeigte, die fortbestehende Selbstständigkeit der Unternehmen und eine von jedem Unternehmen wahrgenommene Vorteilhaftigkeit dieser Zusammenarbeit sein. Besteht nun ein solches Netzwerk mit dieser Mischung aus Selbstständigkeit und Kooperation, so ist eben jenes Prinzip (s. o.), dass jede Firma nur auf Basis der eigenen Kundennachfrage plant, nicht mehr selbstverständlich, da dieses Prinzip aus der isolierten Betrachtungsweise gewonnen wurde. Es stellt sich daher die Aufgabe, nach Alternativen zu diesem Prinzip zu forschen und diese anschließend auf ihre Vorteilhaftigkeit zu untersuchen.

Unabhängig vom konkreten Fachgebiet kann man folgende Systematik anwenden: Will man Alternativen zu einem bisher als selbstverständlich angesehenen Vorgehen entwerfen, so ist es notwendig, eine Abstraktionsebene hinaufzugehen. Dies erfolgt, indem man Eigenschaften dieses Weges, die bislang als Rahmenbedingungen galten, zu Variablen macht. Dafür sind diese Eigenschaften zunächst zu ermitteln und anschließend zu verallgemeinern, indem man überlegt, auf welche Fragestellung sie eine (spezielle) Antwort sind. Für diese Fragestellung kann man nun alternative Antworten suchen, die zu den obigen gesuchten Alternativen führen.

Die hier vorliegende Aufgabe der Mengen- und Zeitplanung zwischen mehreren Unternehmen wird, wie bereits festgestellt, traditionell dadurch gelöst, dass jedes Unternehmen auf Grundlage der ihm von seinen direkten Abnehmern genannten Bestellmengen seine eigenen Produktions- und Bestellmengen plant und diese dann seinen Lieferanten übermittelt. Eine zentrale Eigenschaft dieses Vorgehens ist die zeitliche Abfolge der Optimierungen entgegen

[155] Die Planung bei unbekannter Endkundennachfrage wird im Folgenden nicht betrachtet, sondern stattdessen ein vorliegender Mengenplan angenommen, der als Ausgangspunkt der (Produktions-)Planung dient. Woraus sich dieser Mengenplan ergibt, sei es aus tatsächlich vorliegenden Kundenaufträgen, mathematischen Prognosen oder anderweitigen Schätzungen, wird hier vernachlässigt.

dem Materialfluss. Will man diese Eigenschaft nun verallgemeinern, so kann man sie als Antwort auf die Frage „Wer optimiert zuerst?“ verstehen. Da, wie bereits in Kapitel 3.3 festgestellt, die Antwort ohne Aufgabe der Selbstständigkeit der Unternehmen nicht „alle zugleich“ (=simultan) lauten kann, ist eine Reihenfolge notwendig – es ist aber nicht zwingend vorgegeben, welche Reihenfolge das ist. Lediglich die Verfügbarkeit der Bedarfsinformationen gibt einen Hinweis auf den naheliegenden, traditionellen Ablauf. Gemäß Kapitel 3.2 können Bedarfsinformationen jedoch zu den unkritischen Informationen gerechnet werden und es kann daher ohne Beeinträchtigung der Interessen der teilnehmenden Unternehmen die Weitergabe der Bedarfsmengen und -zeitpunkte der Endkunden an die anderen Mitglieder der Lieferkette vorausgesetzt werden. Die Antwort auf obige Frage kann deshalb auch lauten: „Lieferant B optimiert zuerst und alle anderen passen sich an“. Zur Vereinheitlichung der Begrifflichkeiten wird im Folgenden dasjenige Mitglied der Lieferkette, welches als erstes optimiert, „Optimierungszentrum“ (Variable *OZ*) genannt, alle anderen stellen dann die „Optimierungsfolger“ (OF) dar. Der Wechsel zwischen diesen Rollen ist die zentrale Idee der in diesem Hauptkapitel beschriebenen „Methode variabler Optimierungszentren“ (MVOZ). Dieses Verfahren teilt sich in zwei Phasen: Die Planungsphase (Ermittlung der Pläne) und die Auswahlphase (Auswahl unter den Plänen). Die Inhalte dieser Phase zeigt Abbildung 4-1.

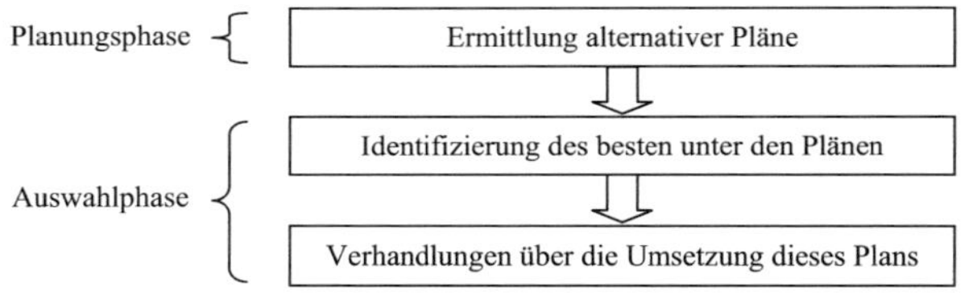

Abbildung 4-1: Teilung der MVOZ in Planungs- und Auswahlphase

Als Beispiel zur Illustration sei eine lineare Lieferkette mit drei Firmen gewählt. Die Nummerierung erfolgt hier und im Folgenden aufsteigend entlang des Materialstroms, so dass hier Firma 3 als finale Firma direkt vor dem bzw. den Endkunden liegt (siehe Abbildung 4-2).

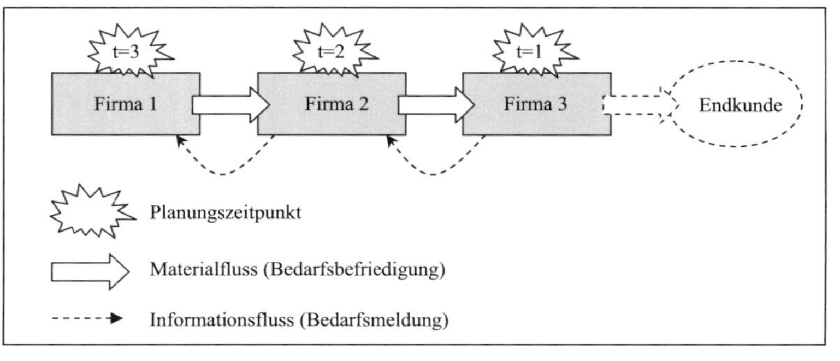

Abbildung 4-2: MVOZ-Beispiel mit *OZ*=3

Die traditionelle Planung entspricht hier nach der neuen Betrachtungsweise dem Fall *OZ*=3, d. h. die Planreihenfolge lautet Firma 3 → Firma 2 → Firma 1. Als Alternativen bieten sich nun die Varianten *OZ*=1 und *OZ*=2 an.

Generell kann jede Firma Optimierungszentrum sein, wodurch sich bei einer Lieferkette der Größe *n* stets *n*-1 (bei einer finalen Firma) bzw. *n* (bei mehreren finalen Firmen) Alternativen zum traditionellen Vorgehen ergeben. Der Unterschied in der Alternativenzahl ergibt sich dadurch, dass bei Vorliegen lediglich einer finalen Firma, wie z. B. in der Abbildung 4-1, auch die traditionelle Planung ein eindeutiges Optimierungszentrum aufweist (s. o.: *OZ*=3), bei mehreren finalen Firmen jedoch nicht. Dadurch sind bei nur einer finalen Firma zwei der rechnerisch denkbaren Alternativen zwangsläufig identisch (traditionelle Planung und *OZ*=*n*), was die tatsächliche Alternativenmenge um ein Element verringert.

Wird nun im obigen Beispiel die Variante *OZ*=2 gewählt, so optimiert Firma 2 ihre Produktions- und Bestellmengen zuerst und teilt im Anschluss die jeweils relevanten Teilergebnisse der Firma 1 bzw. der Firma 3 mit (siehe Abbildung 4-3).

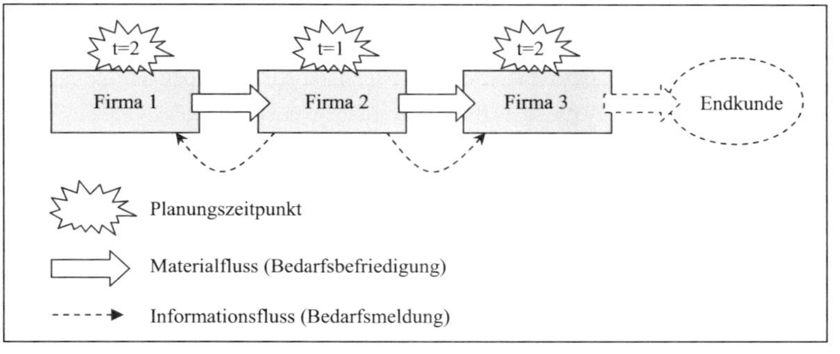

Abbildung 4-3: MVOZ-Beispiel mit *OZ*=2

Beide Optimierungsfolger (Firmen 1 und 3) können nun auf der Grundlage dieser Informationen ebenfalls ihre Produktion bzw. Beschaffung optimieren („Planungsphase"), wodurch sich in Summe ein alternativer Plan für die gesamte Lieferkette ergibt, der anstatt des mit Hilfe des traditionellen Vorgehens (*OZ*=3) ermittelten Plans angewendet werden kann. Da beide Pläne die gleichen Endkundenbedarfe bedienen, kann zwischen diesen beiden Alternativen anhand der durch sie verursachten Kosten gewählt werden, was in der Auswahlphase erfolgt. Auf diese Weise soll eine Kostensenkung für das gesamte Unternehmensnetzwerk erzielt werden.

Doch nicht nur auf der Kostensenkung sollte das Augenmerk ruhen. Bei der Entwicklung der MVOZ wurden gleichberechtigt drei Verfahrenseigenschaften angestrebt:

- Kostensenkung
- Einfache Anwendung (u. a. geringe Anzahl algorithmischer Schritte)
- Breites Einsatzgebiet (u. a. beliebige Anzahl der beteiligten Firmen)

Wie gut die MVOZ diese Kriterien erfüllt, wird im Verlauf des Kapitels bewertet. Wie genau nun das jeweilige Vorgehen für Optimierungszentrum und -folger aussieht und wie schließlich der auszuführende Plan bestimmt wird, ist Inhalt der folgenden Unterkapitel. In Kapitel 4.2 soll zunächst die Ausgangssituation erklärt werden, die als Grundlage für alle hier unterbreiteten Vorschläge dienen soll. Die Kernpunkte stellen dabei die getroffenen Annahmen dar, welche erfüllt sein müssen, um die MVOZ in der hier präsentierten Art anwenden zu können. Anschließend erfolgt im Kapitel 4.3 die Erläuterung der notwendigen Schritte der Planungsphase der MVOZ inklusive der mathematischen Optimierungen und der Informationsweitergabe, an deren Ende eine Alternativenmenge steht. Nach einem Beispiel in Kapitel 4.4 wird in Kapitel 4.5 mit Hilfe von Simulationsergebnissen untersucht, inwiefern diese Alternativen Ergebnisse enthalten, die dem traditionellen Vorgehen überlegen sind. Bis zu diesem Punkt ist jedoch nur die Existenz, nicht jedoch die Realisierung eines vorteilhaften Plans thematisiert worden. In Kapitel 4.6 folgt deshalb eine Beschreibung der Auswahl des letztlich verwendeten Plans aus der Alternativenmenge (Auswahlphase). Das theoretische Vorgehen ist damit vollständig beschrieben. Soll diese Methode im betrieblichen Alltag angewendet werden, sind jedoch noch weitere Aspekte von Bedeutung (z. B. die Kosten der Durchführung), die Thema von Kapitel 4.7 sind. Ein Fazit in Kapitel 4.8 beschließt dieses Hauptkapitel.

4.2 Ausgangssituation

Für alle weiteren Ausführungen soll in diesem Abschnitt festgeschrieben werden, in welcher Situation sich die betrachteten Unternehmen befinden. Dies ist notwendig, um zu wissen, auf welche Voraussetzungen man für eine Umsetzung der MVOZ aufbauen kann bzw. muss.

a) Organisation der Warenlieferung

Eine erste wichtige Forderung ist, dass die Warenlieferungen zwischen den Firmen losweise abgewickelt werden. Die Liefermengen lassen sich also jeweils bestimmten Zeitpunkten zuordnen und zwar sowohl beim Austausch innerhalb des Unternehmensnetzwerks als auch bei der Belieferung der Endkunden. Dies ist eine zwar wichtige, aber zugleich sehr schwache Forderung, da dadurch lediglich die kontinuierliche Belieferung ausgeschlossen wird.

Bei Betrachtung der später verwendeten Modelle (insbes. das MLCLSP in Kapitel 4.3) ist man außerdem zunächst versucht, eine losweise Lieferung nicht nur extern, sondern auch intern zu fordern, d. h. eine komplett losweise Fertigung und Beschaffung. Dies wäre eine wesentlich strengere Forderung. Sie liegt aber nur im Hinblick auf die in Kapitel 4.3 bzw. 4.5 vorgenommene, spezielle Art der Berechnung der Kostenwirkungen nahe, stellt jedoch keine zwingende Eigenschaft des grundsätzlichen Vorgehens dar. Somit gelten die später bestimmten, quantitativen Verbesserungspotenziale zwar nur für die dort modellierten Bedingungen (u. a. losweise Fertigung), diese Bedingungen sind aber lediglich *eine* Möglichkeit der Ausgestaltung. Das Grundmodell[156] selbst erhebt weitaus weniger restriktive Forderungen. Dies ist dadurch zu erklären, dass sich in diesem Grundmodell der Informationsaustausch zwischen den Unternehmen auf Mengen-/Zeitgerüste beschränkt – die Vorgänge innerhalb der Unternehmen sind dagegen nur in ihrer Kostenwirkung von Interesse. Die internen Abläufe können deshalb auf eine beliebige Art organisiert sein.

b) Bedarfsmeldung an andere Firmen

Eine weitere Forderung bezüglich der losweisen Lieferung und Bestellung ist, dass dem bzw. den Lieferanten alle Bestellmengen des kompletten Planungszeitraums auf einmal übermittelt werden. Außerdem wird für Kapitel 4 angenommen, dass sich die Planungszeiträume nicht überlappen.[157] Innerhalb dieser Zeiträume sind die Zeitpunkte der Bestelllose ein Vielfaches der Basisperiode voneinander entfernt. Da die Bestellmengen aufgrund der Firmenplanung (s. u.: Punkt c) intern bereits vorliegen und weiterhin vorausgesetzt wird, dass die Unternehmen in gewissen Grenzen zu einer engeren Zusammenarbeit bereit sind (s. u.: Punkt e), kann von einer solchen vorausschauenden Ankündigung der Bestellmengen ausgegangen werden.

Schwieriger könnte dagegen die Einführung gemeinsamer Basisperioden- und Planungszeitraumlängen sein. Alle Firmen müssen im Rahmen der MVOZ mit den gleichen Zeiträumen rechnen. Dies ist jedoch nicht nur für diese spezielle Methode vorteilhaft, sondern führt auch bei anderen regelmäßigen Bestell-/Lieferbeziehungen zu einer höheren Kompatibilität der Pläne und ist deshalb aufgrund geringerer Schwierigkeiten allgemein zu empfehlen.

c) Firmeninterne Produktionsplanung

Die nächste Voraussetzung ist die Verwendung einer Produktionsplanung auf Basis der Bestellungen vom Kunden in allen betrachteten Firmen. Ob die Unternehmen auf der finalen Stufe des Unternehmensnetzwerks die Endkundenbestellungen schätzen oder tatsächlich vorliegen haben, ist nicht entscheidend. Alle davor liegenden Firmen (also alle Firmen des Unternehmensnetzwerks, die gegenüber einer anderen Firma des Unternehmensnetzwerks als Lieferant auftreten) planen jedoch ihre Produktions- und Bestellmengen bzw. -zeitpunkte auf Basis der ihnen übermittelten Bestellmengen. Auch dies ist eine schwache Forderung, da keine bestimmte Art der Planung, z. B. ein bestimmtes Verfahren, verlangt wird. Wiederum ist das später verwendete MLCLSP nur ein Mittel zur Durchführung der Simulationen, nicht

---

[156] Eine detaillierte Beschreibung des Grundmodells folgt in Kapitel 4.3.

[157] Eine Erweiterung der MVOZ auf die rollierende Planung folgt in Kapitel 5.2.

jedoch zwingender Bestandteil des Grundmodells. Die Firmen könnten ebenso eine heuristische Planungsmethode anwenden oder noch unvorteilhaftere Methoden, wie z. B. antiquierte regelbasierte Mengenplanungen („Feste Losgröße", „Feste Eindeckzeit" etc.[158]). Wie unter Punkt a erwähnt wurde, können ebenfalls nicht-losweise Verfahren zum Einsatz kommen. Unverzichtbar ist jedoch, dass jede Firma, die einen Lieferanten innerhalb des Unternehmensnetzwerks hat, einen Weg findet, wie ihr Produktionsplanungsverfahren Mengenvorgaben nicht nur „von oben", also in Form von Kundenbedarfen, sondern auch „von unten", d. h. in Form von fest vorgegebenen Liefermengen verarbeiten kann. Sehr einfach ist dies z. B. bei Optimierungsmodellen mit Nebenbedingungen, wie später in Kapitel 4.3 gezeigt wird.

Eine weitere Forderung, die an die firmeninterne Produktionsplanung zu stellen ist, ist die nach einer hohen Effizienz dieser Planung. Der Grund dafür ist, dass im Rahmen der später propagierten Methode mit variablen Optimierungszentren (MVOZ) die firmeninternen Planungen nicht mehr nur einmal pro Planungszeitraum, sondern in der Anzahl der im Unternehmensnetzwerk enthaltenen Firmen erfolgen. Beispielsweise plant jede Firma eines Unternehmensnetzwerks mit fünf Firmen pro Planungszeitraum dann fünfmal. Sind die internen Planungsabläufe nun besonders aufwändig (z. B. aufgrund unzureichender IT-Systeme oder veralteter Methoden), so sollte das neue Konzept nicht bzw. erst nach entsprechenden Umstellungen und Investitionen eingeführt werden.

d) Kostenrechnung

Die Firmen müssen über eine Kostenrechnung verfügen, die die Bestimmung der tatsächlichen, im kompletten kommenden Planungszeitraum anfallenden Kosten für alle Bereiche, deren Kosten von den produzierten Mengen abhängen, mit angemessener Genauigkeit ermöglicht. Wenn dies auch mitunter schwierig sein kann (z. B. aufgrund von Aufteilungsproblemen der Gemeinkosten[159]) sollte grundsätzlich jede Firma diese Forderung erfüllen, um langfristig erfolgreich zu bleiben, unabhängig davon, ob die MVOZ Anwendung findet oder nicht.

e) Bereitschaft zur Zusammenarbeit im Netzwerk

Um nun überhaupt von einer Lieferkette (in Bezug auf ein Endprodukt) bzw. von einem Unternehmensnetzwerk im hier verwendeten Sinne sprechen zu können, ist es sinnvoll, von einer bereits bestehenden engeren Zusammenarbeit oder zumindest der Bereitschaft dazu auszugehen. Wäre ein „Unternehmensnetzwerk" lediglich eine Abfolge voneinander deutlich isolierter und miteinander nur über rein marktorientierte Beziehungen in Verbindung tretender Unternehmen, so hätten Begriffe wie „Unternehmensnetzwerk" bzw. entsprechende Synonyme ihre besondere Bedeutung verloren, auf deren Grundlage so zahlreiche Optimierungsver-

[158] Vgl. z. B. Schulte (1999), S. 275.

suche in Literatur[160] und Praxis fußen. Von einer grundsätzlichen Bereitschaft zur Zusammenarbeit kann also ausgegangen werden, was auch von der experimentellen Spieltheorie gestützt wird[161].

Mit der gleichen Logik kann gefordert werden, dass die Zusammenarbeit über viele Planungszeiträume anhält. Sie kann, muss aber nicht zwingend, auf sehr langfristige Zeiträume angelegt sein. Da sich die Früchte jeglicher tiefergehenden Kooperation erst mittelfristig zeigen, ist auch diese Forderung eher obligatorisch.

f) Grenzen der Zusammenarbeit und Ziele der Firmen

Der soeben umrissenen grundsätzlichen Bereitschaft zur Zusammenarbeit stehen jedoch auch Grenzen der Zusammenarbeit gegenüber. So wird im Folgenden stets davon ausgegangen, dass sich die Mitglieder des Unternehmensnetzwerks in ihrem Selbstverständnis als frei(willig)e Teilnehmer dieses Netzwerkes wahrnehmen. Sie verfügen also über Außenoptionen[162], die aber bislang als weniger vorteilhaft erscheinen als die Zusammenarbeit. Sieht eine Firma jedoch ihre Interessen gefährdet, so kann sie bei einzelnen Maßnahmen ihre Mitarbeit verweigern oder gar, in schwerwiegenden Fällen, die Geschäftsbeziehungen beenden. Die grundsätzlichen Interessen der Firmen sollen deshalb im Folgenden durch drei Ziele repräsentiert werden: Selbstständigkeit, Gewinn und Informationsschutz.

1) Selbstständigkeit: Trotz der Einbindung in ein Unternehmensnetzwerk ist es für die beteiligten Firmen wichtig, ihre Eigenständigkeit zu bewahren. Diese drückt sich vor allem in der Fähigkeit aus, interne Abläufe autonom zu planen. Auch sollten einzelne Firmen in der Lage sein, unternehmensübergreifende Maßnahmen abzulehnen, wenn sich diese nachteilig auf sie auswirken.
2) Gewinn: Wenn auch die einzelnen Firmen durchaus bereit sind, das Gesamtwohl des Unternehmensnetzwerks zu fördern, so gilt doch ihre zentrale Aufmerksamkeit der eigenen Ertragslage bzw. der Aussicht auf zukünftige Erträge. Jede Maßnahme im Unternehmensnetzwerk muss daher eine nachvollziehbare positive oder zumindest neutrale Wirkung auf den aktuellen bzw. zukünftigen Gewinn jedes Mitglieds aufweisen. Notfalls ist dies durch entsprechende Kompensationsmechanismen sicherzustellen.
3) Informationsschutz: Eng verbunden mit den beiden vorangegangenen Zielen ist dieses Ziel, das die Geheimhaltung betriebsinterner Informationen beinhaltet. Verfügen aktuelle

[159] Vgl. hierzu z. B. Plinke/Rese (2002), S. 141 f und S. 147. Speziell für die Losgrößenplanung ist mit derartigen Schwierigkeiten bei der Gemeinkostenaufschlüsselung sowohl bei der Ermittlung des Lagerhaltungskostensatzes als auch bei der Ermittlung des Rüstkostensatzes zu rechnen.

[160] Siehe zu Kooperationen z. B. Schulte (2005), S. 525 ff. sowie die in Kapitel 3.3 erwähnten quantitativen Ansätze.

[161] Vgl. Fees/Schumacher (2001), S. 299 ff.

[162] Siehe zu Außenoptionen z. B. Wiese (2005), S. 322 ff.

oder potenzielle Geschäftspartner über interne Informationen, so können sie die Entscheidungsfindung und den Gewinn dieser Firma zum eigenen Vorteil negativ beeinflussen[163]. Da es jedoch viel schwerer ist, die Wirkung preisgegebener Informationen (z. B. auf den Gewinn) zu ermitteln oder gar vorherzusagen, als die Weitergabe der Informationen zu beobachten bzw. zu regeln, wird das Ziel des Informationsschutzes hier als gesondertes Ziel aufgenommen.

Nicht unter den Informationsschutz fallen, wie bereits in Kapitel 3.2 erklärt, die Endkundenbedarfe (Kundenbedarfe der finalen Stufe im Unternehmensnetzwerk). Es wird davon ausgegangen, dass diese Information per Weitergabe zum Allgemeingut innerhalb des Netzwerkes wird und demzufolge jede Firma über sie verfügt. Eingeschlossen in diese Information ist dabei zwangsläufig auch das Ausmaß der Mehrfachverwendung von Zulieferprodukten bei direkten und indirekten Abnehmern (also alle Firmen stromabwärts), da jeder Lieferant nur dann die übermittelten Endkundenbedarfe in das für ihn relevante Mengengerüst übersetzen kann.

Für eine Annäherung an die Realität kann man bei allen Firmen nicht nur die Existenz obiger Ziele voraussetzen, sondern auch annehmen, dass sich die Firmen über das Vorhandensein gleichlautender Interessen auf Seiten der anderen Firmen bewusst sind. Jedes Unternehmen wird daher stets auch die Interessen der anderen Mitglieder des Unternehmensnetzwerks im Sinn haben – aber eben *nicht*, weil es sie teilt, sondern weil es sich über die bei Verletzung dieser fremden Interessen zu erwartenden Handlungen der anderen Firmen sowie deren Konsequenzen auf den eigenen Erfolg im Klaren ist.[164]

g) Struktur des Unternehmensnetzwerks

Damit die Firmen die obigen Ziele überhaupt verfolgen können, ist es notwendig, die Existenz eines umfassend dominanten Unternehmens im Unternehmensnetzwerk auszuschließen, welches seine Interessen dauerhaft durchsetzen könnte, auch wenn diese den Interessen seiner Geschäftspartner zuwiderlaufen. Der Grund für eine solche Dominanz ist weniger in der reinen Unternehmensgröße, sondern eher in einseitigen Abhängigkeiten zu suchen, die die anderen Firmen an diese dominante Firma binden. Spieltheoretisch ausgedrückt, verfügen abhängige Firmen über keine bzw. nur über mit hohen Kosten verbundene Außenoptionen (hier: Verdienstmöglichkeiten außerhalb der aktuellen Geschäfte), wogegen eine dominante Firma gute Außenoptionen besitzt (z. B. leichter Lieferantenwechsel). Würde man Unternehmensnetzwerke mit derart dominanten Unternehmen betrachten, so hätte man es mit einer impliziten Hierarchie[165] zu tun, die eher die Anwendung hierarchischer Planungsmethoden

[163] Vgl. hierzu z. B. Knolmayer et al. (2000), S. 13.

[164] Überlegungen dieser Art treffen nicht nur auf das eigene Unternehmensnetzwerk zu, sondern auch auf Wettbewerber, vgl. Brandenburger/Nalebuff (1996), S. 37 ff.

[165] Zur Existenz von Hierarchien reicht im hier verwendeten Sinne die Existenz eines Entscheiders, der zuerst plant, *nicht* aus. Vielmehr muss in einer Hierarchie neben der Gestaltung von Rahmenbedingungen auch

nahe legt. Derartige Methoden sind bereits weitgehend erforscht, da sie der betriebsinternen hierarchischen Planung entlehnbar sind[166]. Da letztere von der kompletten Verfügbarkeit aller Informationen ausgeht, ist im unternehmensübergreifenden Kontext nun lediglich noch zusätzlich die schlechtere Verfügbarkeit der Informationen zu berücksichtigen. Dies ist jedoch nur eine Frage der Stärke der Dominanz, die ja auch zur „Motivierung" der Geschäftspartner, Betriebsinterna herauszugeben, verwendet werden kann. Mit diesen Ausführungen soll jedoch nur eine sehr einseitige Machtverteilung im Netzwerk ausgeschlossen werden – leichte Unterschiede zwischen den Firmen in ihrer Verhandlungsstärke sind dagegen kein Hindernis.[167]

Zur Struktur des Unternehmensnetzwerks muss außerdem noch gesagt werden, dass keine kreisförmigen Belieferungsstrukturen auftreten dürfen, bei denen eine Firma ein Produkt bezieht, bei dessen Herstellung das Endprodukt dieser Firma Verwendung findet (direkt oder indirekt). Durch diesen Ausschluss ist sichergestellt, dass sich das Unternehmensnetzwerk topologisch sortieren lässt[168].

Abschließend soll noch eine weitaus fundamentalere Annahme zur Struktur des Unternehmensnetzwerks erwähnt werden, die allerdings für eine Arbeit wie die hier vorliegende kaum vermeidbar ist: Die Existenz eines eindeutigen Netzwerks, über dessen Mitglieder sich alle Unternehmen bereits einig sind oder zumindest einig werden können. In der Realität lassen sich derartige, gegenüber ihrer Umwelt klar abgrenzbare Netzwerke oft nicht finden, da viele Unternehmen Teil verschiedener Netzwerke sind.[169] Der Prozess der Einigung verschiedener Firmen auf ein eindeutiges Netzwerk wie das im Folgenden vorausgesetzte inklusive der Kriterien für eine Abgrenzung dieses Netzwerks gegenüber seiner Umwelt sind eine eigene Thematik, die gesondert zu untersuchen wäre. Für diese Arbeit muss angenommen werden, dass dieser Schritt durch die betrachteten Unternehmen bereits erfolgreich absolviert wurde bzw. in naher Zukunft umsetzbar ist. Etwas entschärft wird diese Forderung einerseits dadurch, dass die Größe des Netzwerks im Folgenden keine Rolle spielt und somit die teilnehmenden Firmen recht frei gewählt werden können (z. B. auch nach ihrer Fähigkeit zur Einigung auf ein eindeutiges Netzwerk). Andererseits wird im Folgenden keineswegs vorausgesetzt, dass die betrachteten Firmen *gar keine* Geschäftsbeziehungen außerhalb des betrachteten Netzwerks unterhalten – dies wäre für nahezu jede Firma unrealistisch. Vielmehr wird lediglich angenommen, dass sich ein *wesentliches* Netzwerk identifizieren lässt, dessen

direkter Einfluss auf die Entscheidungen der „Dominierten" genommen werden können. Diese Festlegung ist hier nötig, um die sukzessive Planung von einer hierarchischen Planung abzugrenzen (vgl. im Unterschied dazu die Sicht bei Zimmer (2001), S. 3).

[166] Vgl. hierzu z. B. Pibernik/Sucky (2004) und die in Kapitel 3.3 vorgestellten hierarchischen Ansätze (z. B. die Simultanplanungsmodelle) sowie die für die interne hierarchische Planung entwickelten Methoden der mehrstufigen Planung in Kapitel 2.2.

[167] Vgl. hierzu auch die Ausführungen zur Balance der Kräfte in Verhandlungen bei Poole et al. (1992), S. 58.

[168] Zur topologischen Sortierung in Graphen siehe Gal (1992), S. 21.

[169] Vgl. Bretzke (2005), S. 76 f.

Produkte für alle beteiligten Firmen eine hohe Bedeutung haben. In Firmen, die trotzdem kein entsprechendes Netzwerk identifizieren können bzw. sich mit keinem ihrer Partnerunternehmen darüber einig werden, kann das in den folgenden Abschnitten entwickelte Verfahren (MVOZ) nicht zum Einsatz kommen.

f) Sonstige Voraussetzungen

Weiterhin wird im Folgenden angenommen, dass jede Firma nach außen mit einer Stimme spricht. Sollten also firmeninterne Konflikte existieren, müssen diese im unternehmensübergreifenden Kontext nicht berücksichtigt werden und sind daher im Folgenden irrelevant.

Als letzte Forderung dieser Art sei noch erwähnt, dass effiziente Kommunikationswege vorausgesetzt werden, die intensive Kommunikation und Datenaustausch zu geringen Kosten und ohne nennenswerten Zeitverlust ermöglicht. Wie später noch ausgeführt wird, sind für die hier später vorgeschlagenen Abläufe aber nicht unbedingt aufwändige EDI-Installationen notwendig, sondern es genügt der Austausch standardisierter Formulare über Email.[170]

Zusammenfassend lässt sich feststellen, dass die erhobenen Forderungen an die Ausgangssituation trotz ihrer Vielzahl in Summe keine besondere Strenge aufweisen. Der MVOZ steht daher ein breiter Anwendungsbereich offen.

4.3 Ablauf der Planung im Rahmen der Methode variabler Optimierungszentren (MVOZ)

Wie bereits in Kapitel 4.1 kurz erläutert, besteht die Grundidee des hier propagierten Vorgehens „MVOZ“ darin, das Optimierungszentrum zu variieren. Um diesen *allgemeinen* Ablauf der MVOZ begrifflich von dem für die späteren Simulationen notwendigen *speziellen* Ablauf zu unterscheiden, soll der allgemeine Ablauf als „Grundmodell“ bezeichnet werden. Dieses Grundmodell wird in Kapitel 4.3.1 behandelt. Da es für lineare und konvergierende Strukturen[171] einfacher zu beschreiben ist, folgt die Anwendung auf allgemeine Strukturen erst in Kapitel 4.3.2. Anschließend wird in Kapitel 4.3.3 eine Bewertung vorgenommen, die die Stärken und Schwächen des Grundmodells untersucht. Für eine mathematische Untersuchung der MVOZ muss das Grundmodell jedoch verlassen bzw. konkretisiert werden. In Kapitel 4.3.4 folgt deshalb abschließend die Spezifizierung der MVOZ für die späteren Simulationen, was insbesondere die Modellierung der firmeninternen Planungen als MLCLSP beinhaltet. Anzumerken ist noch, dass sich all diese Unterkapitel nur mit der Planungsphase der MVOZ beschäftigen, die Auswahlphase folgt in Kapitel 4.6.

---

[170] Vgl. Kapitel 4.7.

[171] Zu den unterschiedlichen Strukturen siehe Günther/Tempelmeier (2005), S.180 ff.

4.3.1 Grundmodell

Der Grundgedanke der MVOZ besteht darin, dass in jedem Planungszeitraum jede Firma einmal (probeweise) das Optimierungszentrum (OZ) darstellt. Alle übrigen Firmen müssen sich den daraus entstehenden Vorgaben anpassen. In jedem Planungszeitraum entstehen auf diese Weise bei *n* Firmen *n* Gesamtpläne, also *n* Mengen/Zeitschemata, die alle Unternehmen umfassen und letztendlich in der Bedienung des Endkundenbedarfs münden. Da diese Gesamtpläne Alternativen zueinander sind, ist nach ihrer Erstellung noch einer von ihnen auszuwählen (siehe Abbildung 4-4). Die MVOZ besteht deshalb (abgesehen von der späteren Umsetzung) aus zwei Phasen: Planungsphase und Auswahlphase (Kapitel 4.6).

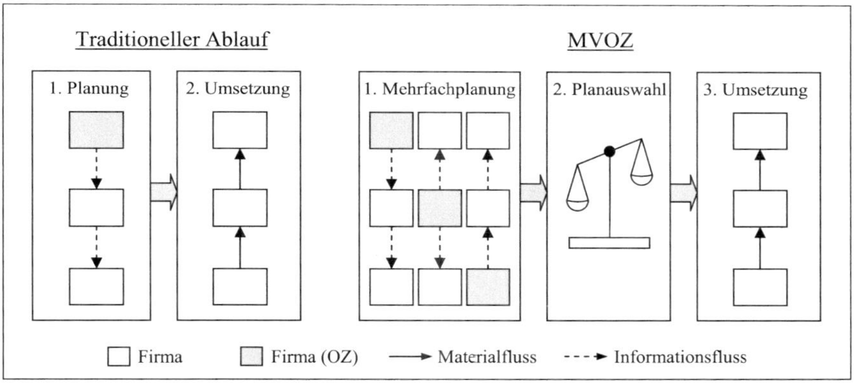

Abbildung 4-4: Grundsätzlicher Unterschied der MVOZ zur traditionellen Planung

Für die folgende verbal-formale Beschreibung sollen nun Variablen eingeführt werden, welche die Eindeutigkeit der Erläuterungen verbessern.

Symbole/Variablen:

F	Menge der Firmen im Unternehmensnetzwerk
n	Anzahl der Firmen im Unternehmensnetzwerk ($n = \|F\|$)
OZ	Nummer des aktuellen Optimierungszentrums
i, j	Laufvariablen
f_i	Firma i
A_i	Menge der Abnehmer von Firma i, die ebenfalls dem Unternehmensnetzwerk angehören
L_i	Menge der Lieferanten von Firma i, die ebenfalls dem Unternehmensnetzwerk angehören

A_i und L_i sind explizit auf das Netzwerk beschränkt, da es denkbar ist, dass die Firmen weitere Abnehmer und/oder Lieferanten außerhalb des Unternehmensnetzwerks besitzen. Damit diese externen Geschäftspartner nicht in die folgende Planung einbezogen werden müssen, ist es notwendig, anzunehmen, dass alle externen Geschäftsbeziehungen weniger wichtig bzw. weniger kritisch sind und sich deshalb nach den Ergebnissen der Unternehmensnetzwerkplanung richten. Ist dies nicht der Fall, sollte über eine Einbeziehung dieser externen Partner in das Unternehmensnetzwerk nachgedacht werden.

U	Menge aller Firmen, die noch nicht geplant haben
FB	Menge aller Firmen *i*, die selbst bereits geplant haben, von deren Nachbarn $A_i \cup L_i$ jedoch möglicherweise eine Firma (oder mehrere) noch nicht geplant hat (haben)
P_i	Plan für eine Firma *i*, enthält alle Produktions- und Beschaffungsmengen dieser Firma für einen Planungszeitraum
P_{xy}	Plan der Firma *x* bei Lage des Optimierungszentrums in *y* ($OZ=y$)
$R_z(P_{xy})$	Für Firma *z* relevanter Teil des Plans P_{xy} (Liefermengen-Vorgaben für *z*)

Für einen Lieferanten L, der einen Abnehmer A nach dessen Vorgaben beliefert, entspricht $R_L(P_A)$ beispielsweise den Bestellmengen, die A an L übermitteln muss, wogegen $R_A(P_L)$ leer ist. Werden die Liefermengen jedoch vom Lieferanten festgelegt, ist $R_L(P_A)$ leer und $R_A(P_L)$ enthält die Vorgaben bezüglich der Bestellmengen, mit denen A planen soll.

Der gesamte Ablauf der Planungsphase der MVOZ ist in Abbildung 4-5 gezeigt, wobei diese Version formal nur für lineare und konvergierende Strukturen gilt. Ein Beispiel im Anschluss an diese Abbildung veranschaulicht den Ablauf zusätzlich.

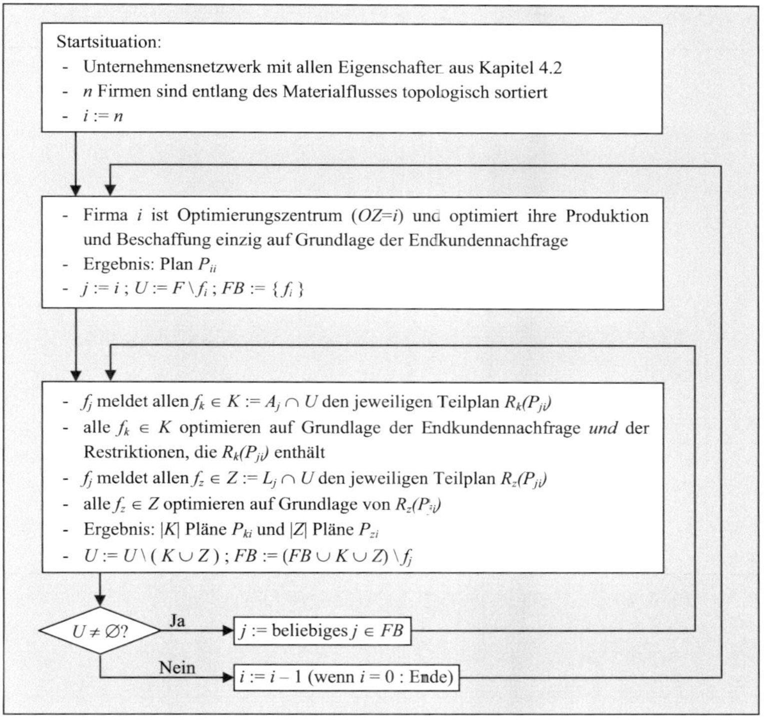

Abbildung 4-5: Ablauf des Grundmodells

In jedem Durchlauf der übergeordneten Schleife (Laufvariable i) wird das Optimierungszentrum gewechselt und in jedem Durchlauf der untergeordneten Schleife (Laufvariable j) werden die Pläne der Optimierungsfolger ermittelt. Nach einem kompletten Durchlauf des Grundmodells liegen n^2 Firmenpläne vor, die jeweils einem Optimierungszentrum zugeordnet sind. Jedem Optimierungszentrum sind n Pläne zugeordnet, die zusammen einen Gesamtplan für das Netzwerk darstellen. Diese Gesamtpläne umfassen die traditionelle Planung ($OZ=n$) und n-1 Alternativen zu ihr. (Die hier betrachteten linearen und konvergierenden Strukturen weisen stets nur eine finale Firma auf, weshalb die Alternativenmenge n-1 beträgt und nicht n, wie bereits in Kapitel 4.1 erklärt.)

Der oben in allgemeiner Form verdeutlichte Ablauf soll nun an einem kleinen Beispiel veranschaulicht werden. Das dafür zugrundegelegte Netzwerk zeigt Abbildung 4-6.

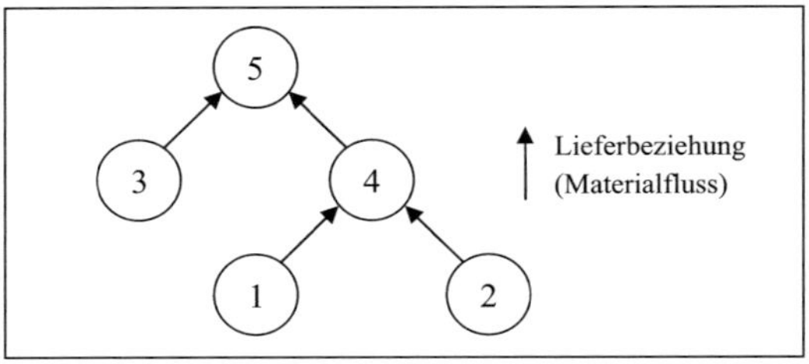

Abbildung 4-6: Netzwerkstruktur des Ablaufbeispiels

Für jeden Schritt sind die im Ablauf gemäß Abbildung 4-5 verwendeten Variablen (*i*, *j*) und Mengen (*K*, *Z*, *U*, *FB*) in Tabelle 4-1 vermerkt. Folgendes sei dazu noch angemerkt:

- Wird in einem Schritt eine Variable bzw. Menge nicht verwendet bzw. verändert, bleibt das entsprechende Tabellenfeld leer.
- Bei der Schrittbezeichnung steht die erste Ziffer für die äußere und die zweite Ziffer für die innere Schleife aus Abbildung 4-5.
- Bei der Wahl eines „beliebigen" *j* aus der Menge *FB* wird hier das kleinste Element gewählt.
- Für die Spalten „*K*", „*Z*" und „Schrittinhalt" gilt jeweils die Menge *U* der vorherigen Zeile.

Schritt	*i*	*j*	*K*	*Z*	Schrittinhalt	*U*	*FB*
0	5				Initialisierung		
1.0		5			Firma 5 ist OZ und optimiert zuerst.	{1,2,3,4}	{5}
1.1			∅	{3,4}	Firma 5 meldet ihren Abnehmern in U (∅) und Lieferanten in U (3 & 4) die Vorgaben. Die Firmen 3 und 4 optimieren daraufhin selbst.	{1,2}	{3,4}
1.2		3	∅	∅	„leerer" Schritt, keine reale Aktion erfolgt	{1,2}	{4}
1.3		4	∅	{1,2}	Firma 4 meldet ihren Abnehmern in U (∅) und Lieferanten in U (1 & 2) die Vorgaben. Die Firmen 1 und 2 optimieren daraufhin selbst.	∅	{1,2}
2.0	4	4			Firma 4 ist OZ und optimiert zuerst.	{1,2,3,5}	{4}
2.1			{5}	{1,2}	Firma 4 meldet ihren Abnehmern in U (5) und Lieferanten in U (1 & 2) die Vorgaben. Die Firmen 5, 1 und 2 optimieren daraufhin selbst.	{3}	{1,2,5}
2.2		1	∅	∅	„leerer" Schritt, keine reale Aktion erfolgt	{3}	{2,5}
2.3		2	∅	∅	„leerer" Schritt, keine reale Aktion erfolgt	{3}	{5}
2.4		5	∅	{3}	Firma 5 meldet ihren Abnehmern in U (∅) und Lieferanten in U (3) die Vorgaben. Die Firma 3 optimiert daraufhin selbst.	∅	{3}
3.0	3	3			Firma 3 ist OZ und optimiert zuerst.	{1,2,4,5}	{3}

Tabelle 4-1: Schritte im Ablaufbeispiel (Teil 1)

Schritt	***i***	***j***	***K***	***Z***	**Schrittinhalt**	***U***	***FB***
3.1			{5}	∅	Firma 3 meldet ihren Abnehmern in U (5) und Lieferanten in U (∅) die Vorgaben. Die Firma 5 optimiert daraufhin selbst.	{1,2,4}	{5}
3.2		5	∅	{4}	Firma 5 meldet ihren Abnehmern in U (∅) und Lieferanten in U (4) die Vorgaben. Die Firma 4 optimiert daraufhin selbst.	{1,2}	{4}
3.3		4	∅	{1,2}	Firma 4 meldet ihren Abnehmern in U (∅) und Lieferanten in U (1 & 2) die Vorgaben. Die Firmen 1 und 2 optimieren daraufhin selbst.	∅	{1,2}
4.0	2	2			Firma 2 ist OZ und optimiert zuerst.	{1,3,4,5}	{2}
4.1			{4}	∅	Firma 2 meldet ihren Abnehmern in U (4) und Lieferanten in U (∅) die Vorgaben. Die Firma 4 optimiert daraufhin selbst.	{1,3,5}	{4}
4.2		4	{5}	{1}	Firma 4 meldet ihren Abnehmern in U (5) und Lieferanten in U (1) die Vorgaben. Die Firmen 5 und 1 optimieren daraufhin selbst.	{3}	{1,5}
4.3		1	∅	∅	„leerer“ Schritt, keine reale Aktion erfolgt	{3}	{5}
4.4		5	∅	{3}	Firma 5 meldet ihren Abnehmern in U (∅) und Lieferanten in U (3) die Vorgaben. Die Firma 3 optimiert daraufhin selbst.	∅	{3}
5.0	1	1			Firma 1 ist OZ und optimiert zuerst.	{2,3,4,5}	{1}
5.1			{4}	∅	Firma 1 meldet ihren Abnehmern in U (4) und Lieferanten in U (∅) die Vorgaben. Die Firma 4 optimiert daraufhin selbst.	{2,3,5}	{4}
5.2		4	{5}	{2}	Firma 4 meldet ihren Abnehmern in U (5) und Lieferanten in U (2) die Vorgaben. Die Firmen 5 und 2 optimieren daraufhin selbst.	{3}	{2,5}
5.3		2	∅	∅	„leerer“ Schritt, keine reale Aktion erfolgt	{3}	{5}
5.4		5	∅	{3}	Firma 5 meldet ihren Abnehmern in U (∅) und Lieferanten in U (3) die Vorgaben. Die Firma 3 optimiert daraufhin selbst.	∅	{3}
6.0	0				Ende.		

Tabelle 4-1: Schritte im Ablaufbeispiel (Teil 2)

Am Ende des Beispiels liegen fünf neue Gesamtpläne vor. Jede Firma im Netzwerk hat insgesamt fünfmal optimiert und war einmal selbst das Optimierungszentrum, so dass $5^2 = 25$ Firmenpläne vorliegen.

4.3.2 Besonderheiten bei allgemeinen Strukturen

Der dargestellte Ablauf des Grundmodells (Abbildung 4-5) erklärt detailliert die Grundidee der MVOZ, gilt aber in formaler Hinsicht nur für lineare und konvergierende Netzwerkstrukturen[172]. Für allgemeine Strukturen sind ergänzende Ausführungen notwendig.

Ein erster, unkritischer Unterschied ist die Möglichkeit mehrerer finaler Firmen in allgemeinen Strukturen, wodurch es n statt n-1 Alternativen zur traditionellen Planung geben kann. Dies führt jedoch zu keiner Verkomplizierung der Methode, sondern lediglich zu einem zusätzlichen Planungsdurchlauf, der keine Besonderheiten gegenüber den anderen Planungsdurchläufen der MVOZ aufweist.

Ein weitaus gravierenderer Unterschied für den Algorithmus in allgemeinen Strukturen besteht dagegen darin, dass hier zuerst diejenigen aktuellen Optimierungsfolger (Mengen K und Z in Abbildung 4-5) optimieren, deren Vorgaben einseitig (also entweder auf der Liefer- oder der Abnehmerseite) bereits vollständig vorliegen. Liegen die Vorgaben einer Firma weder auf der Liefer- noch auf der Abnehmerseite vollständig vor, so muss sie warten, bis die Optimierung einer anderen Firma ihnen die noch benötigte(n) Vorgabe(n) liefert. Situationen mit *beidseitig* vorliegenden Vorgaben sind dagegen unbedingt zu vermeiden, wie weiter unten noch erklärt wird.

Eine Ausnahme von obiger Vorgehensweise gilt zwangsläufig für Situationen, in denen keine einzige Firma, die noch nicht optimiert hat, bereits einseitig alle Vorgaben erhalten hat (d. h. entweder von allen Lieferanten oder von allen Abnehmern). Dann ist eine beliebige Firma aus der Menge U zu wählen, deren Vorgaben bereits teilweise vorliegen. Durch ihre Auswahl (und Abarbeitung) werden neue Vorgaben generiert und der Kreislauf aus Abbildung 4-5 wird erneut angestoßen. (Bei Unklarheiten sei auf die beiden folgenden Beispiele verwiesen.)

Die Auswahl des nächsten Optimierungsfolgers kann in allgemeinen Strukturen durchaus Einfluss auf die berechneten Pläne der Firmen und somit auch auf die Güte des Ergebnisses haben. So legt die Abfolge der Optimierungsfolger fest, welche Vorgabe (ob vom Lieferanten oder vom Abnehmer) für die Planung bei einer Firma verwendet werden soll, zu der es vom Optimierungszentrum aus mehr als einen „Weg" durch das Unternehmensnetzwerk gibt. Abbildung 4-7 und die nachfolgenden Erklärungen helfen bei der Veranschaulichung dieses Problems.

[172] Die firmeninternen Strukturen betrifft dies nicht, sie können bereits im letzten Abschnitt alle Formen annehmen.

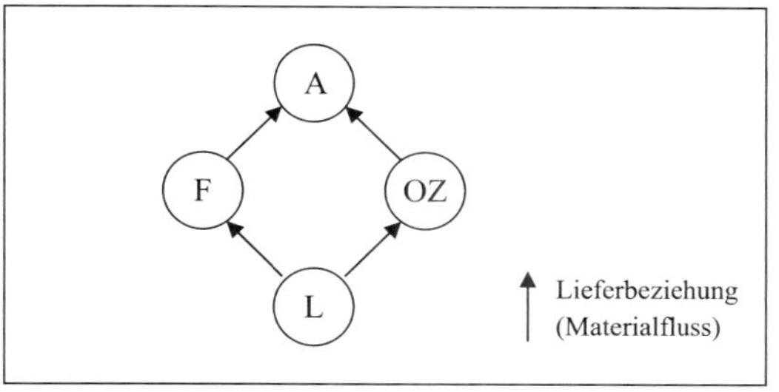

Abbildung 4-7: Struktur eines Netzwerks mit Reihenfolgeabhängigkeiten innerhalb der MVOZ

Betrachtet wird die Firma F, die sich (wie auch A und L) nach den Vorgaben des Optimierungszentrums (OZ) richtet. Da Firma F jedoch keinen direkten (Liefer-)Kontakt zu OZ hat, gelangen diese Vorgaben nur indirekt zu ihr, vermittelt über die (Teil-)Pläne ihrer direkten Geschäftspartner A und L. Für das Weiterreichen dieser Teilpläne gibt es nun folgende zwei (Informations-)Wege:

1) OZ → A → F → L (und OZ → L)
2) OZ → L → F → A (und OZ → A)

Der Unterschied besteht in der Reihenfolge der Optimierungen: Im ersten Fall optimieren zuerst A und F, bevor L optimiert. Bei der zweiten Möglichkeit optimiert A zuletzt, nachdem alle lieferseitigen Vorgaben vorliegen. Die Produktionsmengen (und so auch die Kosten) dieser Alternativen können nun trotz gleichem Optimierungszentrum voneinander abweichen. Da aber ex ante nicht entschieden werden kann, welcher Weg vorteilhafter ist, enthält das Grundmodell dafür keine exakte Regel. Wird bei einer Durchführung eine exakte Regel erforderlich, kann z. B. die Firma mit der höchsten Nummer verwendet werden. Es wird demzufolge nicht nach einem *optimalen* Weg durch das Netzwerk gesucht[173], sondern nur nach einem *zulässigen* Weg, weshalb beide genannten Wege akzeptabel sind.

Der dritte denkbare Weg neben den obigen beiden („OZ → A → F und OZ → L → F") ist dagegen nicht zulässig, da eine Kombination von Abnehmer- und Lieferantenvorgaben (wie es hier für F der Fall wäre) generell ausgeschlossen werden muss (siehe auch untenstehendes Beispiel nach Abbildung 4-8). Beide Vorgaben können nämlich unterschiedliche Bündelungen der Endkundenbedarfe enthalten, wodurch die Lösbarkeit dann selbst bei beliebig großer Kapazität nicht mehr gewährleistet wäre. Dies ist leicht zu veranschaulichen, indem man den Extremfall annimmt, in welchem der Lieferant (L in Abbildung 4-7) eine dem Endkundenbe-

[173] Auf eine (probeweise) Variation der Wege durch das Netzwerk analog zur Variation des Optimierungszentrums wird im Rahmen der MVOZ verzichtet, da dies eine Potenzierung der Anzahl der Optimierungsschritte zur Folge hätte.

darf entsprechende Lieferung („Los-für-Los“) vorschreibt, der Abnehmer (A in Abbildung 4-7) jedoch zeitig große Mengen fordert (hohe Bündelung der Lose). In einem solchen Fall stehen nicht genügend Zulieferteile für den Endproduktbedarf zur Verfügung, weshalb kein zulässiger Produktionsplan ermittelt werden kann. Durch eine entsprechende Auswahl der Optimierungsreihenfolge innerhalb der Menge der Optimierungsfolger können solche Situationen vermieden werden.

An dieser Stelle soll diese Reihenfolgefindung anhand des später im Rahmen der Simulation in Kapitel 4.5 verwendeten Netzwerks „UN6ALG“ kurz demonstriert werden. UN6ALG verfügt über folgende externe Struktur (Abbildung 4-8):

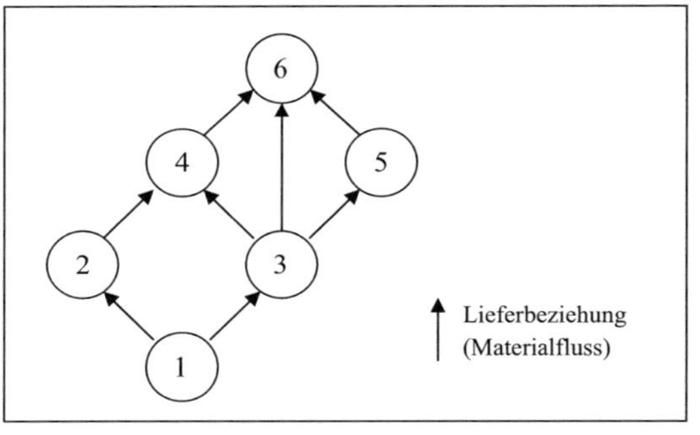

Abbildung 4-8: Netzwerkstruktur von UN6ALG

Die traditionelle Planung (und somit auch die MVOZ im Fall *OZ*=6, da hier nur eine finale Firma existiert) kann einfach entgegen der topologischen Sortierung optimieren: 6-5-4-3-2-1. Für die anderen Fälle enthält Tabelle 4-2 je einen zulässigen Weg.

Optimierungszentrum	Beispiel für eine zulässige Optimierungsreihenfolge
Firma 5	5-6-4-3-2-1
Firma 4	4-2-6-5-3-1
Firma 3	3-5-4-2-1-6
Firma 2	2-4-6-5-3-1
Firma 1	1-3-2-5-4-6

Tabelle 4-2: Zulässige Optimierungsreihenfolgen in UN6ALG

Beispielhaft soll die Lösung für *OZ*=3 nachvollzogen werden: Indem Firma 3 optimiert hat, wurden für die Firmen 1, 4, 5 und 6 Vorgaben erzeugt. Da aber nur Firma 5 einseitig vollständig vorliegende Vorgaben besitzt (1 von 1 Lieferanten), folgt sie als nächstes in der Reihenfolge. Im nächsten Schritt existiert keine Firma mit einseitig vollständigen Vorgaben, weshalb eine Firma mit teilweisen Vorgaben gewählt wird (Firma 1, 4 oder 6). Firma 6 darf hier aber noch nicht optimieren, da daraus beidseitige Vorgaben für Firma 4 entstünden. Es muss also Firma 1 oder 4 gewählt werden – hier soll mit Firma 4 fortgefahren werden. Analog zu diesem Schritt dürfen im nächsten Schritt Firma 2 oder 6 gewählt werden, nicht aber Firma 1, da dann wiederum Firma 2 keine Garantie für zulässige Produktionspläne hätte. Hier wird Firma 2 gewählt. Die Ergänzung der letzten Firmen in der Reihenfolge ist dann trivial – es ergibt sich die Reihenfolge 3-5-4-2-1-6.

Besonders unter Berücksichtigung komplexer allgemeiner Strukturen ist aufgrund der zwingenden Vermeidung beidseitiger Vorgaben die Entwicklung eines für jedes Netzwerk gültigen Verfahrens zur Ermittlung der Reihenfolge der optimierenden Firmen eine schwierige Aufgabe. Für ein beliebiges *konkretes* Netzwerk ist ein solches Verfahren aber auch gar nicht notwendig, da die Optimierungsreihenfolge der Firmen während der Implementierung einmalig für jedes Optimierungszentrum „von Hand“ festgelegt werden kann. Bei einer solchen Festlegung der Reihenfolge „von Hand“ muss für jedes Unternehmen im Moment seiner Optimierung lediglich die Vermeidung gleichzeitiger Losbündelungsvorgaben auf Lieferanten- und Abnehmerseite sichergestellt werden. Steht die Reihenfolge für den ersten Durchlauf fest, so kann sie in jedem weiteren Durchlauf wiederholt werden und muss erst bei einer Änderung der Lieferbeziehungen (Struktur des Netzwerks) aktualisiert werden. Deshalb wird an dieser Stelle auf ein allgemeingültiges Verfahren verzichtet.

Im Übrigen vereinfacht dieser Verzicht auf ein Verfahren auch die Anwendung der MVOZ, da ein Verfahren, welches alle denkbaren Besonderheiten in allgemeinen Strukturen berücksichtigt, bei überschaubar großen Netzwerken die Anwendung nur unnötig verkomplizieren würde. Schließlich wird keine bestimmte (z. B. optimale), sondern nur eine zulässige Lösung gesucht. Die Zulässigkeit lässt sich anhand des obigen Kriteriums leicht überprüfen und kann daher auch ohne gesondertes Verfahren eingehalten werden.

4.3.3 Vorläufige Bewertung des Modells

Warum ist nun zu erwarten, dass sich Verbesserungen durch das obige Vorgehen ergeben? Zunächst gibt es keinen zwingenden Grund dafür, warum die traditionelle Planung stets (d. h. in jedem Unternehmensnetzwerk und in jedem Planungszeitraum) den besten unter den alternativen Gesamtplänen ermitteln sollte. Man kann leicht Einzelfälle konstruieren, in denen bei einem Abnehmer im Unternehmensnetzwerk Bestellmengen gewählt werden, die beim Lieferanten gravierende Kostennachteile verursachen. Stünde nun eine alternative Lösung auf Basis der Planung des Lieferanten zur Diskussion, könnten die Gesamtkosten (Summe der Kosten beider Unternehmen) in diesem Einzelfall gesenkt werden. Wie häufig solche Fälle auftreten und wie groß der durchschnittliche Kostenvorteil dann tatsächlich ausfällt, lässt sich jedoch nur mit Simulationen untersuchen.[174]

Bestimmte (qualitative) Aussagen lassen sich aber schon vor den Simulationen treffen. Eine triviale, aber dennoch folgenreiche Feststellung ist, dass die traditionelle Planung stets eine der Alternativen darstellt. Deshalb können die Kosten der besten Alternative auch im schlechtesten Fall nie unter das Niveau der traditionellen Planung sinken. Da aber zumindest in einigen Fällen alternative Pläne einen Kostenvorteil haben werden, ist in Summe definitiv ein Kostensenkungspotenzial vorhanden. Die einzige Möglichkeit, wie aus der MVOZ eine Kostenerhöhung resultieren könnte, liegt in der Durchführung des Grundmodells selbst begründet. Auch bei der besten Organisation dieser Durchführung werden zusätzliche Kosten anfallen (Arbeitszeitaufwand, IT-Investitionen etc.), die vom erzielten Kostenvorteil abzuziehen sind. Welche Kostenarten dies genau sind und wie sie gering gehalten werden können, wird in Kapitel 4.7 besprochen.

Im Anschluss an die erfreuliche Tatsache, dass eine Verbesserung praktisch garantiert ist, muss aber auch nüchtern eingeräumt werden, dass die sich aus dem obigen Grundmodell ergebenden Pläne allesamt lokale Optima darstellen bzw. direkt aus solchen lokalen Optima abgeleitet wurden. Genau wie in der traditionellen Planung legt stets eine Firma zuerst ihre Mengen fest und reicht dann entsprechende Vorgaben an die benachbarten Unternehmen weiter, ohne deren Belange in die eigene Planung einzubeziehen. Der für das gesamte Unternehmensnetzwerk („global") optimale Plan kann deshalb nur durch Zufall erreicht werden – wenn auch hierfür durch die Auswahl unter n (bzw. n+1) Plänen eine höhere Wahrscheinlichkeit besteht als bei der traditionellen Planung. Eine *systematische* Annäherung an das Gesamtoptimum würde dagegen eine gezielte Entwicklung *neuer* Pläne[175] erforderlich machen und nicht nur eine Auswahl unter den individuell besten Lösungen.

Die Erwartungen an eine gute Annäherung an das Gesamtoptimum sind daher eher gering. Doch dies allein ist nicht ausreichend für einen Abbruch der Untersuchung des Potenzials dieses Modells. Dafür gibt es im Wesentlichen drei Gründe:

1. Für die Bewertung einer neuen Methode ist der Unterschied zur bislang verwendeten Methodik wichtiger als der Unterschied zum Gesamtoptimum. Gerade in der Praxis ist das Kostensenkungspotenzial entscheidend, nicht jedoch die Relation zum (unbekannten!) Gesamtoptimum, zu dessen Erreichung in der *hier* vorliegenden Situation noch keine praktikablen Vorschläge existieren[176].

---

[174] Vgl. Kapitel 4.5.

[175] Dudek (2004) zeigt für zwei Unternehmen bzw. zwei Netzwerkstufen, wie nah ein derartiges Vorgehen dem Gesamtoptimum kommt. Sein Vorgehen ist aber leider nicht auf komplexere Netze übertragbar (siehe Kapitel 3.3.3).

[176] Vgl. Kapitel 3 und 4.2.

2. Der tatsächliche Gesamtvorteil einer neuen Methode ergibt sich aus der Summe ihrer direkten Ergebniswirkung (hier: geringere Produktions- und Lagerhaltungskostensumme) und den Kosten ihrer Durchführung. Tendenziell ist zu erwarten, dass der Durchführungsaufwand steigt, je näher man sich dem Gesamtoptimum annähern möchte.[177] Man kann daher einen gegenläufigen Trend der beiden Kostengrößen annehmen. Wo nun das Minimum der Summe dieser beiden Größen liegt, kann nicht allgemeingültig gesagt werden. Deshalb könnten selbst solche Methoden, die das Gesamtoptimum (fast) erreichen, einfacheren Methoden (wie der hier vorgestellten MVOZ) am Ende bezüglich der Gesamtkosten unterlegen sein.

3. Bezieht man die Risikoaversität von Entscheidern im Unternehmen und die spieltheoretischen Hemmnisse[178] mit ein, so wird nicht jede Änderung, deren Erwartungswert positiv ist, auch tatsächlich umgesetzt. Je höher der zur Ein- und Durchführung nötige Aufwand ist, je gravierender die Eingriffe in die bestehenden Abläufe und je ungünstiger die sonstigen Begleitumstände (Kompliziertheit der Methode, Freigabe kritischer Informationen etc.) der fraglichen Methode sind, desto geringer ist die Wahrscheinlichkeit, dass sie tatsächlich umgesetzt wird. Da nun die hier propagierte Methodik lediglich den Planungsaufwand erhöht, alle sonstigen internen Abläufe aber unangetastet lässt, und dazu noch, wie später gezeigt wird, spieltheoretisch vorteilhaft ist, kann sie auf diesem Feld Vorteile verbuchen. Näher am Gesamtoptimum liegende Methoden, die trotz ihres zusätzlichen Aufwands einen höheren Gesamtvorteil als die Methode variabler Optimierungszentren aufweisen (d. h. der obige Punkt 2 greift nicht), könnten dagegen an der Umsetzung scheitern und so ihren Vorteil nicht ausspielen. Dieser Punkt ist deshalb vom obigen zweiten Anstrich verschieden, weil hier die Widerstände fokussiert werden, die *trotz* der vorteilhaften Gesamtwirkung vorhanden sind.

Doch wie sehen nun die Vorteile bzw. Nachteile dieser Methode auf dem Gebiet der Spieltheorie aus? Zunächst einmal kann festgestellt werden, dass sämtliche Pläne erstellt werden, ohne dass eine einzige kritische Information ausgetauscht wird. Jede Firma kennt nur die eigenen Pläne und die ihr von den angrenzenden Firmen übermittelten Liefermengenvorgaben. In der Phase der Alternativengenerierung ist die Methode also spieltheoretisch eindeutig vorteilhaft. Ein abschließendes Urteil kann jedoch erst in bzw. nach Kapitel 4.6 erfolgen, da dort die Auswahl unter den Alternativen erläutert wird.

[177] Voraussetzung hierfür ist die Beibehaltung der Ziele aus Kapitel 4.2: Selbstständigkeit, Gewinn und Informationsschutz. Deren Aufgabe verkürzt den Weg zum Gesamtoptimum durch die Annäherung an die Möglichkeiten zentraler Planung zwar erheblich, stellt hier jedoch keine Option dar.

[178] Vgl. Kapitel 3.2.

4.3.4 Spezifizierung des Modells

Zum Zweck der späteren Simulation und Kostenberechnung ist das grundsätzliche Vorgehen aus Abbildung 4-5 nun noch detailliert auszugestalten. Das betrifft insbesondere die firmeninternen Optimierungsschritte. Daher wird für alles Folgende angenommen, dass die Firmen das MLCLSP („Multi-Level Capacitated Lot Sizing Problem") nutzen, um ihre Produktions- und Materialbestellmengen festzulegen. Das MLCLSP bietet sich an, da es nahezu alle wichtigen denkbaren Eigenschaften einer losweisen Produktion abbilden kann.[179] Es ist ein dynamisches, mehrstufiges, mehrfach kapazitiertes n-Produktmodell für die allgemeine Produktionsstruktur, welches u. a. auch Überstundenkosten berücksichtigen kann. Außerdem findet es in der Literatur zur internen und unternehmensübergreifenden Produktionsplanung breite Verwendung[180]. Hier wird eine bewusst einfach gehaltene Formulierung ohne Berücksichtigung von Rüstzeiten und Lagerbeschränkungen verwendet.[181] Weiterhin wird durch die Nicht-Einbeziehung netzwerkfremder Produkte im Folgenden angenommen, dass anderweitige Aktivitäten der Firmen, sofern sie existieren und sofern diese mit den Produkten des betrachteten Netzwerks um gemeinsame Ressourcen konkurrieren, den hier geplanten Netzwerkprodukten untergeordnet sind (d. h. für deren Planung werden die Restkapazitäten als Ausgangswert verwendet) und deshalb hier nicht betrachtet werden müssen.[182]

Modell MLCSLP:

T Planungszeitraumlänge [ZE]

Mengen:

J Menge der Produkte j (inklusive Materialien, Zwischen- und Endprodukte)

R Menge der Ressourcen r

N_j Menge der direkten Nachfolgerprodukte des Produkts j

Kostenwerte:

KL_j Lagerhaltungskostensatz von Produkt j [GE / (ZE * ME)]

KF_j Fixkostensatz von Produkt j [GE]

KZ_r Zusatzkapazitätskosten von Ressource r [GE / KE]

Sonstige Eingangsdaten:

E_{jt} Externer Bedarf für Produkt j in Periode t

---

[179] Vgl. Kapitel 2.2.4.

[180] Vgl. z. B. Ertogral/Wu (2000), S. 933, Tempelmeier (2006), S. 205 ff und Dudek (2004), S. 30ff.

[181] Für erweiterte MLCLSP-Varianten siehe ebenda.

[182] Alternativ ist auch eine *Über*ordnung anderer Produkte denkbar, die sich in Form geringerer Kapazitäten oder zusätzlicher Nebenbedingungen äußern würde, an die sich die hier betrachteten Produkte anzupassen hätten.

K_{rt} Kapazität für Ressource r in Periode t [KE]

ZM_{rt} Maximal nutzbare Zusatzkapazität für Ressource r in Periode t [KE]

a_{rj} Bedarf von Produkt j an Ressource r [KE / ME]

b_{ij} Bedarf von Produkt j an Vorprodukt i [ME / ME] (auch „Direktbedarfskoeffizient")

M sehr große Zahl als Ersatz für „unendlich" (z. B. 1E6) [Einheit nach Bedarf]

Variablen:

x_{jt} Produktionsmenge von Produkt j in Periode t (Losgröße) [ME]

l_{jt} Lagermenge von Produkt j in Periode t [ME]

y_{jt} Binärvariable = $\begin{cases} 0 \text{ falls } x_{jt} = 0 \\ 1 \text{ falls } x_{jt} > 0 \end{cases}$

z_{rt} Genutzte Zusatzkapazität für Ressource r in Periode t [KE]

n_{rt} Für Ressource r in Periode t benötigte, aber nicht durch ZM_{rt} abgedeckte Zusatzkapazität (Fehlkapazität)

Zielfunktion:

Minimiere $$\sum_{j \in J} \sum_{t=1}^{T} \left(KL_j \cdot l_{jt} + KF_j \cdot y_{jt} \right) + \sum_{r \in R} \sum_{t=1}^{T} \left(KZ_r \cdot z_{rt} + M \cdot n_{rt} \right) \quad (4.1)$$

Nebenbedingungen:

Lagerausgleich: $$x_{jt} + l_{j,t-1} = E_{jt} + l_{jt} + \sum_{k \in N_j} b_{jk} \cdot x_{kt} \quad \forall j \in J, t = 1,...,T \quad (4.2)$$

Kapazitäten: $$\sum_{j \in J} a_{rj} \cdot x_{jt} \le K_{rt} + z_{rt} + n_{rt} \quad \forall r \in R, t = 1,...,T \quad (4.3)$$

Binärbedingung: $$x_{jt} \le y_{jt} \cdot M \quad \forall j \in J, t = 1,...,T \quad (4.4)$$

Lagerstart: $$l_{j0} = 0 \quad \forall j \in J \quad (4.5)$$

Lagerende: $$l_{jT} = 0 \quad \forall j \in J \quad (4.6)$$

Zusatzkapazitäten: $$z_{rt} \le ZM_{rt} \quad \forall r \in R, t = 1,...,T \quad (4.7)$$

Die Zielfunktion (4.1) minimiert die Summe aus Lagerhaltungs- und Fixkosten (erster Term) sowie den Zusatzkapazitätskosten (zweiter Term). Für die Registrierung kapazitätsmäßig unlösbarer Probleme fließt außerdem die Fehlkapazität ein, bewertet mit prohibitiv hohen Kosten (M, hier mit Einheit [GE]).

Gleichung (4.2) setzt die produzierte Menge x in Beziehung zum Lagerbestand und zu den für die Kunden (E) bzw. für Folgeprodukte (b) benötigten Mengen. Restriktion (4.3) erzwingt, wenn möglich, die Kapazitätseinhaltung. Aufgrund der Kostenminimierung in der Zielfunktion erfolgt die Nutzung der Kapazitäten in der Reihenfolge K_{rt} (ohne zusätzliche Kosten), z_{rt} (zum Kostensatz KZ) und n_{rt}. Sobald ein n_{rt} größer als Null ist, ist das reale Problem unlösbar, da sich selbst mit vollständig genutzter Zusatzkapazität keine zulässige Lösung finden lässt. Damit das mathematische Problem trotzdem gelöst werden kann (wichtig für die späteren Simulationen), wurden die Ausweichmöglichkeiten n_{rt} hinzugenommen. Ob das Praxisproblem lösbar ist, wird dann anhand der n_{rt}-Werte bzw. anhand der resultierenden Kosten ersichtlich. Die Binärbedingung (4.4) erzeugt aus den Losgrößen die Binärvariable y, die für die Berechnung der Summe der Fixkosten in der Zielfunktion notwendig ist. Gleichungen (4.5) und (4.6) stellen den Lagerleerstand zu Beginn und am Ende des Planungszeitraums sicher und trennen dadurch die Planungszeiträume voneinander ab. Liegen andere, bekannte Lageranfangs- bzw. -endbestände vor, sind natürlich diese zu verwenden. Bedingung (4.7) schließlich begrenzt die Zusatzkapazität nach oben hin. Diese Grenze ergibt sich z. B. aus mit der Gewerkschaft vereinbarten maximalen zusätzlichen Arbeitszeiten („Überstunden") pro Periode.

Weiterhin ist noch zu betonen, dass in der Menge der Produkte (J) nicht nur die Zwischenprodukte und damit die Produktionsschritte enthalten sind, sondern auch die von den Lieferanten bezogenen Materialien und Vorprodukte. Die obige Variable „Fixkosten" stellt deshalb bei diesen Produkten die fixen Kosten der Beschaffung dar. Auf diese Weise wird die Beschaffung als eine weitere Stufe in die mehrstufige Losgrößenplanung einbezogen. Bei allen anderen Produkten entspricht sie den Rüstkosten bzw. in gleicher Weise auftretenden Kosten.[183]

Ein zentraler Punkt im Ablauf der MVOZ ist die Erzeugung und Weiterverwendung von Mengenvorgaben vom Lieferanten an den Abnehmer, also entgegen der traditionellen Richtung. Damit dies möglich ist, müssen (neben der bereits in Kapitel 4.2 besprochenen Weitergabe der Endkundenbedarfe) zwei Erweiterungen vorgenommen werden.

Die erste Erweiterung betrifft den Abnehmer, der die Vorgaben empfängt. Die obige Variante des MLCLSP lässt sich zwar sowohl von der Firma, die aktuell als Optimierungszentrum agiert, als auch von jeder Firma, die als Optimierungsfolger von einem Abnehmer ihre Vorgaben erhält, verwenden. Im ersten Fall enthält E die Endkundenbedarfe (bzw. den für diese Firma relevanten Teil davon), im zweiten Fall die Bestellungen der abnehmenden Firma. Befindet sich die Firma dagegen aktuell in der Rolle eines Optimierungsfolgers (OF), der seine Vorgaben von einem *Lieferanten* erhält, so ist das obige mathematische Modell zu erweitern:

[183] Zur Analogie der Auftragsmengenplanung in Beschaffung und Produktion siehe z. B. Francois (2000), S. 34.

Modell MLCLSP-OF:

(Variablen, Zielfunktion und Nebenbedingungen aus dem MLCLSP bleiben erhalten)

Zusätzlich[184]:

xug_{jt} Untere Grenze für die Produktionsmenge von Produkt j in Periode t

xog_{jt} Obere Grenze für die Produktionsmenge von Produkt j in Periode t

Liefervorgabe 1: $x_{jt} \geq xug_{jt} \quad \forall j \in J, t = 1,...,T \quad (4.8)$

Liefervorgabe 2: $x_{jt} \leq xog_{jt} \quad \forall j \in J, t = 1,...,T \quad (4.9)$

Für alle Produkte, die kein mit Lieferantenvorgaben belegtes Vorprodukt sind, nehmen *xug* bzw. *xog* den Wert 0 bzw. *M* an. Auf diese Weise bleiben ihre Produktionsmengen wie im Modell MLCLSP unbeschränkt. Liegen dagegen Liefervorgaben vor, so nehmen *xug* und *xog* diese Vorgabewerte an, so dass $xug=xog$. Dadurch ergeben sich trotz erneuter Optimierung durch den Abnehmer genau die Bestellmengen $x=xug=xog$, die der Lieferant als Vorgabe übermittelt hatte. Zusätzlich enthält *E* weiterhin die Endkundenbedarfe, so dass Firmen, die das erweiterte Modell MLCLSP-OF verwenden, von zwei Richtungen determiniert werden: „von unten" durch die Mengenvorgabe des Lieferanten und „von oben" durch die Endkundennachfrage. Im Gegensatz zum Verbot des gleichzeitigen Vorliegens von Lieferanten- und Abnehmervorgaben[185] ergeben sich hieraus jedoch keine unlösbaren Probleme: Da die Endkundenbedarfe noch nicht zusammengefasst wurden („Los für Los") und deshalb im Unterschied zu den Lieferantenvorgaben keine Bündelung aufweisen können, ist die Lösbarkeit trotzdem gewährleistet (ausreichende Kapazitäten vorausgesetzt).

Die zweite Änderung, die für die Liefervorgaben an den Abnehmer wichtig ist, betrifft den Lieferanten selbst, d. h. die Erzeugung der Liefervorgaben. Es ist nämlich nicht sofort ersichtlich, wie der Lieferant überhaupt die für ihn beste Lösung ermitteln soll. Auf jeden Fall braucht er Vorgaben, wie viel er bis zu jeder Periode produziert haben soll, damit die Endkundennachfrage erfüllt werden kann. Optimiert er jedoch einfach unter der Maßgabe des Endkundenbedarfs ohne weitere Anpassungen, dann würde dies bedeuten, dass die Lösung des MLCLSP nur unter denjenigen Lösungen, die auf eine Belieferung des Abnehmers mit dem Mengen-/Zeitgerüst des Endkundenbedarfs hinauslaufen, die beste darstellt. Die Absicht dieser Optimierung ist es jedoch, die allgemein beste Lösung für den Lieferanten zu finden,

---

[184] Es gibt Formulierungen des MLCLSP, die die hier vorgenommenen Erweiterungen bereits in der Basisversion beinhalten (vgl. z. B. Dudek (2004), S. 30 f.). Hier wurde jedoch bewusst ein für die jeweilige Anwendung möglichst einfaches Modell verwendet, welches nur die aktuell benötigten Variablen enthält. Dadurch wird vermieden, dem Wissensstand des Lesers durch die Einführung erst später benötigter Variablen vorzugreifen, wodurch das Verständnis erschwert würde.

[185] Vgl. Kapitel 4.3.2.

weshalb unbedingt auch andere Liefervorgaben möglich sein müssen (d. h. stärkere Losbündelungen als im Endkundenbedarf vorgesehen). Die entscheidende Änderung, um dies zu erreichen, ist die Verwendung von Null als Lagerhaltungskostensatz nach der finalen Maschine[186] im entsprechenden MLCLSP in Kombination mit der Gleichsetzung der Liefervorgaben *xug* und *xog* für den Abnehmer mit den Produktionsmengen x dieser Maschine des Lieferanten. Dann entsprechen die Kosten des MLCLSP einer jeweils sofort nach der Fertigung erfolgenden Lieferung an den Abnehmer, d. h. das Endproduktlager des Lieferanten ist stets leer[187]. Es lässt sich leicht zeigen, dass die für den Lieferanten optimale Lösung diese Eigenschaft haben muss, da jede andere Lösung durch die Einführung der sofortigen Lieferung verbessert werden könnte, d. h. die Kosten des Lieferanten ließen sich dadurch senken. Wenn auf diese Weise jegliche Lagerung im Endproduktlager des Lieferanten vermieden wird, so steht dem Lieferanten jede zulässige Bündelung des Endkundenbedarfs offen, obwohl er mit dem MLCLSP direkt auf den Endkundenbedarf (enthalten in E) hin optimiert.

Da dieser Sachverhalt sehr wichtig, aber evtl. nicht sofort eingängig ist, soll er im Folgenden erneut, aber auf andere Weise erklärt werden: Geht man vom traditionellen Fall der durch den Abnehmer festgelegten Liefermengen aus, so lässt sich folgende Beziehung aufstellen (x=Produktions-/Bestellmengen als Losreihe, L=Lieferant, A=Abnehmer, $Z(x)$=zulässige Bündelung der Losreihe x, E=externer Bedarf): Der Abnehmer ermittelt seine Bestellmenge x_A als zulässige Bündelung des Endkundenbedarfs E_E:

$$x_A=Z(E_E)$$

Diese Bestellungen übermittelt er dem Lieferanten als dessen E_L, welcher daraus seine Produktionsmenge x_L ermittelt, wiederum als zulässige Bündelung:

$$x_L=Z(E_L=x_A)$$

Der Unterschied zwischen x_L und E_L wird durch Lagerung beim Lieferanten aufgefangen.

Im Rahmen der MVOZ soll jedoch der Lieferant zuerst optimieren. Gemäß dem oben gezeigten Zwang fallen in der für den Lieferanten optimalen Lösung keine Endlagerkosten an:

$$x_L=x_A$$

---

[186] Gemeint ist die direkt vor der Belieferung des Abnehmers liegende Lagereinheit des Lieferanten, d. h. im Normalfall diejenige nach der letzten Produktionsstufe des Lieferanten. Im Folgenden wird zwecks Vereinfachung angenommen, dass es stets die letzte Produktionsstufe ist. Andere interne Strukturen, d. h. die Belieferung des Abnehmers mit Zwischenprodukten, sind aber auch lösbar.

[187] Genau genommen enthält es lediglich keine Produkte für den betrachteten Abnehmer. Hat die Firma noch weitere Abnehmer, sind deren Produkte nicht davon betroffen, insofern sie nicht auch ihre Vorgaben von diesem Lieferanten erhalten.

Deshalb wird nun auch automatisch x_A durch den Lieferanten festgelegt, weshalb x_A nicht mehr als Vorgabe E_L dienen kann. Da aber bislang die Einhaltung des Endkundenbedarfs E_E nur durch x_A vermittelt wurde, muss die Endkunden-Bedingung nun auf andere Weise einfließen, z. B. durch Gleichsetzung mit E_L:

$$E_L=E_E$$

Wendet man jedoch auf diese Konstellation im MLCLSP ein Optimierungsprogramm an, so wird dieses den Bedarf E_L erfüllen wollen und wiederum Endlagerung unternehmen, um den Unterschied zwischen den gewünschten Produktionsmengen x_L und dem Endkundenbedarf E_L abzufangen, was die Kosten erhöht und das optimale Ergebnis verfälscht. Grund ist die im MLCLSP fehlende Möglichkeit, die Lieferung an den Abnehmer unabhängig vom externen Bedarf zu definieren (beide Größen sind traditionell identisch). Setzt man jedoch nun den Lagerhaltungskostensatz des Endlagers des Lieferanten auf Null, dann fließen die Kosten dieser vom Optimierungsprogramm vorgeschlagenen Lagerung nicht mehr in die Lösung ein, weshalb die sich dann auf der letzten Maschine ergebenden Lose x_L die optimale Belieferung des Abnehmers unter Einhaltung des Endkundenbedarfs darstellen. Die trotzdem noch vom Optimierungsprogramm ausgegebene Lagerung zur Angleichung von x_L und $E_L=E_E$ findet in Wirklichkeit nicht statt und kann ignoriert werden. Das MLCLSP wird bei dieser Rechnung zwar mit in einem Punkt „falschen" Daten versorgt, aber da bewiesenermaßen in der Wirklichkeit keine Endlagerung stattfindet, entsprechen die Kosten der „falschen" Modelldaten im Endeffekt den Kosten der realen Umsetzung:

Lagerhaltungskosten (Modell) = Lagermenge ($\geq$0) * Lagerhaltungskostensatz (=0) = 0

Lagerhaltungskosten (Realität) = Lagermenge (=0) * Lagerhaltungskostensatz (>0) = 0

Diese Änderung bei *KL* betrifft jede Firma, die eine Liefervorgabe für einen Abnehmer generiert, sei es in der Rolle des Optimierungszentrums oder in der Rolle eines Optimierungsfolgers, der Vorgaben für andere Optimierungsfolger erzeugt. Im Rahmen der Darstellung des Beispiels in Kapitel 4.4 wird dieser Aspekt noch einmal anhand eines konkreten Falls erklärt.

Um die auf den letzten Seiten beschriebenen Ausgestaltungen des Grundmodells aus Kapitel 4.3.1 zusammenzufassen, folgt nun eine spezifischere Version des Grundmodells in Abbildung 4-9.

Zusätzliche Symbole/Variablen:

A_{ij} Teilmenge von A_i ; enthält die Abnehmer, die mit dem internen Produkt j beliefert werden ($j \in J$ der Firma i)

L_{ij} Teilmenge von L_i ; enthält den Lieferanten, der das interne Produkt j liefert

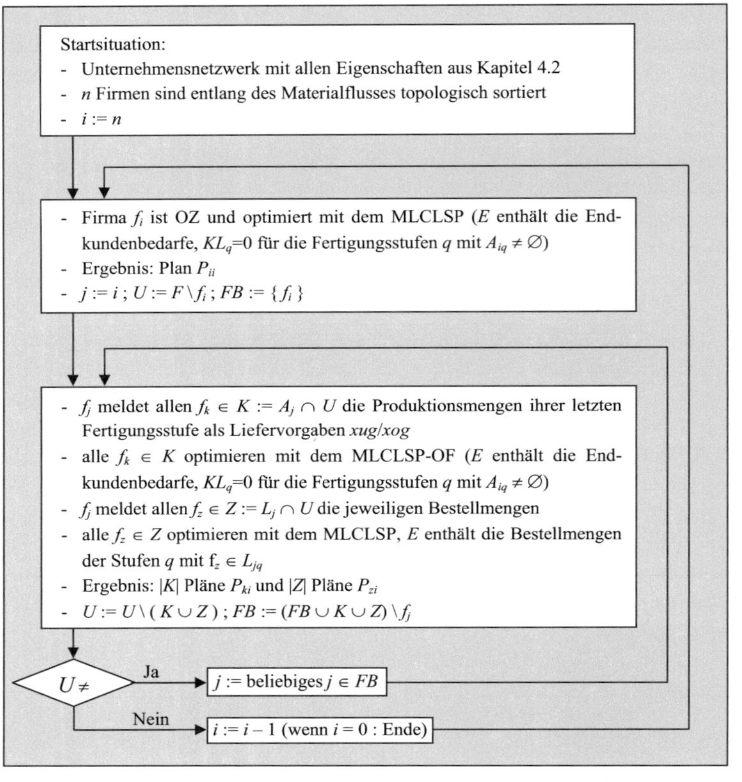

Abbildung 4-9: Ablauf des spezifizierten Modells

Wiederum gilt die obige Abbildung in unveränderter Form nur für lineare und konvergierende Netzwerkstrukturen. Bei allgemeinen Strukturen sind Ergänzungen gemäß der Ausführungen von Kapitel 4.3.2 vorzunehmen, die zugunsten einer besseren Übersichtlichkeit nicht in die Abbildung 4-9 integriert wurden.

Die Methode mit variablen Optimierungszentren ist damit bis zum Punkt der vorliegenden n (bzw. n+1) Gesamtpläne (Planungsphase) erklärt. Zur besseren Verständlichkeit folgt nun ein Beispiel in Kapitel 4.4.

4.4 Komplettbeispiel zur Planungsphase der MVOZ

Um das Verständnis zu erleichtern und den Ablauf der Planungsphase der MVOZ zu veranschaulichen, folgt in diesem Abschnitt ein vollständiges Beispiel, ausgehend vom Endkundenbedarf bis hin zum Vorliegen aller Alternativpläne. Dieses Beispiel wurde den Simulationen aus Kapitel 4.5 entnommen und verwendet folgendes Netzwerk mit den drei Unternehmen „F1" bis „F3" (Abbildung 4-10):

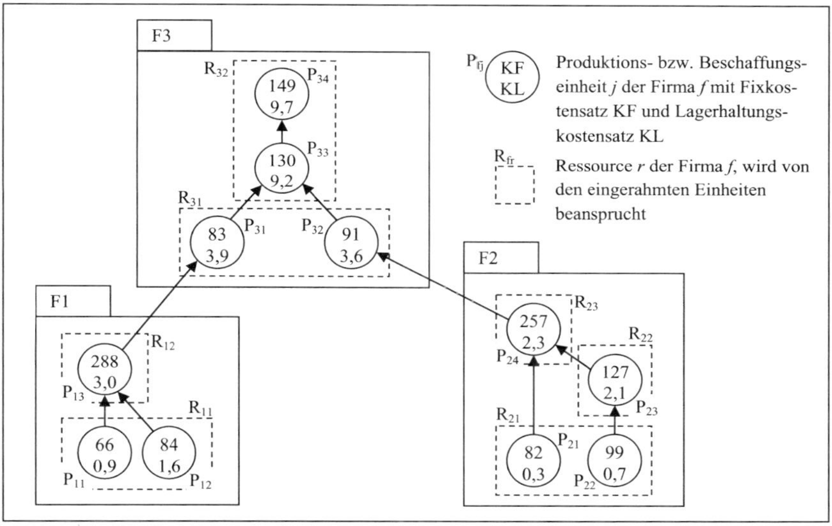

Abbildung 4-10: Struktur Komplettbeispiel

Die in Abbildung 4-10 in jeder Firma jeweils „unten" befindlichen Einheiten (d. h. diejenigen Einheiten ohne betriebsinternen Vorgänger) stellen die Beschaffungseinheiten dar. Aufgrund der Analogie[188] der Losgrößenplanung in Beschaffung und Produktion können sie wie Produktionseinheiten behandelt werden. Die Produktionskoeffizienten (Anzahl benötigter Vorprodukte je Produkteinheit) betragen stets 1 (bzw. Null, wenn ein Vorprodukt für ein anderes (Zwischen-)Produkt nicht benötigt wird). Die Daten für Kostenwerte und Bedarfe wurden zufallsgeneriert[189]. Die Kostenwerte sind bereits in der obigen Darstellung der Strukturen enthalten (siehe Abbildung 4-10). Die Endkunden-Bedarfswerte füllen einen Planungszeitraum der Länge 10 und weisen eine geringe Schwankung um den Erwartungswert 50 auf (Tabelle 4-3):

Periode	1	2	3	4	5	6	7	8	9	10
Bedarf	54	47	49	49	60	44	46	52	61	50

Tabelle 4-3: Bedarfswerte Komplettbeispiel

[188] Vgl. Francois (2000), S. 34.

[189] Das genaue Vorgehen bei der Zufallsauswahl ist hier nicht relevant. Es wird in Kapitel 4.5.1.2 beschrieben.

Die Kapazitäten für die Ressourcen wurden so dimensioniert, dass ihre Auslastung im Durchschnitt 50% beträgt. Da in der Struktur des Beispiels keine Mehrfachverwendung von Vorprodukten auftritt, betragen alle Ressourcenkapazitäten jeweils 100 Produkteinheiten (2*50) pro Produkt, das die Ressource beansprucht (vgl. Abbildung 4-10: Ressourcen mir nur einem Produkt (R_{12}, R_{22}, R_{23}) jeweils 100, alle anderen 200).[190] Die Lager sind zu Beginn der ersten Periode leer.

In der traditionellen Planung optimiert Firma F3 auf Grundlage des ihr vorliegenden Endkundenbedarfs zuerst (siehe MLCLSP in Kapitel 4.3.4) und generiert so für jede Einheit j und Periode t die geplanten Produktions- bzw. Bestellmengen x_{jt} (Tabelle 4-4):

Periode t	1	2	3	4	5	6	7	8	9	10
x_{4t}	54	47	49	49	60	90	0	52	61	50
x_{3t}	54	47	49	49	60	90	0	52	61	50
x_{2t}	54	47	49	49	60	90	0	52	61	50
x_{1t}	54	47	49	49	60	90	0	52	61	50

Tabelle 4-4: Mengen bei traditioneller Planung, Firma F3

Die Werte für x_{1t} und x_{2t} stellen die Bestellmengen dar, die an die Firma F1 bzw. F2 übermittelt werden. Diese Firmen planen daraufhin selbst und ermitteln die in den Tabellen 4-5 und 4-6 enthaltenen Planmengen:

Periode t	1	2	3	4	5	6	7	8	9	10
x_{4t}	59	100	0	100	0	90	0	63	100	0
x_{3t}	59	100	0	100	0	90	0	63	100	0
x_{2t}	59	100	0	100	0	153	0	0	100	0
x_{1t}	59	100	0	100	90	0	0	163	0	0

Tabelle 4-5: Mengen bei traditioneller Planung, Firma F2

Periode t	1	2	3	4	5	6	7	8	9	10
x_{3t}	59	100	0	100	0	90	0	63	100	0
x_{2t}	59	100	0	100	0	90	0	63	100	0
x_{1t}	59	100	0	100	0	90	0	63	100	0

Tabelle 4-6: Mengen bei traditioneller Planung, Firma F1

[190] Zusätzlich war eine kostenpflichtige Inanspruchnahme weiterer Kapazitätseinheiten (maximal 20 % der Standardkapazität) erlaubt. Da die Resultate dieses Beispiels jedoch an keiner Stelle von dieser Zusatzkapazität Gebrauch machen, wurde dieser Aspekt hier ausgelassen, um das Beispiel möglichst einfach zu halten.

Die durch diesen Gesamtplan verursachten Kosten liegen bei insgesamt 11528,3 GE und verteilen sich folgendermaßen:

	Fixkosten [GE]	Lagerhaltungskosten [GE]	Summe [GE]
F3:	9*(83+91+130+149)=4077	46*9,7=446,2	4523,2
F2:	5*(82+99)+6*(127+257)=3209	190*0,3−126*0,7+193*2,3=589,1	3798,1
F1:	6*(66+84+288)=2628	193*3,0=579,0	3207,0

Diese Kostenwerte stellen nun den Vergleichsmaßstab für eine Bewertung der anderen Alternativen und zugleich schon die erste Alternative (*OZ*=3) dar. Es müssen also noch zwei weitere Mengenpläne aufgestellt und deren Kosten ermittelt werden. Zunächst erfolgt dies für *OZ*=2. Die Firma F2 optimiert hier Fall zuerst und erhält folgende Planmengen (Tabelle 4-7):

Periode t	1	2	3	4	5	6	7	8	9	10
x_{4t}	88	24	100	100	100	100	0	0	0	0
x_{3t}	88	24	100	100	100	100	0	0	0	0
x_{2t}	112	0	200	0	200	0	0	0	0	0
x_{1t}	88	124	0	200	0	100	0	0	0	0

Tabelle 4-7: Mengen bei *OZ*=2, Firma F2

Auch in diesen Planmengen sind die Vorgaben für Lieferanten und Abnehmer (hier nur F3) bereits enthalten und zwar in den Mengen der finalen Einheit Nr. 4 (x_{4t}). Da die Firma F2 den für sie besten Plan ermitteln möchte, muss eine sofortige Lieferung an den Abnehmer Teil dieses Plans sein, weshalb hier die Produktionsmengen x_{4t} mit den Liefermengen identisch sind. Andernfalls könnte der Plan aus der Sicht von Firma F2 noch verbessert werden, wie bereits in Kapitel 4.3.4 erläutert. An gleicher Stelle wurde auch beschrieben, wie dieses (aus Sicht von Firma F2) optimale Ergebnis mit Hilfe der Nullsetzung der Lagerhaltungskosten der finalen Maschine(n) bestimmt werden kann. Dieser Aspekt soll hier in einem Exkurs erneut kurz aufgegriffen werden, indem die Lösung *ohne* diesen Hilfsgriff gezeigt wird. Optimiert nämlich die Firma F2 unter Einhaltung des Endkundenbedarfs (d. h. der externe Bedarf *E* im MLCLSP enthält die Bedarfswerte aus Tabelle 4-3) aber unter Berücksichtigung der *tatsächliche* Lagerhaltungskostensätze, so enthält die Optimallösung folgende Mengen:

Periode t	1	2	3	4	5	6	7	8	9	10
x_{4t}	54	96	0	62	100	0	100	0	100	0
x_{3t}	54	96	0	62	100	0	100	0	100	0
x_{2t}	54	96	0	162	0	0	100	0	100	0
x_{1t}	108	104	0	0	200	0	0	0	100	0

Tabelle 4-8: Exkurs: Mengen bei *OZ*=2, Firma F2, ohne Lagekostensatzmodifikation

Die Kosten dieser Lösung betragen gemäß der Lösungssoftware 3880,7 GE, das sind 734,9 GE mehr als die Kosten der Lösung aus Tabelle 4-7 (deren Berechnung erfolgt zum Abschluss von *OZ*=2, s. u.). Der Grund dafür ist, dass das MLCLSP die Lieferung an Firma F3 in Form des Endkundenbedarfs annimmt und deshalb die Lagerhaltungskosten nach der vierten Produktionseinheit (248*2,3=570,4) hinzurechnet. Aber selbst wenn man diese Kosten in Kenntnis der obigen Bedingung, dass Firma F2 ihre Endprodukte in der Optimallösung nicht lagert, wieder subtrahiert, bleiben mit 3310,3 GE immer noch Mehrkosten in Höhe von 164,5 GE. Dies liegt darin begründet, dass die Lösungssoftware nach der besten Lösung für das Problem mit kostenpflichtiger Lagerung der Endprodukte gesucht hat und deshalb die „falschen" Mengen berechnet. Nimmt man dagegen die in Kapitel 4.3.4 beschriebene Modifikation vor, dann sieht die Lösungssoftware zwar immer noch eine Lagerung der Endprodukte vor, berücksichtigt dafür aber keine Kosten. Dadurch bestimmt sie automatisch diejenigen Mengen, die ohne Lagerung der Endprodukte zu den geringsten Gesamtkosten führen.

Firma F3 geht nun von den ursprünglichen, in Tabelle 4-7 vorgegebenen, Liefermengen aus und plant auf dieser Grundlage ihre eigenen Produktions- bzw. Bestellmengen (Tabelle 4-9).

Periode t	1	2	3	4	5	6	7	8	9	10
x_{4t}	54	47	98	0	60	90	0	52	61	50
x_{3t}	54	47	98	0	60	90	0	52	61	50
x_{2t}	88	24	100	100	100	100	0	0	0	0
x_{1t}	54	47	98	0	60	90	0	52	61	50

Tabelle 4-9: Mengen bei *OZ*=2, Firma F3

Die Werte für x_{1t} sind wiederum die Bestellmengen, die an Firma F1 übermittelt werden. Die darauf basierenden Planmengen der Firma F1 zeigt Tabelle 4-10.

Periode t	1	2	3	4	5	6	7	8	9	10
x_{3t}	54	47	98	0	60	90	0	63	100	0
x_{2t}	54	47	98	0	60	90	0	63	100	0
x_{1t}	101	0	98	0	60	90	0	63	100	0

Tabelle 4-10: Mengen bei *OZ*=2, Firma F1

Die Gesamtkosten betragen bei *OZ*=2 stolze 13654,2 GE. Sie verteilen sich folgendermaßen:

	Fixkosten [GE]	Lagerhaltungskosten [GE]	Summe [GE]
F3:	8*(83+130+149)+6*91=3442	811*3,6+95*9,7=3841,1	7283,1
F2:	4*82+3*99+6*(127+257)=2929	200*0,3+224*0,7=186,8	3145,8
F1:	6*66+7*(84+288)=3000	47*0,9+61*3,0=225,3	3225,3

Wie man erkennen kann, werden durch die für Firma F2 optimalen Liefermengen bei Firma F3 sehr hohe Lagerhaltungskosten verursacht. Diese Alternative ist deshalb im Hinblick auf die Gesamtkosten schlechter zu bewerten als *OZ*=3 und wird demzufolge in der in Kapitel 4.6 erklärten Auswahlphase nicht gewählt.

In der dritten Alternative stellt die Firma F1 das Optimierungszentrum dar. Ihre optimalen Planmengen enthält Tabelle 4-11.

Periode t	1	2	3	4	5	6	7	8	9	10
x_{3t}	88	24	100	0	100	0	100	0	100	0
x_{2t}	112	0	100	0	100	0	100	0	100	0
x_{1t}	88	24	100	0	100	0	100	0	100	0

Tabelle 4-11: Mengen bei *OZ*=1, Firma F1

In x_{3t} sind wiederum die Liefervorgaben für Firma F3 enthalten, die daraufhin ihre Planmengen ermittelt (Tabelle 4-12).

Periode t	1	2	3	4	5	6	7	8	9	10
x_{4t}	54	49	100	0	100	0	98	0	61	50
x_{3t}	54	49	100	0	100	0	98	0	61	50
x_{2t}	54	49	100	0	100	0	98	0	61	50
x_{1t}	88	24	100	0	100	0	100	0	100	0

Tabelle 4-12: Mengen bei *OZ*=1, Firma F3

Hier stellen die x_{2t} die Bestellmengen für Firma F2 da, die daraufhin selbst ihre Planmengen bestimmt (Tabelle 4-13).

Periode t	1	2	3	4	5	6	7	8	9	10
x_{4t}	54	58	100	0	100	0	100	0	100	0
x_{3t}	54	58	100	0	100	0	100	0	100	0
x_{2t}	54	158	0	0	100	0	100	0	100	0
x_{1t}	112	0	200	0	0	0	100	0	100	0

Tabelle 4-13: Mengen bei *OZ*=1, Firma F2

Die Gesamtkosten betragen bei *OZ*=1 nur 11306,3 GE. Sie verteilen sich folgendermaßen:

	Fixkosten [GE]	Lagerhaltungskosten [GE]	Summe [GE]
F3:	6*83+7*(91+130+149)=3088	151*3,9+155*9,7=2092,4	5180,4
F2:	4*82+5*99+6*(127+257)=3127	258*0,3+100*0,7+117*2,3=416,5	3543,5
F1:	5*84+6*(66+288)=2544	24*1,6=38,4	2582,4

Somit liegen zum Abschluss der Planungsphase der MVOZ drei alternative Gesamtpläne vor, von denen der Plan mit *OZ*=1 die geringsten Gesamtkosten aufweist (Tabelle 4-14).

OZ	*OZ*=3	*OZ*=2	*OZ*=1
Kosten F1	3207,0	3225,3	2582,4
Kosten F2	3798,1	3145,8	3543,5
Kosten F3	4523,2	7283,1	5180,4
Summe	11528,3	13654,2	11306,3

Tabelle 4-14: Kostenvergleich Komplettbeispiel

Wie zu erwarten war, erhält jede Firma ihre geringsten Kosten (=Zeilenminimum) genau dann, wenn sie selbst Optimierungszentrum ist. Entscheidend ist jedoch die Spaltensumme: Durch eine Realisierung des Gesamtplans mit *OZ*=1 kann ein Gewinn von 222 GE (Unterschied von *OZ*=1 zu *OZ*=3) generiert werden. Das ist zu diesem Zeitpunkt jedoch für keine der Firmen ersichtlich, da sie untereinander nur Mengenpläne ausgetauscht haben, nicht aber die jeweiligen Kosten. Die Frage nach dem Weg zur Wahl von *OZ*=1 ist deshalb bislang noch unbeantwortet. Bevor jedoch in Kapitel 4.6 diese Auswahl unter den Plänen (Auswahlphase der MVOZ) und damit zusammenhängend auch die Aufteilung des Gewinns besprochen wird, soll zunächst in Kapitel 4.5 der im Durchschnitt erreichbare Gewinn durch Rechnersimulationen untersucht werden.

4.5 Simulationen

Das in jeder beteiligten Firma verwendete Optimierungsmodel MLCLSP wurde bereits im vorangegangenen Kapitel vorgestellt. Wie die Simulationen grundsätzlich durchgeführt werden, ist daher bereits bekannt. Notwendig sind nun noch eine Erläuterung zum Aufbau der Simulationen (Kapitel 4.5.1) sowie eine Analyse der Resultate (Kapitel 4.5.2).

4.5.1 Aufbau und Durchführung

4.5.1.1 Vorüberlegungen und Untersuchungsfragen

Ein wesentlicher Punkt bei der Planung von Simulationen ist die Auswahl der verwendeten Eingangsdaten, im vorliegenden Fall z. B. Netzwerkgröße, interne Firmenstrukturen und Kostenparameter. Aufgrund der großen Vielzahl der verschiedenen Eingangsdaten ist es nicht möglich, alle oder auch nur eine Mehrzahl der Kombinationen an Werten zu untersuchen[191]. Je nach Blickwinkel des Betrachters ist daher jede Auswahl angreifbar, da nicht alle Aspekte enthalten sein können. Andererseits wären nur wenige Simulationen notwendig, wenn man wüsste, welche Kombination der Daten die „richtigen" im Sinne der späteren Anwendung sind. Die Frage nach solchen besonders repräsentativen Werten lässt sich aber im Rahmen dieser Arbeit nicht beantworten. Selbst eine breit angelegte Studie, die sich ausschließlich diesem Thema widmete, würde an vielen Stellen aufgrund der Sensibilität der benötigten Firmendaten scheitern.[192]

In weitgehender Übereinstimmung mit dem grundsätzlichen Vorgehen anderer Autoren[193] wird daher folgender Weg eingeschlagen: Eine geringe Anzahl unterschiedlich großer Netzwerke wird konstruiert. Jedes dieser Netzwerke wird mit verschiedenen Kosten- und Kapazitätsparametern versehen, wodurch sich das statische Gerüst des simulierten Falls ergibt. Jedes dieser Gerüste wird dann wiederum mit verschiedenen Bedarfswerten versehen. Diese drei Datengruppen (im Folgenden: „Struktur", „Parameter" und „Bedarfe") werden relativ breit gestreut, um die Simulationsresultate später auf Abhängigkeiten von den Ausprägungen der Datengruppen untersuchen zu können. Diese potenziellen Abhängigkeiten sollten vorher als Frage formuliert werden, um die Daten entsprechend planen zu können. Die gesuchte Antwort auf diese Fragen besteht stets aus einem Kostensenkungspotenzial in Bezug auf eine Variable, bspw. dem Potenzial bei Firmen mit hohen Kostenparametern im Vergleich zu Firmen mit eher geringen Kosten.

Die zentrale Frage ist jedoch die nach der durchschnittlichen Ersparnis. Sie soll als Mittelwert über alle getesteten Netzwerke, Parameter und Bedarfe ermittelt werden und dadurch das mittlere Potenzial der MVOZ ausdrücken. Als weiterführende Fragen wurden die folgenden sechs ausgewählt:

Bereich Struktur:

1. Unterscheiden sich die Einsparpotenziale bei unterschiedlicher Strukturart (linear, konvergierend, allgemein)?
2. Hat eine kurze bzw. lange externe Struktur Auswirkungen auf das Resultat?

---

[191] Vgl. Derstroff (1995), S. 90.

[192] Vgl. Kapitel 3.2.

[193] Siehe beispielsweise Blackburn/Millen (1982), Derstroff (1995) und Dudek (2004).

Bereich Parameter:

3. Wie wirkt sich ein hohes bzw. niedriges Verhältnis der Fixkosten zu den Lagerhaltungskosten aus? (Bei der Losgrößenplanung ist schließlich nicht die absolute Höhe der Kostenparameter entscheidend, sondern ihr Verhältnis zueinander.)
4. Welche Einsparpotenziale ergeben sich bei hoher bzw. geringer Auslastung der Kapazitäten?

Bereich Bedarfe:

5. Sind hohe oder geringere durchschnittliche Bedarfe von Bedeutung für die MVOZ?
6. Wie wirken sich geringe bzw. starke Bedarfsschwankungen auf die MVOZ aus?

Um diese Fragen beantworten zu können, müssen die Testdaten entsprechend aufgebaut sein, was im Folgenden besprochen wird.

4.5.1.2 Verwendete Daten

Im Widerstreit der Bestrebungen, den Aufwand vertretbar zu halten und trotzdem Antworten auf die Untersuchungsfragen geben zu können, wurden als Kompromiss die folgenden Ausprägungen der Testdaten festgelegt. Ausführliche Erläuterungen zu diesen Daten und ihrer Auswahl werden direkt im Anschluss an den Überblick gebracht. (Die folgende Aufzählung dient nur dem Überblick und ist deshalb *nicht* selbsterklärend.)

Struktur:

Drei kleine und drei größere **Netzwerke** fanden Verwendung (Tabelle 4-15).

Eigenschaft	UN3LIN	UN3KON	UN3ALG	UN6LIN	UN6KON	UN6ALG
Firmenzahl	3	3	3	6	6	6
Strukturart	linear	konvergierend	allgemein	linear	konvergierend	allgemein
Externe Struktur (Materialflüsse zwischen den Firmen)		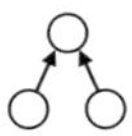	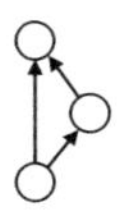	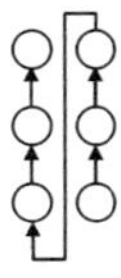	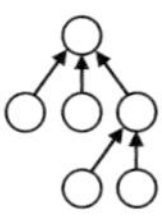	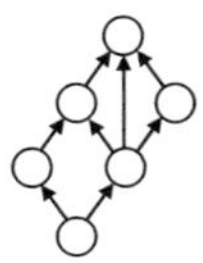
Gesamtzahl Produktionseinheiten	10	11	12	18	22	23
interne Struktur und Ressourcen	Anhang A.1	Anhang A.2	Anhang A.3	Anhang A.4	Anhang A.5	Anhang A.6

Tabelle 4-15: Netzwerke für die Simulationen

Kapazitätsbedarf je Produkteinheit $a_{rj} \in \{ 0 ; 1 \}$

Sekundärbedarfsfaktor $b_{ij} \in \{ 0 ; 1 \}$

Parameter:

marginale **Lagerhaltungskosten** $e \in [-0{,}2 ; 2{,}0]$ (Lagerhaltungskosten $KL > 0$)

Fixkosten *KF*	Beschaffungsfixkosten	Rüstkosten
Variante 1	$KF \in [50 ; 100]$	$KF \in [100 ; 300]$
Variante 2	$KF \in [100 ; 150]$	$KF \in [300 ; 700]$

Tabelle 4-16: Fixkostenbereiche für die Simulationen

Sowohl *e* als auch *KF* werden in jedem Simulationslauf aus den oben angegebenen Intervallen zufällig ausgewählt, wobei die Wahrscheinlichkeit über die Intervalle gleichverteilt ist.

Zusatzkapazität $ZM_{rt} = 0{,}2 \cdot K_{rt}$

Zusatzkapazitätskosten $KZ = 0{,}5 \cdot \frac{Max(e_j; 0{,}2) \cdot 52}{a_{rj} \cdot z}$ (z = Zinssatz p. a., hier $z = 0{,}1$; für die Herleitung siehe Erläuterungen weiter unten)

Kapazitätsauslastung in drei Varianten: 50%, 65%, 80% (vom Erwartungswert des jeweiligen Bedarfs)

Bedarfe:

Erwartungswerte *B* für die Bedarfe der Netzwerkendprodukte in drei Varianten: 50, 100 und 200.

Schwankung *S* der Bedarfe in zwei Varianten: +/- 25 % und +/- 50 %.

Die Wahrscheinlichkeit über die Intervalle (z. B. [50 ; 150] bei B = 100 und S = 50 %) ist wiederum gleichverteilt.

sonstige Daten:

Länge des **Planungszeitraums**: $T = 10$.

Erläuterungen zu den Strukturen:

Mit den sechs Netzwerken wird versucht, eine möglichst breite Variation an möglichen Strukturen abzubilden. Diese Bestrebung bleibt zwangsläufig ein Kompromiss, da nicht nur die Anzahl der denkbaren Strukturen unüberschaubar ist, sondern auch die Gesamtzahl der verwendeten Produktionseinheiten einen gewissen Bereich nicht überschreiten sollte. Letzteres liegt in der für die Durchführbarkeit der Simulationen notwendigen zeitlichen Beschränkung der einzelnen Optimierungsrechnungen begründet, wodurch sich bei größeren Problemen die Ergebnisse immer weiter vom tatsächlichen Optimum entfernen würden.[194] Zusammen mit der Anzahl der Simulationsdurchläufe (siehe Kapitel 4.5.1.3) ergibt sich aus den gewählten Strukturen der Gesamtaufwand, der sich bei diesen Simulationen trotz der nur mittelgroßen Netzwerke bereits im oberen Bereich der Zumutbarkeit befand. Für deutlich größere Netzwerke oder eine höhere Netzwerkzahl wäre deshalb entweder eine Absenkung der Gründlichkeit (Anzahl Durchläufe) oder die Verwendung exponentiell überlegener Rechentechnik (Stichwort „Supercomputer") notwendig gewesen. Trotz dieser Einschränkungen stellt die getroffene Auswahl an Netzwerken aber keineswegs eine Notlösung dar, sondern erlaubt durchaus die Abbildung sehr verschiedener Strukturen (siehe auch die Anhänge A.1 bis A.6 für eine Darstellung der firmeninternen Strukturen).

Die Produktionskoeffizienten a_{rj} (Kapazitätsbedarf je Produkteinheit) und b_{ij} (Sekundärbedarfsfaktor) betragen stets 0 oder 1. Diese einheitlichen Festlegungen reduzieren den Simulationsumfang und sind auch in anderen Simulationsstudien in der Literatur[195] zu finden. Außerdem lassen sich in linearen und konvergierenden Strukturen andere Sekundärbedarfsfaktoren durch entsprechende Vervielfachung der Lagerhaltungskosten abbilden[196]. In allgemeinen Strukturen ergeben sich außerdem unterschiedliche mittlere Produktionsmengen zwischen den Produktionsebenen allein schon durch die Mehrfachverwendung von Vorprodukten, wodurch ähnliche Effekte wie durch höhere Sekundärbedarfsfaktoren entstehen.

Erläuterungen zu den Parametern:

Lagerhaltungskosten: Die Lagerhaltungskosten werden nicht direkt, sondern über die marginalen Lagerhaltungskosten e (auch „Echelon-Lagerhaltungskosten") festgelegt. Jede Produktionseinheit erhält für e einen gleichverteilten Zufallswert zwischen -0,2 und 2,0 zugeteilt. Der

[194] Für eine Realisation in der Praxis ist diese rechenzeitbedingte Einschränkung der Problemgröße aus mehreren Gründen jedoch nicht bzw. kaum relevant: 1. Firmen(netzwerke) verfügen über leistungsstärkere Rechnersysteme als die hier verwendeten; 2. Für einzelne Optimierungen können weitaus längere maximale Rechenzeiten gewählt werden als in einer Simulation mit tausenden Einzelrechnungen; 3. Durch den technischen Fortschritt (Hardware und Algorithmen) wächst die zumutbare Problemgröße stetig, so dass die Realisierbarkeit oft eine Frage des „wann" ist und nicht des „ob".

[195] Z. B. in Blackburn/Millen (1982), Derstroff (1995) und Dudek (2004).

[196] Vgl. Blackburn/Millen (1982), S. 44.

Lagerhaltungskostensatz KL_j einer Produktionseinheit j ergibt sich dann aus der Addition von e_j mit den Lagerhaltungskostensätzen der einfließenden Vorprodukte:

$$KL_j = e_j + \sum_{i \in J} (b_{ij} \cdot KL_i)$$

Die Ausweitung des Wertebereichs der marginalen Lagerhaltungskosten e in den negativen Bereich wurde bewusst vorgenommen, um Effekte durch unterschiedliche Lagerung, die zu einem nicht-monotonen Lagerhaltungskostenanstieg über die Produktionsstufen führen, abzubilden. Solche Effekte können z. B. durch Synergien bei der gemeinsamen Lagerung mit anderen Produkten, variierende Empfindlichkeit der Lagergüter vor/nach der Weiterverarbeitung oder auch unterschiedlich effiziente Lagertechnologien in verschiedenen Produktionsstufen bzw. Firmen entstehen[197]. Die Lagerhaltungskosten sind dagegen stets positiv, was im Bedarfsfall durch wiederholte Zufallsauswahl sichergestellt wurde.

Fixkosten: Die Fixkosten werden analog den marginalen Lagerhaltungskosten zufällig aus den oben angegebenen Intervallen gewählt. Bei der Höhe der Beschaffungsfixkosten erfolgte eine lose Orientierung an Literaturangaben[198]. Bei den Rüstkosten wurde eine breite Streuweite verwendet, die einen Großteil der in der Praxis auftretenden Rüstkostenwerte abdecken soll.

Zusatzkapazitätskosten: Die Berechnung der Zusatzkapazitätskosten KZ_r einer Ressource r erfolgt mit Hilfe der marginalen Lagerhaltungskosten[199]. Bestünden die marginalen Lagerhaltungskosten e_j einer Produktionseinheit j, die zu dieser Ressource gehört, lediglich aus den Kapitalbindungskosten, so ließe sich e_j aus dem an dieser Maschine generierten Mehrwert m_j bestimmen:

$$e_j = m_j \cdot \frac{z}{52} \qquad \text{(}z\text{ ist der jährliche Zins, Periodenlänge in Wochen)}$$

Dieser Mehrwert m_j entspricht dem Aufwand, der zur Herstellung des (Zwischen-) Produkts an dieser Maschine nötig ist. Er kann daher als Produkt der gesuchten Unterhaltskosten je Kapazitätseinheit und der zur Herstellung notwendigen Anzahl an Kapazitätseinheiten a_{rj} ausgedrückt werden:

$$m_j = a_{rj} \cdot KZ_r$$

---

[197] Die in der Literatur (z. B. Dudek (2004), S. 171) z. T. vereinfachend vorgenommene Reduktion der Lagerhaltungskosten auf die Kapitalbindungskosten führt dagegen zu strikt positiven Echelon-Lagerhaltungskosten. Aufgrund der zahlreichen anderweitigen Bestandteile der Lagerhaltungskosten (vgl. z. B. Hartmann (2002), S. 396 ff. und Ehrmann (2005), S. 388 ff.) soll dieser Vorgehensweise hier jedoch nicht gefolgt werden.

Stellt man obige Formel für e_j nach m_j um und setzt sie in diese Gleichung ein, so ergibt sich:

$$KZ_r = \frac{e_j}{a_{rj}} \cdot \frac{52}{z}$$

Nun basiert diese Rechnung allerdings noch auf der Annahme, die Lagerhaltungskosten bestünden nur aus Kapitalbindungskosten, weshalb die obige Formel in einer Überschätzung von KZ_r resultieren würde. Welchen Anteil der Lagerhaltungskosten die Kapitalbindungskosten ausmachen, kann nicht generell gesagt werden, daher ist eine grobe Schätzung hier der einzig gangbare Weg: Da die Lagerhaltungskosten mit ca. 15 % bis 30 % des Lagerwertes angegeben werden können[200] und der zur Bestimmung der Kapitalbindungskosten verwendete Zinssatz (z. B. Marktzins, angestrebte Rentabilität des Unternehmens) *in etwa* die Hälfte dieses Wertes ausmacht (vgl. auch obigen 10 %-Wert), sollten die Zusatzkapazitätskosten auch nur die Hälfte der obigen Formel betragen. Sie wurden deshalb mit der folgenden, erweiterten Schätzformel bestimmt:

$$KZ_r = 0,5 \cdot \frac{e_j}{a_{rj}} \cdot \frac{52}{z}$$

Enthält die Ressource r mehrere Produktionseinheiten, dann entstünden verschiedene Werte für dieses KZ_r. In solchen Fällen wird der mit dem Erwartungswert der Bedarfe (B_j) an diesen Maschinen gewichtete Mittelwert als Kostensatz der Ressource verwendet:

$$KZ_r = \sum_{j \in J_r} \left(0,5 \cdot \frac{e_j}{a_{rj}} \cdot \frac{52}{z} \cdot B_j \right) \cdot \frac{1}{\sum_{j \in J_r} B_j} \qquad \forall r$$

Kapazitäten/Auslastung: Die Kapazitäten wurden nicht direkt, sondern in Relation zum jeweiligen mittleren Bedarf B_j festgelegt, so dass die Kapazitäten als Auslastung A ausgedrückt werden können:

$$K_{rt} = \frac{1}{A} \cdot \sum_{j \in J_r} \left(B_j \cdot a_{rj} \right) \qquad \forall r, t$$

Als Werte für A wurden drei Ausprägungen verwendet: 0,5, 0,65 und 0,8 – jeweils bezogen auf den Erwartungswert des Bedarfes. Diese Ausprägungen sollten jedoch nicht als *generelle* Firmenauslastung verstanden werden. Sie umfassen lediglich die Produkte des betrachteten

---

[198] Vgl. Oeldorf/Olfert (2004), S. 254 und Hartmann (2002), S. 395.

[199] Vorgehensweise hier größtenteils analog zu Dudek (2004), S. 171 f.

[200] Vgl. Oeldorf/Olfert (2004), S. 256 und Hartmann (2002), S. 400.

Netzwerks. Jede Firma kann aber noch weitere Geschäftsfelder haben, die dann für eine insgesamt höhere Auslastung der Kapazitäten sorgen. Gemäß Kapitel 4.3.4 rangieren diese Geschäftsfelder jedoch in der Bedeutung hinter den Produkten des betrachteten Netzwerks und passen sich daher jenen an, d. h. ihre Planung erfolgt unter Maßgabe der bereits vorgenommenen Netzwerkplanung. Die tatsächliche Gesamtauslastung kann daher höher liegen.

Die je Periode maximal nutzbare Zusatzkapazität ZM_{rt} wurde auf generell 20% der Standardkapazität K_{rt} festgelegt. Die Annahme einer gewissen Flexibilität bei der Dauer der Arbeitszeiten ist sicher realistisch. Ein zu hoher Wert würde jedoch den tarifrechtlichen Gegebenheiten in Deutschland nicht gerecht werden, weshalb dieser moderate Wert von 20% gewählt wurde.

Erläuterungen zu den Bedarfen:

Der externe Bedarf E_j wird für das bzw. die Endprodukte der finalen Stufe des Netzwerkes per Zufallsgenerator erzeugt (Mittelwerte 50, 100 und 200, Schwankungen +/- 25 % und +/- 50 %) und dann mit Hilfe der Bedarfsbeziehungen firmenintern sowie zwischen den Firmen in Bedarfe für alle anderen Produktionsstufen umgesetzt.

Der Wert von 50 % für die Bedarfschwankungen S stellt ein Maximum dar. Im Zusammenspiel mit den Werten für Auslastung A und Zusatzkapazität ZM werden sonst u. U. bereits in Periode 1 prohibitiv hohe Bedarfe generiert, was zu generell unlösbaren Planungsproblemen führt. Formal ausgedrückt ergibt sich die Forderung:

$$\frac{1}{A} \cdot (1+ZM) \geq 1+S$$

Setzt man beispielsweise die Auslastung auf 80 % (A=0,8) und die Zusatzkapazität auf 20 % (ZM=0,2), so können in jeder Periode höchstens 150 % ($(1/0{,}8) \cdot 1{,}2 = 1{,}5$) des Bedarfsmittelwerts produziert werden. Bei Schwankungen von über +/- 50 % (S>0,5) wäre deshalb eine Bedienung der sich maximal ergebenden Periodenbedarfswerte nicht möglich.

Erläuterungen zum Planungszeitraum:

Die Länge des Planungszeitraums T wurde hier wesentlich durch die Rechenzeiten beeinflusst. Für die kleineren Netzwerke wären zwar durchaus auch noch höhere Werte möglich gewesen, es wurde jedoch die einheitliche Lösung mit T=10 bevorzugt, um die Vergleichbarkeit zu erhöhen.

Bei sämtlichen obigen Festlegungen von Werten bzw. Wertebereichen sowie Strukturen wurden bewusst keine vorhersehbaren Tendenzen der sich aus ihnen ergebenden Lösung berücksichtigt. In manchen Quellen[201] lässt sich dagegen beobachten, dass die Testdaten teilweise schon im Hinblick auf die zu erwartenden Rechenergebnisse gewählt wurden, z. B. um einen großen Unterschied zwischen traditioneller Planung und dem Gesamtoptimum zu erreichen. Einerseits lassen sich durch solche Maßnahmen bestimmte, besonders interessante Datenkombinationen einfacher untersuchen, andererseits stellen sie jedoch bereits eine Art der Manipulation dar. Es besteht dann die Gefahr, dass ein neues Verfahren besser abschneidet als es bei einer absichtslosen Auswahl der Daten der Fall gewesen wäre. In der vorliegenden Untersuchung wurden daher nur solche Einschränkungen der Daten verwendet, die sich entweder mit einer notwendigen Reduzierung des Aufwands begründen lassen (z. B. die Anzahl der Durchläufe) oder aus allgemeiner betriebswirtschaftlicher Logik ableitbar sind (z. B. die Kopplung der Zusatzkapazitätskosten an die Echelon-Lagerhaltungskosten, s. o.).

Eine letzte Frage, die bezüglich der Daten entschieden werden muss, betrifft ihre globale Gültigkeit über alle Testgruppen. Es besteht sowohl die Möglichkeit, die per Zufall erzeugten Daten (z. B. die Bedarfsreihen) während des Simulationsablaufs für jede Testgruppe (z. B. ein Netzwerk) neu zu generieren („lokal") oder aber sie im Vorfeld einmalig zu erzeugen, abzuspeichern und dann für jede Testgruppe zu verwenden („global"). Für die erste Variante spricht, dass dann seltene Kombinationen mehrerer extremer Zufallswerte, die möglichst nicht in die finale Bewertung einfließen sollten, geringere Auswirkungen haben, da alle Werte ständig neu erzeugt werden. „Schlechte" Wertereihen wären dann u. U. nur für eine einzige Rechnung gültig. Käme dagegen in den globalen Zufallsreihen der zweiten Methode eine solche unvorteilhafte Wertekombination vor, hätte dies aufgrund ihrer wiederholten Verwendung viel gravierende Auswirkungen auf die Rechenergebnisse.[202]

Andererseits ist bei der globalen Methode mit ihren fixen Zufallswerten eine bessere Vergleichbarkeit zwischen den Testgruppen zu erwarten, da alle die gleichen Zufallswerte verwenden. Diese Entscheidung könnte man daher auch als Entscheidung zwischen einer besseren absoluten Ergebnistreue und einer besseren relativen Ergebnistreue auffassen. Für die Frage „Wie gut ist das Verfahren?" wären deshalb die lokalen Werte zu bevorzugen, für die Frage „Bei welchen Parameter- bzw. Strukturwerten schneidet es im Vergleich zu anderen Parameter- bzw. Strukturwerten besonders gut ab?" dagegen eher die globalen Werte. Wenn auch die letztere Art von Fragen in dieser Arbeit eine gewisse Rolle spielt, so kommt doch der grundsätzlichen Frage nach der im Durchschnitt zu erwartenden Einsparung die größere

[201] U. a. Dudek (2004), S. 172 und Zimmer (2001) S. 177 f.

[202] Eine Entdeckung dieser unvorteilhaften Wertekombinationen mit dem Ziel der anschließenden Streichung zwecks Erschaffung „sauberer" globaler Zufallswerte wird hier als nicht machbar angesehen. Grund dafür sind die vielfältigen unvorhersehbaren Wechselwirkungen zwischen den verschiedenen Daten (z. B. Bedarfen und Kostenwerten) sowie die Schwierigkeit der Entscheidung darüber, ab wann eine Datenreihe bzw. ein Ergebnis „zu extrem" ist.

Bedeutung zu. Alle per Zufallsgenerator erzeugten Werte wurden daher bei jedem Testlauf neu erzeugt, Kosten- und Bedarfswerte gelten also stets nur für eine Rechnung (lokal).

Wie können nun die Untersuchungsfragen aus Kapitel 4.5.1.1 mit Hilfe der eben präsentierten Daten beantwortet werden? Für die Fragen 1 und 2 werden die Netzwerke mit verschiedener Strukturart (drei Gruppen zu je zwei Netzwerken) bzw. mit verschiedener Firmenzahl (zwei Gruppen zu je drei Netzwerken) miteinander verglichen. Für Frage 3 teilt sich die Gesamtheit der Simulationsläufe in zwei Gruppen: hohe Fixkosten und niedrige Fixkosten. Da die Lagerhaltungskostengenerierung immer gleich ist, ergeben sich so zwei Gruppen mit unterschiedlichen Verhältnissen der Kostenparameter. Analog kann man die Simulationsläufe zur Beantwortung der Fragen 4, 5 und 6 in drei bzw. zwei Gruppen einteilen und jeweils deren mittlere Ergebnisse miteinander vergleichen.

4.5.1.3 Simulationsumfang und technische Hilfsmittel

Aus den obigen Daten ergibt sich zunächst folgender Simulationsumfang:

6 Netzwerke
2 Fixkostenbereiche
3 Auslastungen
3 Bedarfsmittelwerte
2 Schwankungsbreiten
----
216 Kombinationen

Um die Gültigkeit der Ergebnisse zu erhöhen, wurde außerdem von jeder Kombination nicht nur ein einziges Exemplar gerechnet, sondern neun: Je drei Exemplare der beiden zufällig bestimmten Größen Fixkosten und Bedarfswerte. Die insgesamt gerechnete Problemzahl stieg damit auf 1944:

6 Netzwerke
mit je 6 Kostenparameterbelegungen (2 Fixkosten-Varianten, je 3 Exemplare)
mit je 3 Auslastungen
mit je 18 Bedarfsreihen (3 Mittelwerte, je 2 Schwankungen, je 3 Exemplare)

1.944 Probleme (= Simulationsdurchläufe)

Um abzuschätzen, ob dieser Umfang der Simulation für die Ableitung der späteren Aussagen ausreicht, kann man versuchen, die für einen bestimmten maximalen Schätzfehler notwendige Anzahl von Wiederholungen mit Methoden der Statistik zu bestimmen. Dafür muss jedoch bereits die Varianz der Ergebnisse bekannt sein, weshalb dies hier im Vorfeld der Simulation nicht möglich ist.[203] Stattdessen bieten sich vielmehr Vergleiche mit anderen Simulationsstudien des gleichen Theoriegebiets an, um eine zu diesen Arbeiten relative Aussagekraft abzusichern. Von allen Arbeiten, die in Kapitel 3.3 vorgestellt wurden, enthalten lediglich die Werke von Zimmer (2001) und Dudek (2004) vergleichbare Simulationen. Zimmer verwendete 1.000[204], Dudek 1.260[205] Durchläufe. Beide Werte deuten darauf hin, dass die hier verwendeten 1.944 Fälle mehr als ausreichend sind.

Die Zahl der Einzelrechnungen ist noch weit höher als die Zahl der Simulationsdurchläufe: Je Durchlauf sind $n^2 + 1$ Optimierungsrechnungen nötig, d. h. insgesamt waren 45.684 einzelne MLCLSP-Aufgaben zu lösen.

Für die Simulation wurde ein einzelner handelsüblicher Arbeitsplatz-Rechner verwendet. Der für die MLCLSP-Optimierungen genutzte Solver war Teil der LINGO-Software (Version 10). Alle anderen Schritte der MVOZ sowie die Ansteuerung des Solvers (Versorgung mit Daten und Weiterverwendung der Ergebnisse) wurden als selbsterstelltes Java-Programm realisiert. Dieses Java-Programm hätte, wenn man es in den schriftlichen Teil der Arbeit integrieren würde, einen Umfang von etwa 80 Seiten, weshalb in diesem Rahmen darauf verzichtet wurde.

Die Rechenzeiten je Simulationsdurchlauf schwankten zwischen einigen Sekunden und einer Stunde und bestanden fast ausschließlich (> 99 %) aus den Rechenzeiten des Solvers. Insgesamt ergab sich ein beträchtlicher Rechenaufwand, der in drei Monaten realisiert wurde.

4.5.1.4 Vergleichsmaßstäbe

Zur Bewertung der in den Simulationen ermittelten Kosten der MVOZ sind Vergleichsmaßstäbe notwendig, oft auch als „Benchmarks" bezeichnet. Drei Arten von Maßstäben sind im Allgemeinen dafür denkbar:

1. Das theoretisch bestmögliche Ergebnis
2. Die durch aktuell verwendete („traditionelle") Methoden erzielten Ergebnisse (auch: Status quo, Zustand „vorher")

---

[203] Vgl. Glassermann (2004), S. 2 f. und Rade (1993), S. 61 ff. Im Nachhinein ergibt sich nach dem ebenda beschriebenen Prinzip bei 1.944 Durchläufen mit einer Sicherheit von 98 % ein Fehler von höchstens +/- 0,2 Prozentpunkten (σ^2 = 0,14 %). Diese Aussage gilt aber nur, wenn die Simulationsläufe trotz der unterschiedlichen Netzwerke als Durchläufe *eines* Zufallsexperiments gewertet werden. Dies und der zwangsläufig unbekannte zusätzliche Fehler durch die Simulationsdaten sprechen gegen eine Verwendung dieses Prinzips.

[204] Vgl. Zimmer (2001), S. 194.

[205] Diese Zahl ergibt sich aus den 756 Durchläufen für die 1:1-Struktur (vgl. Dudek (2004), S. 172) und den 504 Durchläufen für die 1:*m*-Struktur (vgl. Dudek (2004), S. 196).

3. Resultate alternativer Methoden anderer Autoren, die in der gleichen Situation einsetzbar sind, um die traditionellen Methoden zu ersetzen

Zu 1.: Das bestmögliche Ergebnis entspricht im vorliegenden Fall dem Gesamtoptimum, dass man erhält, wenn die Planung aller Produktionsstufen in allen beteiligten Unternehmen in einem einzigen Optimierungsvorgang erfolgen würde. Rechnerisch ergibt sich dann ein großes MLCLSP-Modell statt mehrerer kleiner MLCLSP-Modelle. Für die Auswertung in Kapitel 4.5.2 soll dieses Ergebnis zwar herangezogen werden, es ist aber aus verschiedenen Gründen von eher untergeordneter Relevanz:

- Das Gesamtoptimum hat lediglich theoretischen Charakter, es kann in dezentralen Situationen nur durch Zufall erreicht werden und ist daher auch kein realistischer („fairer") Vergleich.
- In realen Lieferketten ist und bleibt es unbekannt und stellt daher auch keinen für den Anwendungsfall praktikablen Maßstab dar (wenn auch das Wissen, dass eine neu eingeführte Methode oft nahe am Gesamtoptimum liegt, vorteilhaft für Ihre Einführung ist).
- Der Unterschied zum Gesamtoptimum stellt in deterministischen Fällen denjenigen Teil des Gesamtpotenzials dar, der durch die untersuchte Methode eben *nicht* ausgeschöpft wurde. Daher drückt es nicht aus, was die Methode erreicht hat, sondern was sie eben *nicht* erreicht hat. Der hier erzielte Unterschied zum Gesamtoptimum ist daher für die spätere Suche nach weiteren, noch vorteilhafteren Methoden durch andere Autoren ein wichtigerer Indikator als für die Leistung der hier untersuchten Methode.
- Trotz aller Fortschritte der Rechentechnik ist die Berechnung des Gesamtoptimums bei größeren Problemen immer noch sehr zeitaufwändig. Um die Dauer der Simulation im zumutbaren Bereich zu halten, wurden sehr lange Rechnungen deshalb nach 30 Minuten abgebrochen und das beste bis dahin gefundene Ergebnis als „Gesamtoptimum" verwendet (wird im Verlaufe der MVOZ ein noch niedrigerer Wert erreicht, gilt dieser als Gesamtoptimum). Da das wahre Gesamtoptimum demzufolge nicht immer vorliegt, sind Vergleiche mit ihm nicht in vollem Umfang möglich bzw. verlieren an Aussagekraft.

Zu 2.: Unter der bisher verwendeten Methode (Status quo) wird hier, wie schon mehrfach erwähnt, diejenige Planung verstanden, bei der die finale Stufe des Unternehmensnetzwerks ihr individuelles Optimum umsetzt und die sich daraus ergebenden Bestellmengen an die vorgelagerten Firmen des Netzwerks weiterreicht. Dies ist nichts anderes als die intuitiv eingängige Vorgehensweise, bei der die Bestellungen ausgehend von den Firmen, die direkten Kontakt zum Endkunden haben, sukzessiv durch das Netzwerk gereicht werden. Diese Methode wurde in dieser Arbeit schon mehrfach als „traditionelle Planung" bezeichnet. (Im Falle einer einzigen finalen Firma ist diese „traditionelle Planung" identisch mit dem Gesamtplan der MVOZ bei $OZ=n$.) Dieser Vergleichsmaßstab ist von großer Bedeutung, da er identisch mit der Frage „Wie stark senke ich die Kosten dadurch?" ist, die sich jeder Entscheider bei der Suche nach Effizienzsteigerungen stellt.

Zu 3.: Der Vergleich mit alternativen Methoden, die ebenfalls zur Verbesserung des Status quo gedacht sind, ist ein weiterer wichtiger Bestandteil jeder Bewertung einer neuen Methode. Im vorliegenden Fall gestaltet sich ein solcher Vergleich allerdings schwierig, da es kaum derartige Methoden für die hier vorliegende Situation gibt. Sämtliche Methoden, die bei dem Überblick zur unternehmensübergreifenden Produktionsplanung[206] vorgestellt wurden, gehen von anderen Voraussetzungen aus.[207] So verhindern z. B. die Betrachtung statischer Bedarfe in stetiger Zeit[208] oder die Mischung von Maschinenbelegungs- und Losgrößenplanung (wie bei Zimmer (2001)) einen sinnvollen Vergleich mit bestimmten Verfahren anderer Autoren. Die einzige Arbeit, die hier für einen *quantitativen* Vergleich in Erwägung zu ziehen ist, ist die Arbeit von Dudek (2004). Jedoch ergeben sich auch bei ihr Probleme, da diese Arbeit nur für Netzwerke mit zwei Stufen uneingeschränkt als Benchmark dienen kann, was eine zu starke Eingrenzung für die vorliegende Arbeit wäre.

Auch für über zwei Stufen hinausgehende Netzwerkgrößen zeigt Dudek zwar kurz denkbare Anwendungen seiner Zwei-Stufen-Methode auf[209], untersucht diese Anwendungen jedoch nicht in seinen späteren Simulationen, weshalb dafür keine Resultate vorliegen. Für einen Vergleich müsste daher nicht nur die komplexe Methodik von Dudek erneut implementiert, sondern diese auch noch über das von Dudek selbst für seine Arbeit als sinnvoll erachtete Maß hinaus erweitert werden. Der Aufwand wäre deshalb erheblich.[210] Der Aufwand allein kann aber noch kein Grund für eine Ablehnung einer Maßnahme sein, da immer anhand des Aufwands *und* des Nutzens entschieden werden sollte. Der erwartete Nutzen wird nun dadurch eingeschränkt, dass Dudeks Methode – im Gegensatz zur MVOZ – nicht ausdrücklich für den Einsatz in beliebig großen Strukturen gedacht ist. Somit wäre ein Vergleich innerhalb solcher Strukturen etwas unfair. Umgekehrt ist die Reduzierung des Vergleichs auf Netzwerke mit zwei Stufen unfair gegenüber der MVOZ, da diese ausdrücklich für größere Netzwerke konzipiert wurde. Weiterhin wäre ein zahlenmäßiger Vergleich beider Methoden ohnehin nur bedingt sinnvoll, da auch zur Dudek-Methode konzeptionelle Unterschiede bestehen, so z. B. bei der Weitergabe von Informationen und der Opportunismusanfälligkeit, was jeden rein quantitativen Vergleich relativierbar machen würde. In Summe fiel deshalb die Entscheidung gegen eine Implementierung des Verfahrens nach Dudek als dritten Vergleichswert.

[206] Vgl. Kapitel 3.3.

[207] Dies ist nicht sonderlich verwunderlich, da die Schwächen bzw. Lücken einer Methode häufig in den getroffenen Annahmen und deshalb im Anwendungsbereich liegen. Für später entwickelte Methoden, die auf die Vermeidung dieser Schwächen abzielen und dadurch andere Anwendungsbereiche erschließen, sind die älteren Methoden daher oft nicht bzw. nur eingeschränkt als quantitative Maßstäbe verwendbar.

[208] Vgl. Kapitel 3.3.2.

[209] Vgl. Dudek (2004), S. 111-114.

[210] Dies bedeutet hier nicht nur die Berechnung einer weiteren von mehreren Größen, sondern mindestens eine Verdopplung des gesamten Programmieraufwands. Ein solcher Vergleich sollte daher eher Gegenstand einer gesonderten Studie sein.

Abschließend kann somit festgehalten werden, dass die Kosten der traditionellen Planung als zentraler Vergleichsmaßstab herangezogen werden. Ergänzend dient das Gesamtoptimum als ein zweiter Maßstab.

4.5.1.5 Erwartungen im Vorfeld der Simulationen

Welche Ansprüche sind nun an die Simulationsergebnisse zu stellen? Allgemein erwartet man (bei ansonsten vergleichbaren Eigenschaften) von der Ergebnisgüte neuer Verfahren, dass sich folgende Kostenrelation der vier Vergleichsgruppen aus dem vorangegangenen Abschnitt ergibt: Kosten(Gesamtoptimum) ≤ Kosten(neue Methode) ≤ Kosten(bisherige alternative Methoden) ≤ Kosten(traditionelle Methoden). Andernfalls wäre das (quantitative) Ziel der Verfahrensentwicklung verfehlt. Hier liegen, wie begründet wurde, keine quantitativ vergleichbaren Alternativmethoden zur MVOZ vor, weshalb sich die obige Rangfolge hier reduziert: Kosten(Gesamtoptimum) ≤ Kosten(MVOZ) ≤ Kosten(traditionelle Planung).

Da die Durchführung der MVOZ selbst auch Kosten verursacht (siehe Kapitel 4.7), müssen die Ergebnisse der MVOZ nicht nur genauso gut, sondern echt besser als die der traditionellen Planung sein. Aufgrund der Wahl des jeweils besten Optimierungszentrums[211] ist zu erwarten, dass dies auch der Fall sein wird – interessant ist aber das Ausmaß des Unterschieds.

Auf der anderen Seite müssen die Erwartungen aber auch gedämpft werden. Zu den großen Vorteilen der MVOZ gehört der extrem reduzierte Informationsbedarf. Aufgrund der nicht ausgetauschten kritischen Informationen fehlen der Planung viele wichtige Daten, so dass nicht zu erwarten ist, dass die erzielten Resultate nahe am Gesamtoptimum liegen werden. Ähnliches lässt sich vom Aufbau der MVOZ sagen: Die Tatsache, dass lediglich mehrere verschiedene Suboptima miteinander verglichen werden, gestattet zwar einen einfachen, kostengünstigen und leicht eingängigen Ablauf dieser Methode, beschränkt aber vermutlich ihr Potenzial nach oben hin. Ob diese Erwartungen eintreffen, zeigt das nächste Kapitel.

4.5.2 Simulationsergebnisse

In diesem Kapitel soll zunächst die Gesamtersparnis analysiert werden, woran sich die Abhandlung der einzelnen Untersuchungsfragen aus dem vorangegangenen Abschnitt anschließt. Trägt man nun die Ergebnisse aller Varianten der Daten zusammen, ergibt sich folgendes Bild (Tabelle 4-17, Erklärungen im Anschluss):

[211] Vgl. Kapitel 4.3.3.

Netzwerk	UN3LIN	UN3KON	UN3ALG	UN6LIN	UN6KON	UN6ALG	Gesamt
Potenzial vorhanden?	202 von 324 (62 %) (RZB: 4)	215 von 324 (66 %) (RZB: 13)	226 von 324 (70 %) (RZB: 71)	262 von 324 (81 %) (RZB: 31)	248 von 324 (77 %) (RZB: 254)	149 von 324 (46 %) (RZB: 86)	1302 von 1944 (67 %) (RZB: 459)
Mittleres Potenzial	3,86 % (202) -	3,67 % (213) ∞ (2)	3,41 % (226) -	7,03 % (262) -	3,82 % (248) ∞ (9)	1,23 % (148) ∞ (1)	3,84 % (1290) ∞ (12)
Gesamt-potenzial	2,40 %	2,43 % + X	2,38 %	5,69 %	2,90 % + X	0,56 % + X	2,73 %
Verbesserung erreicht?	134 von 202 (66 %)	85 von 215 (40 %)	53 von 226 (23 %)	210 von 262 (80 %)	170 von 248 (69 %)	52 von 149 (35 %)	704 von 1302 (54 %)
Mittlere Verbesserung	4,14 % (134)	3,86 % (83)	4,23 % (53)	7,05 % (210)	4,44 % (161)	1,58 % (51)	4,22 / 2,62 % (1290)
Gesamtvorteil	1,71 %	1,00 % + 0,006*RV	0,69 %	4,57 %	2,27 % + 0,028*RV	0,25 % + 0,003*RV	1,75 % + 0,006*RV
Potenzial-ausschöpfung	71,3 %	41,0 % + X	29,1 %	80,4 %	78,2 % + X	44,1 % + X	64,1 % + X

Tabelle 4-17: Simulationsergebnisse (gesamt)

Zu den einzelnen Zeilen:

- Zeile 2: Potenzial für eine Verbesserung ist genau dann vorhanden, wenn die traditionelle Lösung (hier stets identisch mit *OZ=n*) nicht bereits das Gesamtoptimum getroffen hat. Hier wird angegeben, in wie vielen der 324 Simulationsläufe pro Netzwerk dies zutrifft. Außerdem wird die Anzahl von Fällen angegeben, in denen aufgrund der Rechenzeitbegrenzung (RZB) von 30 Minuten kein garantiertes Gesamtoptimum gefunden und deshalb der beste Wert als Gesamtoptimum verwendet wurde.

- Zeile 3: Falls vorhanden und bestimmbar, wird hier der Mittelwert der Höhe des Potenzials angegeben (Fallanzahl in Klammern). Sie errechnet sich aus der Differenz der Kostensumme von *OZ=n* und dem Gesamtoptimum, bezogen auf die Kosten von *OZ=n*. Ergibt die traditionelle Planung keinen zulässigen Plan und ist das Potenzial deshalb „unendlich“[212] groß (Auftreten von Fehlkapazitäten, d. h. ein n_{rt}>0, vgl. Kap. 4.3.3), so wird dies extra angegeben.

- Zeile 4: Das Gesamtpotenzial gibt den Abstand der traditionellen Planung (*OZ=n*) vom Gesamtoptimum über *alle* realisierbaren Pläne an (z. B. UN3LIN: 2,40 % := 3,86 % * 202/324). Ist mindestens ein Plan von *OZ=n* nicht realisierbar, wird dies durch den abstrakten Aufschlag „+ X“ angezeigt.

[212] Natürlich ist das Potenzial in solchen Fällen nicht wirklich unendlich groß, sondern lässt sich in einer endlichen Größe fassen (siehe Kommentar zur Zeile 7). Die „Unendlichkeit“ des Potenzials in solchen Fällen bezieht sich hier lediglich auf das mathematische Ergebnis der MLCLSP-Optimierung, das bei Unzulässigkeit eines Plans ein extrem hohes Ergebnis als Ersatz für ∞ ausgibt.

- Zeile 5: Eine Verbesserung wird hier „erreicht“[213], wenn mindestens ein *OZ<n* ein besseres Gesamtergebnis über alle Firmen erzielt als *OZ=n*. Die Fallzahl wird hier in Bezug gesetzt zu der Fallzahl mit Potenzial dafür.

- Zeile 6: Die mittlere Verbesserung gibt für die Fälle mit (endlicher) Verbesserung den durchschnittlichen Kostenvorteil der besten Lösung (*OZ<n*) gegenüber *OZ=n* an. Der erste Gesamtwert (4,22 %) stellt dabei den ungewichteten, der zweite (2,62 %) den mit den jeweiligen Fallzahlen gewichteten Mittelwert aller sechs Netzwerke dar.

- Zeile 7: Der Gesamtvorteil ergibt sich aus dem gewichteten Mittelwert der Fälle mit Verbesserung (z. B. bei UN3LIN 4,14 % in 134 Fällen) und der Fälle ohne Verbesserung (UN3LIN: 0 % in 190 Fällen). Konnten in einigen Fällen durch die MVOZ *im Gegensatz* zur traditionellen Planung zulässige Pläne erstellt werden, so wird dies extra angegeben und anteilig mit dem Kostensatz RV (für „Realisierbarkeitsvorteil“) multipliziert. RV soll den Aufwand bzw. Schaden ausdrücken, der durch die (anfängliche) Verwendung eines unzulässigen Plans und dessen späterer Korrektur entsteht. Dies beinhaltet neben dem zusätzlichen organisatorischen Aufwand insbesondere die Folgen verspäteter oder nicht erfolgter Lieferungen (Fehlmengenkosten) sowie etwaige, als Reaktion auf derartige Vorkommnisse erfolgte Aufwände (z. B. Investitionen in Kapazitätserweiterungen), die ansonsten nicht erfolgt wären.

  Die Werte der Zeile 7 stellen somit den Erwartungswert der Kostensenkung eines Einsatzes des MVOZ-Verfahrens dar (vorbehaltlich etwaiger Mängel in den Simulationsdaten bzgl. der statistischen Repräsentativität). Diese Kostensenkung durch die MVOZ wäre nun den Kosten ihrer Durchführung gegenüberzustellen, welche jedoch sehr von der konkreten Realisierung im Einzelfall abhängig und hier deshalb nicht quantifizierbar sind. Ausführlichere Erklärungen zu diesen Durchführungskosten folgen in Kapitel 4.7.

- Zeile 8: Die Potenzialausschöpfung wird durch Division des erreichten Gesamtvorteils (Zeile 7) durch das jeweilige Gesamtpotenzial (Zeile 4) bestimmt. Kommen Realisierbarkeitsvorteile („RV“, siehe Zeile 7) hinzu, wird dies wiederum durch den abstrakten Aufschlag „+ X“ angezeigt.

Die zentrale Frage, welche durchschnittliche Ersparnis die MVOZ bewirken kann, kann daher mit 1,75 % beantwortet werden. Dieser auf den ersten Blick geringe Prozentsatz bezieht sich auf die Summe der Lagerhaltungs-, Rüst-, Bestellfix- und Überstundenkosten und kann daher bedeutende Kostensenkungen beinhalten. Weiterhin sind die Einsparungen, die sich durch die Eliminierung der zwölf unzulässigen Pläne ergeben, nicht zu vernachlässigen. In den obigen Tests gab es demzufolge keinen einzigen Fall, in der die MVOZ keinen zulässigen Plan erzeugt hätte – im Gegensatz zur traditionellen Planung. Insbesondere in einer zeitkritischen

[213] Die tatsächlich erreichte Verbesserung ergibt sich natürlich erst in Kombination mit der Verhandlung (siehe Kapitel 4.5). Die hier gemessenen Werte stellen daher Obergrenzen dar.

Branche kann dieser Vorteil im Einzelfall noch entscheidender sein als der obige direkte Vorteil von 1,75 %.

Weiterhin ist der Wert von 1,75 % in Relation zum in den Simulationsdaten vorhandenen Potenzial (Abstand zum Gesamtoptimum) von nur 2,73 % zu sehen. Die Potenzialausschöpfung ist mit ca. zwei Drittel (vgl. Tabelle 4-17) deshalb trotzdem respektabel. Besonders unter Berücksichtigung der bewusst einfach gehaltenen Vorgehensweise der MVOZ mit nur einem Durchlauf[214] und der im Vorfeld der Simulationen mit gutem Grund gedämpften Erwartungen[215] kann sich dieses Ergebnis deshalb durchaus sehen lassen.

Ein weiterer Nutzen der Messung der Potenzialausschöpfung ist ihre Aussage im Hinblick auf den Gesamtvorteil anderer Netzwerke als den hier getesteten. Die bei den obigen Testdaten mit im Mittel 2,73 % eher als gering erscheinenden Abstände[216] zum Gesamtoptimum (was an den in Kapitel 4.5.1 bewusst vermiedenen Anstrengungen zur Beeinflussung des Simulationsergebnisses liegen mag) mögen bei anderen Datenkombinationen durchaus größer ausfallen. Die Angabe der Potenzialausschöpfung in Tabelle 4-17 soll deshalb als Möglichkeit dienen, den in solchen Fällen zu erwartenden (vermutlich ebenfalls höheren) Gesamtvorteil durch die MVOZ einschätzen zu können.

Doch welche Aussage hat der ermittelte Vorteil für das einzelne Unternehmen im Netzwerk? Jeder prozentuale Vorteil in Tabelle 4-17 bezieht sich zwar auf die Gesamtkostensumme aller Unternehmen des Netzwerks, muss aber noch unter den Unternehmen aufgeteilt werden (siehe dazu Kapitel 4.6). Aus der Sicht eines einzelnen Unternehmens ist der obige Vorteil daher auch als Richtwert für die eigene potenzielle prozentuale Kostensenkung verwendbar.

Ergänzend muss allerdings gesagt werden, dass dieser Gesamtvorteilswert eben nur als Richt- bzw. Erwartungswert angesehen werden sollte. Als *Prognosewert* für ein Einzelresultat wäre er dagegen zu unsicher, weil die Streuung recht groß ist. Dies wird deutlich, wenn man sich die Verteilung der insgesamt 1944 Ergebnisse in Abbildung 4-11 ansieht (RV = Realisierbarkeitsvorteil, s. o.):

---

[214] Vgl. hier das iterative Vorgehen bei Dudek (2004) mit mehreren Durchläufen.

[215] Vgl. Kapitel 4.3.3 und 4.5.1.5.

[216] Vgl. hier die Ergebnisse anderer Autoren – so kamen z. B. Simpson/Erengüc (2001) auf 14,1 %.

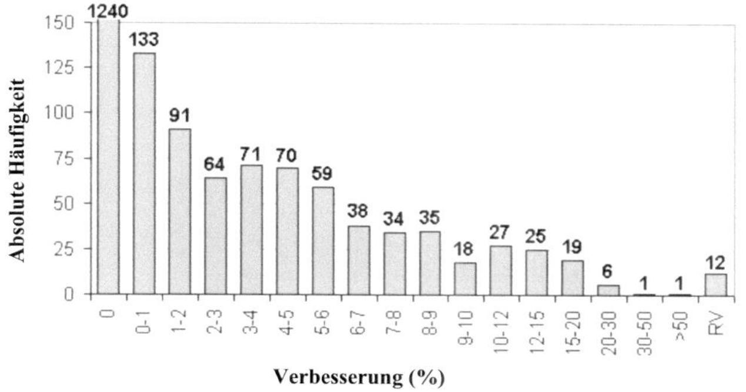

Abbildung 4-11: Streuung der Simulationsergebnisse

Noch deutlicher wird diese Tatsache aber durch das Hinzuziehen einer Rechenreihe, die zu Testzwecken im Vorfeld dieser Simulationen erfolgte und nicht in die obige Rechnung einfloss. Bei diesen Tests wurden die Kostenparameter eines Netzwerks über zehn verschiedene Bedarfsreihen mit gleichem Mittelwert und gleicher Schwankung konstant gehalten. Dadurch konnte das Verhalten ein und desselben Netzwerkes im Zeitablauf beobachtet werden. (Dies führte zwar zu einer besseren Beurteilung einzelner Netzwerk-Parameter-Kombinationen, aber zu einer insgesamt geringeren Repräsentativität aufgrund der geringeren Anzahl getesteter Kombinationen. Die eigentliche Simulation erfolgte deshalb nicht in dieser Weise.) Dabei ergab sich die interessante Beobachtung, dass bestimmte (seltene) Netzwerk-Parameter-Kombinationen *immer* von der MVOZ profitierten (in zehn von zehn Fällen), wogegen das gleiche Netzwerk mit einer anderen Parameterbelegung in *keinem* der zehn Fälle eine Verbesserung aufwies. Das zeigt, dass sogar innerhalb der gleichen Struktur die Schwankungen sehr groß und stark abhängig von den Kostenparametern sind. Der obige Mittelwert ist deshalb kaum als Prognosewert für Einzelprobleme geeignet – der tatsächliche Vorteil für ein konkretes Netzwerkes kann geringer, aber auch wesentlich größer als 1,75 % ausfallen.

Die zentrale Frage nach der im Mittel zu erwartenden (potenziellen) Kostensenkung ist damit beantwortet. Im Folgenden sollen die weiteren Untersuchungsfragen aus Kapitel 4.5.1 beantwortet werden, soweit es im Rahmen dieser Analyse möglich ist.

Bereich Struktur:

1. Unterscheiden sich die Einsparpotenziale bei unterschiedlicher Strukturart (linear, konvergierend, allgemein)?

   Sowohl beim Gesamtvorteil als auch bei der Potenzialausschöpfung zeichnet sich hier ein relativ deutliches Bild in Tabelle 4-17 ab: Die MVOZ erbrachte bei den beiden einfachen Strukturen bessere Resultate als bei der allgemeinen Struktur. Sie ist deshalb vorrangig für einfache Netzwerke zu empfehlen. (Aufgrund der aus Aufwandsgründen begrenzten Maschinenzahl der Simulationen resultieren die konvergierende und die allgemeine Struktur jedoch auch in einer geringeren Stufigkeit (Tiefe), d. h. in einer geringeren maximalen Anzahl hintereinanderfolgender Maschinen. Inwieweit diese Eigenschaft den Struktureffekt überlagert, lässt sich aus den hier verwendeten Daten nicht ablesen.)

2. Hat eine kurze bzw. lange externe Struktur Auswirkungen auf das Resultat?

   Mit Ausnahme des Gesamtvorteils beim Netzwerk UN6ALG ist auch hier das Bild recht klar: Die Netzwerke mit höherer Anzahl von Firmen profitierten stärker von der MVOZ als kleine Netzwerke. Diese Eigenschaft harmoniert ausgezeichnet mit dem einfachen Aufbau bzw. Ablauf der MVOZ, da diese Einfachheit um so wichtiger ist, je mehr Beteiligte an einem Konzept zusammenarbeiten. Wären dagegen die Resultate der kleinen Netzwerke überlegen, so könnte man dies u. U. als Schwachpunkt des Konzepts interpretieren, da sich gerade bei den kleinen Netzwerken komplexere Methoden anbieten, die dann eine noch höhere Potenzialausschöpfung erreichen (z. B. die verhandlungsbasierte Planung für zwei Unternehmen nach Dudek).

Bereich Parameter:

3. Wie wirkt sich ein hohes bzw. niedriges Verhältnis der Fixkosten (*KF*) zu den Lagerhaltungskosten aus?

   Für die Beantwortung dieser Frage ist Tabelle 4-18 notwendig:

Netzwerk		UN3LIN	UN3KON	UN3ALG	UN6LIN	UN6KON	UN6ALG	Gesamt
KF klein	Gesamt-vorteil	1,85 %	0,59 %	0,29 %	3,82 %	1,27 %	0,08 %	1,32%
	Gesamt-potenzial	2,75 %	2,03 %	1,74 %	5,32 %	1,90 %	0,21 %	2,33 %
	Potenzial-ausschöpfung	67,1 %	29,0 %	16,4 %	71,9 %	66,9 %	36,4 %	56,6 %
KF groß	Gesamt-vorteil	1,58 %	1,40 %	1,10 %	5,32 %	3,31 %	0,42 %	2,19 %
	Gesamt-potenzial	2,05 %	2,83 %	3,02 %	6,06 %	3,95 %	0,92 %	3,14 %
	Potenzial-ausschöpfung	76,8 %	49,5 %	36,4 %	87,8 %	83,8 %	45,8 %	69,7 %

Tabelle 4-18: Simulationsergebnisse in Abhängigkeit von den Fixkosten

Der Gesamtvorteil ist bei den höheren Fixkosten (2,19 %) größer als bei den niedrigen Fixkosten (1,32 %). Diese Tatsache lässt sich jedoch im Wesentlichen durch das höhere Gesamtpotenzial bei hohen Fixkosten erklären, bei denen z. B. die Los-für-Los-Produktion deutlich seltener die optimale Strategie darstellt. Losbündelungen werden mit steigenden Fixkosten attraktiver, wodurch das Gesamtpotenzial und dadurch auch der Gesamtvorteil steigt. Die Potenzialausschöpfung bei höheren Fixkosten (69,7 %) ist der Potenzialausschöpfung bei niedrigen Fixkosten (56,6 %) aber dennoch überlegen, wenn auch weniger stark. Dies zeigt sich nicht nur im Gesamtergebnis, sondern auch bei jedem einzelnen Netzwerk. Ein gewisser zusätzlicher Vorteil der MVOZ bei hohen Fixkosten kann daher abgeleitet werden.

4. Welche Einsparpotenziale ergeben sich bei hoher bzw. geringer Auslastung (*A*) der Kapazitäten?

   Tabelle 4-19 enthält die speziell auf diese Frage hin aufbereiteten Daten:

Netzwerk		UN3LIN	UN3KON	UN3ALG	UN6LIN	UN6KON	UN6ALG	Gesamt
A klein	Gesamt-vorteil	2,50 %	1,04 %	1,29 %	6,82 %	2,54 %	0,37 %	2,43 %
	Gesamt-potenzial	3,83 %	3,35 %	4,35 %	8,91 %	3,82 %	0,95 %	4,20 %
	Potenzial-ausschöpfung	65,2 %	30,9 %	29,7 %	76,6 %	66,5 %	38,7 %	57,8 %
A mittel	Gesamt-vorteil	1,83 %	0,80 %	0,61 %	4,57 %	2,15 %	0,23 %	1,70 %
	Gesamt-potenzial	2,41 %	2,26 %	2,22 %	5,65 %	2,48 %	0,48 %	2,58 %
	Potenzial-ausschöpfung	75,6 %	35,5 %	27,7 %	80,9 %	86,7 %	47,7 %	65,7 %
A groß	Gesamt-vorteil	0,82 %	1,15 %	0,17 %	2,32 %	2,10 %	0,15 %	1,12 %
	Gesamt-potenzial	0,97 %	1,67 %	0,57 %	2,50 %	2,37 %	0,26 %	1,39 %
	Potenzial-ausschöpfung	84,4 %	68,8 %	29,7 %	92,6 %	88,6 %	57,1 %	80,5 %

Tabelle 4-19: Simulationsergebnisse in Abhängigkeit von den Auslastungen

Im Gesamtergebnis und der Mehrzahl der Netzwerke zeigt sich recht deutlich folgendes Verhalten: Mit steigender Auslastung sinken der Gesamtvorteil und das Gesamtpotenzial, die Ausschöpfung des Potenzials steigt jedoch. Ersteres war zu erwarten, da der Losbündelungsspielraum bei hohen Auslastungen sinkt: Durch die Annäherung von Kapazitätsangebot und -nachfrage schrumpft der Alternativenraum und somit tendenziell auch Potenzial und Vorteil. Die (wiederum mit Ausnahme von UN3ALG) höhere Potenzialausschöpfung bei höheren Auslastungen kann dagegen der MVOZ angerechnet werden. Aufgrund der Gegenläufigkeit der Größen kann hier keine eindeutige Einsatzempfehlung für die MVOZ gegeben werden.

<u>Bereich Bedarfe:</u>

5. Sind hohe oder geringere durchschnittliche Bedarfe (*B*) von Bedeutung für die MVOZ?

   Bei dieser Frage hilft Tabelle 4-20:

Netzwerk		UN3LIN	UN3KON	UN3ALG	UN6LIN	UN6KON	UN6ALG	Gesamt
B klein	Gesamt-vorteil	1,42 %	1,77 %	1,20 %	5,33 %	4,41 %	0,70 %	2,47 %
	Gesamt-potenzial	1,63 %	3,08 %	3,51 %	5,52 %	4,79 %	1,40 %	3,32 %
	Potenzial-ausschöpfung	87,2 %	57,5 %	34,2 %	96,6 %	91,9 %	50,1 %	74,4 %
B mittel	Gesamt-vorteil	2,31 %	0,78 %	0,78 %	5,40 %	1,93 %	0,05 %	1,88 %
	Gesamt-potenzial	2,96 %	2,58 %	2,83 %	6,76 %	2,71 %	0,21 %	3,01 %
	Potenzial-ausschöpfung	78,1 %	30,2 %	27,7 %	79,9 %	71,1 %	23,1 %	62,3 %
B groß	Gesamt-vorteil	1,41 %	0,45 %	0,10 %	2,98 %	0,57 %	0,00 %	0,92 %
	Gesamt-potenzial	2,62 %	1,64 %	0,80 %	4,79 %	1,28 %	0,09 %	1,87 %
	Potenzial-ausschöpfung	53,6 %	27,2 %	12,1 %	62,3 %	44,2 %	1,5 %	49,1 %

Tabelle 4-20: Simulationsergebnisse in Abhängigkeit von den mittleren Bedarfen

Mit steigenden mittleren Bedarfen sinken fast überall alle drei hier betrachteten Größen. Der Abfall von Vorteil und Potenzial lässt sich auch hier über die Mechanismen der Losgrößenplanung erklären: Das Vorziehen größerer Periodenbedarfe bedarf hoher Fixkosten, da es sich sonst (im Gegensatz zu kleinen Periodenbedarfen) nicht rechnet. Im Schnitt sind daher lohnende Losbündelungsmöglichkeiten bei größeren Bedarfswerten seltener als bei kleinen Bedarfen, was in solchen Fällen tendenziell zu geringerem Potenzial und deshalb auch geringerem Vorteil führt. Die Potenzialausschöpfung sinkt hier nun ebenfalls, weshalb die MVOZ besonders für Fälle mit (in Relation zu den Fixkosten) geringen Bedarfen empfohlen werden kann. Bis auf UN6ALG sind jedoch auch die Einsparungen bei hohen Bedarfen nicht unerheblich.

6. Wie wirken sich geringe bzw. starke Bedarfsschwankungen (*S*) auf die MVOZ aus?

   Für diese Frage wird Tabelle 4-21 hinzugezogen:

Netzwerk		UN3LIN	UN3KON	UN3ALG	UN6LIN	UN6KON	UN6ALG	Gesamt
S klein	Gesamt-vorteil	2,18 %	1,18 %	0,93 %	5,14 %	2,45 %	0,23 %	2,02 %
	Gesamt-potenzial	2,75 %	2,65 %	2,40 %	6,01 %	2,97 %	0,46 %	2,87 %
	Potenzial-ausschöpfung	79,2 %	44,6 %	38,9 %	85,5 %	82,5 %	49,6 %	70,2 %
S groß	Gesamt-vorteil	1,25 %	0,81 %	0,45 %	4,01 %	2,08 %	0,27 %	1,48 %
	Gesamt-potenzial	2,06 %	2,22 %	2,36 %	5,37 %	2,83 %	0,67 %	2,59 %
	Potenzial-ausschöpfung	60,7 %	36,7 %	19,1 %	74,6 %	73,6 %	40,3 %	57,2 %

Tabelle 4-21: Simulationsergebnisse in Abhängigkeit von den Bedarfsschwankungen

Sowohl in Summe als auch bei fünf der sechs Netzwerke sind alle drei Größen bei der höheren Schwankung kleiner als bei dem geringen Schwankungswert. Die MVOZ scheint daher für konstantere Bedarfsverläufe geringfügig besser geeignet zu sein. Aufgrund der nicht allzu großen Unterschiede und der bei diesem Aspekt aus Aufwandsgründen relativ geringen Streubreite der Eingangsdaten wären für eine sichere Behauptung hier jedoch noch weitere Untersuchungen nötig.

Die Untersuchungsfragen aus Kapitel 4.5.1 sind damit beantwortet, soweit das auf Grundlage dieser Simulation möglich ist. Doch welches Optimierungszentrum liefert nun im Schnitt die besten Ergebnisse? Bei Betrachtung des im folgenden Kapitel 4.6 erläuterten Verhandlungsprozesses wird zwar klar, dass dies für den Erfolg der MVOZ-Methode nicht relevant ist, hier jedoch ist es aus algorithmischer Sicht interessant. Tabelle 4-22 fasst deshalb die Lage der jeweils besten Pläne zusammen, wobei die Firmen entlang des Materialflusses nummeriert wurden (vgl. Anhang A.1 bis A.6). Für jedes Optimierungszentrum (*OZ*) wird die relative Häufigkeit der Fälle angegeben, in denen

1. das Gesamtoptimum (GO) erreicht wurde,
2. der erreichte Wert von keinem anderen Optimierungszentrum unterboten wird sowie
3. der erreichte Wert diejenigen aller anderen Optimierungszentren unterbietet.

OZ-Lage	UN3LIN	UN3KON	UN3ALG	UN6LIN	UN6KON	UN6ALG
OZ=1	=GO: 15 % bester: 19 % alleinig bester: 0 %	=GO: 5 % bester: 14 % alleinig bester: 11 %	=GO: 0 % bester: 0 % alleinig bester: 0 %	=GO: 54 % bester: **71 %** alleinig bester: 0 %	=GO: 9 % bester: 14 % alleinig bester: 1 %	=GO: 0 % bester: 0 % alleinig bester: 0 %
OZ=2	=GO: 54 % bester: **66 %** alleinig bester: 27 %	=GO: 7 % bester: 17 % alleinig bester: 14 %	=GO: 3 % bester: 17 % alleinig bester: 16 %	=GO: 33 % bester: 48 % alleinig bester: 0 %	=GO: 33 % bester: **47 %** alleinig bester: 26 %	=GO: 1 % bester: 2 % alleinig bester: 1 %
OZ=3	=GO: 38 % bester: 59 % alleinig bester: 33 %	=GO: 34 % bester: **74 %** alleinig bester: 72 %	=GO: 30 % bester: **84 %** alleinig bester: 83 %	=GO: 55 % bester: **73 %** alleinig bester: 0 %	=GO: 2 % bester: 3 % alleinig bester: 2 %	=GO: 0 % bester: 0 % alleinig bester: 0 %
OZ=4	–	–	–	=GO: 45 % bester: 62 % alleinig bester: 0 %	=GO: 2 % bester: 5 % alleinig bester: 4 %	=GO: 1 % bester: 2 % alleinig bester: 0 %
OZ=5	–	–	–	=GO: 56 % bester: **73 %** alleinig bester: 0 %	=GO: 10 % bester: 18 % alleinig bester: 0 %	=GO: 3 % bester: 14 % alleinig bester: 14 %
OZ=6	–	–	–	=GO: 19 % bester: 35 % alleinig bester: 26 %	=GO: 23 % bester: **48 %** alleinig bester: 46 %	=GO: 54 % bester: **84 %** alleinig bester: 84 %

Tabelle 4-22: Vergleich der Optimierungszentren

Hier ist das Bild eher uneinheitlich. In einigen Netzwerken gibt es klar „beste" Optimierungszentren, in anderen nicht. Überdurchschnittlich oft ermittelt jedoch das finale Unternehmen, also die traditionelle Planung, den besten Gesamtplan für das Netzwerk. Wenn man sich also schon auf ein einziges Optimierungszentrum beschränkt, wie dies in der traditionellen Planung mit einer finalen Firma geschieht[217], dann scheint das finale Unternehmen tatsächlich meistens die beste Wahl zu sein. Dass dies nicht immer so ist, beweist UN6LIN. Hier stellt das finale Unternehmen, gemessen an der Häufigkeit des besten Plans, sogar die *schlechteste* Wahl dar. Entsprechend große Rationalisierungspotenziale werden in solchen Fällen verschenkt, wenn die MVOZ nicht zur Anwendung kommt.

[217] Die getesteten Netzwerke verfügten aufgrund der Strukturvorgaben (linear, konvergierend) bzw. aufgrund der praktisch sinnvollen Maximalzahl von Firmen und Maschinen nur über eine einzige Endfirma, d. h. es gab nur eine Firma im Netzwerk, die direkten Kontakt zum Endkunden hat. In diesem Fall weist, gemäß Kapitel 4.1, auch die traditionelle Planung ein eindeutiges Optimierungszentrum auf und ist dadurch identisch zu einem der Gesamtpläne der MVOZ, und zwar demjenigen bei *OZ*=*n*.

Abschließend sei darauf hingewiesen, dass es nicht automatisch ein Manko für die MVOZ ist, wenn das finale Optimierungszentrum (*OZ=n*) häufig die beste Lösung generiert – viel wichtiger ist der in Summe erzielte Gesamtvorteil aus Tabelle 4-17. Im Hinblick auf die Art der sich an die Ermittlung der alternativen Pläne anschließenden Verhandlung ist es c. p. sogar vorteilhaft, wenn die traditionelle Planung oft den besten Plan ermittelt. Der Grund dafür ist, dass dann der im Mittel für die Verhandlungen notwendige Aufwand geringer ausfällt, wie das folgende Kapitel zeigt.

4.6 Die Auswahlphase der MVOZ

Die bisher durchgeführten Schritte führen zum Vorliegen von *n* (bzw. *n*+1) alternativen Gesamtplänen, die für jede Firma im Unternehmensnetzwerk jeweils einen kompletten Plan mit Produktions-, Bestell- und Lagermengen enthalten. Der Inhalt der Pläne ist jedoch nur der jeweiligen Firma bekannt, Ausnahmen hiervon sind lediglich die Liefermengen an den Schnittstellen der Unternehmen. Die Pläne und insbesondere deren Kosten stellen somit private Informationen dar, die den anderen Mitgliedern des Netzwerks nicht zugänglich sind. Das ist die aktuell (d. h. beim Übergang von der Planungs- zur Auswahlphase gemäß Abbildung 4-12) vorliegende Situation.

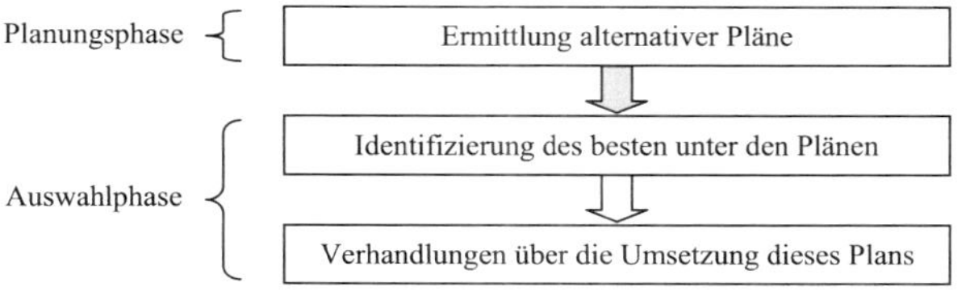

Abbildung 4-12: Übergang von der Planungs- zur Auswahlphase

Formal soll diese Situation durch folgende Symbolik veranschaulicht werden:

GP_{TP} Gesamtplan der traditionellen Planung

GP_y Gesamtplan bei Lage des Optimierungszentrums in y, d. h. $OZ=y$ ($y=1,...,n$)

P_{xTP} Plan der Firma x bei der traditionellen Planung

P_{xy} Plan der Firma x bei $OZ=y$

$K(GP)$ Kosten des Gesamtplans GP (Kostensumme über alle Firmen im Netzwerk)

$K(P)$ Kosten des Firmenplans P (nur Kosten einer Firma)

Dabei sollten die aus der Lösung des MLCLSP (bzw. MLCLSP-OF) stammenden Kostenwerte $K(P_{xy})$ unbedingt die tatsächlichen Präferenzen der Firmen ausdrücken. Gibt es neben den durch das MLCLSP erfassten Kosten weitere Aufwände, die von der Aufteilung der Produktionsmengen auf die Perioden des Planungszeitraums abhängen, so sind diese Größen zu quantifizieren und nachträglich auf die Kostenwerte $K(P_{xy})$ aufzuschlagen. Primäres Ziel sollte es aber sein, alle relevanten Größen in das Planungsmodell (hier MLCLSP) einzubeziehen, um nachträgliche Zuschläge zu vermeiden. (Eine Ausnahme hiervon sind lediglich die Kosten der Verhandlungen selbst.)

In einem Fall mit beispielsweise vier Firmen (eine finale Firma[218]) müssen folgende Informationen in einer Analyse der Verhandlungen berücksichtigt werden (siehe Tabelle 4-23):

y (OZ)	1	2	3	4
$K(P_{1y})$	$K(P_{11})$	$K(P_{12})$	$K(P_{13})$	$K(P_{14}) = K(P_{1TP})$
$K(P_{2y})$	$K(P_{21})$	$K(P_{22})$	$K(P_{23})$	$K(P_{24}) = K(P_{2TP})$
$K(P_{3y})$	$K(P_{31})$	$K(P_{32})$	$K(P_{33})$	$K(P_{34}) = K(P_{3TP})$
$K(P_{4y})$	$K(P_{41})$	$K(P_{42})$	$K(P_{43})$	$K(P_{44}) = K(P_{4TP})$
$K(GP_y)$	$K(GP_1)$	$K(GP_2)$	$K(GP_3)$	$K(GP_4) = K(GP_{TP})$

Tabelle 4-23: Relevante Informationen zu Verhandlungsbeginn

Jede Firma i verfügt lediglich über die Informationen $K(P_{iy})$ – in Tabelle 4-23 also jeweils über die vier Werte einer Zeile. Über die Kosten der anderen Firmen j kann eine Firma i lediglich die logische Annahme treffen, dass $K(P_{jj}) \leq K(P_{jy})$ (y=1,...,n) – d. h. dass die Diagonalwerte ($K(P_{11})$, $K(P_{22})$ etc.) ein Minimum in ihrer jeweiligen Spalte darstellen. Die Kosten der Gesamtpläne $K(GP)$ sind dagegen allen unbekannt, weil dafür Wissen benötigt wird, das über verschiedene Informationsträger verteilt ist. Wie nun eine Einigung auf einen gemeinsamen Gesamtplan erzielt werden kann, ist Gegenstand der folgenden Ausführungen (Kapitel 4.6.1 und 4.6.2). Das Problem der wahrheitsgemäßen Informationsweitergabe wird abschließend in Kapitel 4.6.3 untersucht.

4.6.1 Verifizierung im Vorfeld der Verhandlung

Bevor es überhaupt zu Verhandlungen kommt, muss zunächst die Vorteilhaftigkeit von Verhandlungen bestätigt („verifiziert") werden. Als erster Teil der Auswahlphase innerhalb der MVOZ dient daher ein Verifizierungsschritt dazu, die Fälle ohne Verbesserung (d. h. die traditionelle Planung stellt den besten unter den alternativen Plänen) von den Fällen mit Verbesserung zu unterscheiden. Für die folgenden Ausführungen soll zunächst vorausgesetzt werden, dass die MVOZ tatsächlich einen der traditionellen Planung überlegenen Alternativplan (oder gar mehrere) ermittelt hat. Die Vorgehensweise im gegenteiligen Fall wird im Anschluss daran abgeleitet.

[218] Wie meist in dieser Arbeit wird auch hier von der Existenz lediglich einer finalen Firma ausgegangen. Andernfalls betrüge die Alternativenzahl n+1, d. h. im vorliegenden Fall fünf statt vier. Diese Festlegung ist für die folgenden Ausführungen jedoch ohne Bedeutung, da sich nur die Alternativenzahl ändert, nicht aber das Vorgehen.

Liegt bzw. liegen nun ein oder gar mehrere vorteilhafte Pläne vor, müssen auf die eine oder andere Weise Verhandlungen durchgeführt werden, um sich auf einen Plan zu einigen. Je nach Anzahl der Teilnehmer, Organisation der Verhandlungen und verwendeter Technik fallen dafür Kosten an, die es gering zu halten gilt (siehe hierzu Kapitel 4.7). Eine andere, hier fokussierte Einflussgröße auf die Kosten der Einigung ist die Anzahl der zur Verhandlung stehenden Alternativen. Es ist anzunehmen, dass die Dauer (und damit die Kosten) der Verhandlungen tendenziell um so geringer ausfallen, je geringer die Alternativenzahl ist. Ein Ziel dieses Abschnittes ist es daher, die Alternativenzahl bereits vor der Verhandlung zu senken, d. h. Alternativen zu eliminieren. Zunächst einmal wird die traditionelle Planung zur Rückfalllösung erklärt, auf die stets zurückgegriffen wird, wenn man sich auf keinen anderen Plan einigen kann. Über sie wird daher nicht mehr verhandelt, sondern nur noch über die restlichen n-1 (bzw. n) Alternativen.

Einerseits ist dieses Vorgehen berechtigt, weil die traditionelle Planung die „übliche" Lösung darstellt, die angewendet wurde, bevor die MVOZ eingeführt wurde. Es kann daher auch angenommen werden, dass sie stets als Option im Raum steht, an der sich alle Neuerungsvorschläge messen müssen. Andererseits ist sie durch eine einfache Transformation der Kostenwerte der Firmenpläne in ihrer wichtigen Funktion als Vergleichsmaßstab immer noch in den Kostenwerten enthalten: Zur Verhandlung werden nicht die absoluten Kosten verwendet, sondern lediglich der Unterschiedsbetrag im Vergleich zur traditionellen Lösung. Die bisherige Kostenmatrix (Tabelle 4-23) mit n=4 verändert sich dadurch zu Tabelle 4-24:

y (OZ)	1	2	3	4
$\Delta K(P_{1y})$	$K(P_{11}) - K(P_{1TP})$	$K(P_{12}) - K(P_{1TP})$	$K(P_{13}) - K(P_{1TP})$	0
$\Delta K(P_{2y})$	$K(P_{21}) - K(P_{2TP})$	$K(P_{22}) - K(P_{2TP})$	$K(P_{23}) - K(P_{2TP})$	0
$\Delta K(P_{3y})$	$K(P_{31}) - K(P_{3TP})$	$K(P_{32}) - K(P_{3TP})$	$K(P_{33}) - K(P_{3TP})$	0
$\Delta K(P_{4y})$	$K(P_{41}) - K(P_{4TP})$	$K(P_{42}) - K(P_{4TP})$	$K(P_{43}) - K(P_{4TP})$	0
$\Delta K(GP_y)$	$K(GP_1) - K(GP_{TP})$	$K(GP_2) - K(GP_{TP})$	$K(GP_3) - K(GP_{TP})$	0

Tabelle 4-24: Ausblendung der traditionellen Planung

Diese Transformation kann von jeder Firma selbstständig durchgeführt werden. Neben der Ausblendung von Alternative n (in Tabelle 4-24: Spalte 4) hat dies den Vorteil, dass so nur noch die (weniger sensiblen) Unterschiedswerte in die Verhandlungen einfließen, nicht aber die absoluten Kostenwerte selbst. Sollte eine Firma daher im Verlauf der Verhandlungen durch ihre Aktionen indirekt die ungefähre Höhe ihrer Kostenwerte offenbaren, so bezieht sich dies stets nur auf einen Unterschiedsbetrag zweier Pläne und ist deshalb weniger kritisch.[219]

Nicht möglich ist die obige Wertetransformation $\Delta K(P_{iy}) = K(P_{ij}) - K(P_{iTP})$ in den Fällen, in denen einer der beiden absoluten Kostenwerte $K(P)$ nicht ermittelt werden konnte, weil der dazugehörige Produktionsplan nicht zulässig ist. Dies betrifft sowohl die Situationen, in denen die traditionelle Planung nicht realisierbar ist (vgl. Simulationen in Kapitel 4.5: zwölf Fälle von 1944), als auch Situationen mit nicht realisierbaren Alternativplänen. In ersterem Fall ist für das betroffene Unternehmen die ganze Zeile in Tabelle 4-23 nicht bestimmbar, in letzterem nur der Wert einer Zelle. Im Folgenden wird bei Bedarf jeweils kurz auf solche Sonderfälle eingegangen, alle sonstigen Ausführungen gehen aber davon aus, dass die obigen Werte berechenbar sind, was aufgrund der im Rahmen der Simulationen gemachten Erfahrungen (relativ geringe Anzahl unzulässiger Pläne) auch berechtigt ist.

Unter den verbleibenden n-1 Alternativen stellen insbesondere diejenigen Alternativen, deren Gesamtkosten über denen der traditionellen Planung liegen (d. h. Gesamtkostendifferenz $K(GP_y) - K(GP_{TP}) > 0$), naheliegende Ziele für einen Ausschluss von den Verhandlungen dar. Gleiches gilt für diejenigen Alternativen, deren Kosten gleich denen der traditionellen Planung sind oder deren Kostenvorteil die zu erwartenden Kosten der Verhandlungen[220] nicht übersteigt. Wie in Kapitel 4.5.2 (vgl. Tabelle 4-22) ersichtlich wurde, bestehen viele Durchläufe sogar ausschließlich aus derartigen Alternativen. In solchen Fällen sollte gänzlich auf Verhandlungen verzichtet werden können, da dann aus ihnen kein Gewinn gezogen werden kann.

Für den Ausschluss all dieser nicht lohnenden Alternativen von den Verhandlungen sind nun zwingend die bislang privaten Kosten(unterschieds)informationen nötig. Gleichzeitig würde jedoch durch ihre Offenlegung die spätere Verhandlungsposition einiger Teilnehmer erheblich geschwächt werden. Es ist deshalb zu überlegen, wie der Spagat zwischen der Nutzung einer Information und ihrer Geheimhaltung geschafft werden kann.

Die Lösung liegt im vorliegenden Fall im jeweiligen Informationsträger. Werden die Kostenunterschiedswerte der jeweils n Firmenpläne innerhalb der n-1 (bzw. n) Gesamtpläne einem Dritten (im Folgenden: „Verifizierungsstelle") mitgeteilt, so kann dieser über die Vorteilhaftigkeit der Gesamtpläne entscheiden, ohne dass die Kosten der Firmen anderen Firmen mitgeteilt werden müssen. Auf diese Weise kann die Vorteils*feststellung* (Bewertung einer Alternative), die einen hohen Informationsbedarf aufweist, von der späteren Vorteils*nutzung* (Einigung auf die Alternative), die einen geringeren Informationsbedarf hat, getrennt werden. Dadurch wird das Dilemma gelöst, das der unternehmensübergreifenden Planung generell anhaftet: Keine Bereitschaft zur Umsetzung *mit* Informationspreisgabe[221], aber kein Erfolg *ohne* Informationspreisgabe[222].

Um nun die absolute Verschwiegenheit dieser „Verifizierungsstelle" sicherzustellen, kommen jedoch für diese Aufgabe keine menschlichen Aufgabenträger in Frage. Wenn auch bei ersten

---

[219] Vgl. Dudek (2004), S. 58 und Kapitel 3.2.

[220] Siehe hierzu die Ausführungen in Kapitel 4.7.1.

[221] Vgl. Kapitel 3.2.

Überlegungen neutrale Stellen außerhalb des Unternehmensnetzwerkes (unabhängige Experten, Logistikdienstleister o. ä.) dafür geeignet erscheinen, so kann doch langfristig nicht garantiert werden, dass keines der beteiligten Unternehmen (oder ein Konkurrent außerhalb des Netzwerkes) jemals Einfluss auf die damit betrauten Personen nimmt. Gleiches gilt für den Wechsel von Mitarbeitern zwischen dieser neutralen Stelle und einer Firma des Unternehmensnetzwerks bzw. einer externen Firma. Höchste Sicherheit kann daher nur durch eine angemessene technische Lösung erreicht werden, die sicherstellt, dass kein menschlicher Aufgabenträger je in den Besitz dieser Informationen gelangt.

Aus diesem Grund fällt die Verifizierungsstelle auch nicht unter die generelle Kritik an der Einführung zusätzlicher Instanzen (zentrale Stellen etc.), die in Kapitel 3 vorgebracht wurde. Schließlich ist der hier verwendete Informationsträger keine „echte" Instanz mit Entscheidungsbefugnissen wie z. B. eine Person oder eine fremde Firma, sondern nur ein technisch realisiertes Rechenwerkzeug, dessen Arbeitsweise mathematisch exakt vorgegeben ist.

Welche Anforderungen sind nun an diese technische Lösung zu stellen bzw. wie soll sie funktionieren? Da durch diese technische Verifizierungsstelle mathematische Berechnungen durchgeführt werden müssen, liegt eine Realisierung als Rechnerprogramm nahe. Jede Firma i müsste diesem Programm ihre n-1 (bzw. n) Kostendifferenzen $K(P_{iy}) - K(P_{iTP})$ (y=1,...,n) mitteilen. Dies kann z. B. über eine entsprechende Maske im Inter- oder Extranet erfolgen. Damit die Firmen genug Vertrauen zur Sicherheit dieser Lösung haben, müssen sie überzeugt werden, dass die eingegebenen Informationen nicht weitergeleitet werden können. Dies wird u. a. durch folgende Maßnahmen unterstützt:

- Der Quellcode des Rechnerprogramms ist allen bekannt und kann durch jede beteiligte Firma jederzeit auf korrekte Funktionsweise überprüft werden.
- Das Programm unternimmt keine Speicherung der Daten nach Abschluss der Berechnungen.
- Der Standort des Rechners mit dem Programm liegt auf „neutralem Boden" (z. B. bei einem Dienstleister ohne eigenen Zugriff auf den Rechner bzw. das Programm).
- Änderungen am Programm (oder am gesamten Rechner) können nur von allen Firmen des Netzwerks gemeinsam vorgenommen werden. (Dies beinhaltet den heutzutage obligatorischen Schutz von Rechner und Programm vor Spionageprogrammen.)

Weitere Schutzmaßnahmen sind denkbar, abhängig vom technischen Einfallsreichtum der Beteiligten bzw. von ihren jeweiligen Prioritäten und Sicherheitsbedürfnissen. Aufgrund der besonders einfachen Natur der Berechnungen und der Ein- bzw. Ausgabedaten (s. u.) ist zu erwarten, dass das Programm sehr klein ist, eine hohe Transparenz aufweist und dadurch mit sehr geringem Aufwand auf einwandfreie Funktion hin überprüft bzw. gegen Manipulations-

[222] Vgl. Kapitel 3.1.

versuche geschützt werden kann. Eine vollkommene Sicherheit kann jedoch keine Lösung erreichen – dies ist aber auch gar nicht nötig. Es muss lediglich sichergestellt werden, dass ein den Bedürfnissen der Firmen *angemessener* Sicherheitsgrad erreicht wird. Da ohnehin nur aggregierte Kosteninformationen, die auch noch lediglich Kostenunterschiede darstellen und nur für den aktuellen Planungszeitraum Gültigkeit aufweisen, zu schützen sind, sollte ein Grad an Sicherheit, der diesen nur mäßig kritischen Informationen angemessen ist, mit vertretbarem Aufwand erreichbar sein.

Zur Eingabe der Kostendifferenzen ist nochmals zu betonen, dass diese die tatsächlichen Kostenwirkungen der alternativen Produktionspläne enthalten sollten. Zwei Modifizierungen dieser Werte müssen jedoch hier erwähnt werden: Vorsätzliche Falschmeldungen und Aufwandszuschläge. Erstere sind unerwünscht und werden in Kapitel 4.6.3 besprochen. Die andere Modifizierung der Kostenwerte kann dagegen im Vorfeld der Verifizierung sinnvoll sein, um erwartete Verhandlungskosten und einen eventuell angestrebten Mindestgewinn zu berücksichtigen. Um die Summe dieser beiden Posten wären die gemeldeten Kostendifferenzen dann jeweils zu erhöhen. Gewisse Minimalforderungen der beteiligten Firmen an den Kostenvorteil der gesamten Methode variabler Optimierungszentren können so auf einfache Weise in das Prozedere integriert werden. Zugleich dienen diese Aufschläge auch als automatische Schalter, da bei zu hohen Kosten der späteren Verhandlungen erst gar keine Verhandlungen stattfinden (vgl. spätere Ausführungen in Kapitel 4.6.2).

Weiterhin muss es die Verifizierung ermöglichen, die (im mathematischen Sinn) nicht lösbaren Planungsprobleme zu vermerken. Alternativ zum Kostenunterschiedswert müssen deshalb jeweils auch die Meldungen „Alternative nicht lösbar“ bzw. „traditionelle Planung nicht lösbar“ als Eingabemöglichkeit bereitstehen.

Nachdem nun jede Firma ihre n-1 (bzw. n) Werte eingegeben hat, kann die Verifizierungsstelle den Gesamtkostenvorteil bestimmen und nicht lohnende Alternativen (entspricht einer positiven Gesamtkostendifferenz, siehe Tabelle 4-24) ausschließen – Gleiches gilt für nicht realisierbare Alternativen. Der genaue Informationsgehalt der danach erfolgenden Ausgabe, die jeder Firma des Netzwerks zukommen muss, kann unterschiedlich ausfallen. Folgende Möglichkeiten sind denkbar:

(1) Zu jeder der Alternativen wird die Gesamtkostendifferenz ausgegeben.

(2) Es wird die lohnendste Alternative und ihre Gesamtkostendifferenz ausgegeben.

(3) Es wird eine Rangfolge der Alternativen mit negativer Gesamtkostendifferenz ausgegeben, ohne jedoch deren Werte zu nennen.

(4) Zu jeder der Alternativen wird ausgegeben, ob ihre Gesamtkostendifferenz negativ ist oder nicht (binäre Informationen).

(5) Es wird nur die Alternative genannt, deren Gesamtkostendifferenz am lohnendsten ist.

Wenn keine Alternative mit negativer Gesamtkostendifferenz existiert, wird eine entsprechende Fehlschlagsmeldung zurückgegeben. Die Verhandlungen für diesen Planungszeitraum können in einem solchen Fall ausbleiben.

Welche der obigen fünf Optionen sollte man nun wählen? Die Eigenschaften, aus denen sie bestehen, sind im Wesentlichen

a) Nennung aller oder nur der Gewinneralternative

b) Ausgabe mit oder ohne Kostendifferenzwert

Zu a): Wird durch die Verifizierungsstelle nur die Gewinneralternative bekannt gegeben, so reduziert sich die Alternativenzahl auf 1, bzw. auf die Anzahl gleichwertiger bester Lösungen (im Folgenden wird aber von einer eindeutigen besten Lösung ausgegangen). Die Dauer der Verhandlungen könnte dadurch reduziert werden. Da die beste Alternative allen anderen Alternativen kostenmäßig überlegen ist, könnten nur Argumente *abseits* der Kosten zu einer Einbeziehung weiterer Alternativen in die Verhandlungen führen. Wie jedoch bereits zu Beginn von Kapitel 4.6 erklärt wurde, sollen die Präferenzen der Firmen allein durch diese Kostenwerte ausgedrückt werden. Für eine Einbeziehung von Alternativen neben der kostenmäßig besten Alternative gibt es deshalb an dieser Stelle keinen Grund. Einzig ein verhandlungstaktisch begründetes Scheitern einer Einigung auf die beste lohnende Alternative kann einen Übergang zur nächstbesten Alternative erforderlich machen. Durch die Existenz eines solchen Zweitplans würde zwar u. U. das komplette Scheitern einer Verhandlung verhindert, allerdings wird dadurch die Einigung auf das lohnendste Optimierungszentrum unwahrscheinlicher. Grund dafür ist der weniger ultimative Charakter, den eine Verhandlung mit zusätzlichen Ausweichoptionen hat. Ob in Summe der Erwartungswert der realisierten Gesamtkostendifferenz steigt oder sinkt, kann ohne die Kenntnis der jeweiligen Gesamtkostendifferenzen und Strategien der Firmen nicht ermittelt werden. Klar ist jedoch, dass der zu erwartende Aufwand der Verhandlungsdurchführung steigt.

Zu b): Die Ausgabe des Wertes der Kostendifferenz informiert alle Verhandlungspartner über den zu verteilenden Gemeinschaftsvorteil. Ob dies vor- oder nachteilig ist, kann erst bei der späteren Analyse der Verhandlungsabläufe entschieden werden.

Im Rahmen dieses Unterkapitels kommen für die Verifizierungsstelle demzufolge insbesondere die obigen Ausgabemöglichkeiten (2) und (5) in Betracht. Nur sie werden im Folgenden weiter untersucht.

4.6.2 Verhandlungen über die verifizierten Alternativen

Situation, Motive und Ziele

Als Resultat der im vorangegangenen Abschnitt erläuterten Verifizierung liegt eine einzelne Alternative $OZ=x$ ($x<n$) zur traditionellen Planung vor, die in die Verhandlungen eingeht. Stellt jedoch die traditionelle Planung selbst die beste Alternative dar, so kommt es zu keinen Verhandlungen. Dieser Fall braucht daher hier nicht weiter betrachtet zu werden.

Bekannt ist allen Beteiligten, dass die vorliegende Alternative $OZ=x$ in Summe über alle Firmenkosten besser ist als die traditionelle Planung. In praktisch jedem Fall gibt es jedoch mindestens eine Firma, für die diese Lösung höhere individuelle Kosten bedeuten würde.[223] Im Folgenden werden solche Firmen i mit $K(P_{ix}) - K(P_{iTP}) > 0$ als „Verlierer" bezeichnet. Zu ihnen gehören in der Regel die finalen Firmen, da diese ihr Recht, als erste zu optimieren, abgeben und deshalb höhere (oder bestenfalls gleich hohe) Kosten erhalten. Andere Firmen j werden dagegen um so deutlicher von der Alternative $OZ=x$ profitieren. Sie werden im Folgenden als „Gewinner" bezeichnet ($K(P_{jx}) - K(P_{jTP}) < 0$).

Aus dem Zielsystem der Firmen aus Kapitel 4.2 folgt nun, dass sie einen neuen Plan, Vorschlag etc. nur dann annehmen werden, wenn er für sie (bei gleichen Einnahmen) niedrigere Gesamtkosten bedeutet. Jeder Verlierer i muss daher mit einer Kompensationszahlung $Z_i > K(P_{ix}) - K(P_{iTP})$ entschädigt werden.[224] Dann müssten auch sie bereit sein, dem alternativen Plan zuzustimmen. Der Anteil, den jeder Gewinner j an diesen Kompensationszahlungen trägt, muss wiederum kleiner als dessen „Gewinn" $|K(P_{jx}) - K(P_{jTP})|$ sein, damit auch er dem Alternativplan noch zustimmt. Aufgrund der unterschiedlichen Vorzeichen der Kostendifferenzen von Gewinnern und Verlierern resultiert dies in der gleichen mathematischen Bedingung $Z_j > K(P_{jx}) - K(P_{jTP})$, wobei jedoch die Zahlung Z_j eines „Gewinners" kleiner 0 ist (entspricht einer *Aus*zahlung).

Die Frage, warum die Gewinner überhaupt bereit sein sollen, den anderen Firmen Kompensationszahlungen zukommen zu lassen, klärt sich einerseits mit Hilfe der Tatsache, dass allen die zwangsläufige Existenz mindestens eines Verlierers schon im Vorfeld bekannt ist und andererseits daraus, dass gemäß Kapitel 4.2 jede Firma die Motive und Handlungsprinzipien, von denen sie selbst geleitet wird, auch bei ihren Partnern voraussetzt. Die Gewinner sind sich also im Klaren darüber, dass der Alternativplan nur durch eine ausreichende Kompensation an

---

[223] Der Fall, dass für keine der Firmen die Kosten steigen, wird hier nicht näher betrachtet, da er zwar theoretisch denkbar, aber extrem selten ist: Er kam während der Simulationen (Kapitel 4.5) kein einziges Mal vor.

[224] Der Grenzfall $Z_i = K(P_{ix}) - K(P_{iTP})$ stellt noch keine Einigung sicher. Es wird ein Gesamtgewinn über Null benötigt, da die Akteure sonst indifferent sind. Die Alternativenwahl indifferenter Akteure kann aufgrund ihrer Indifferenz nicht vorhergesagt werden. Soll eine bestimmte Art der Entscheidung forciert werden, muss der Anreiz demzufolge positiv sein. Dies berücksichtigt beispielsweise Sucky (2004), S. 227, nicht. Dagegen besteht Dudek (2004), S. 132, korrekterweise auf einem echt positiven Gewinn.

die Verlierer zu realisieren ist – ganz einfach deshalb, weil sie selbst genauso handeln würden. In der Regel erscheinen eben – auch bei Fremden – die eigenen Handlungsweisen am vernünftigsten. So wird (nur scheinbar paradoxerweise) der Egoismus der Firmen zur treibenden Kraft, die zur Steigerung des Wohls aller Beteiligten führt. Denn gerade *weil* die Firmen einen möglichst hohen individuellen Gewinn erreichen wollen, sind sie bereit, etwas von ihrer Kostendifferenz abzugeben – andernfalls kommt keine Einigung zustande und ihr individueller Gewinn beträgt Null.[225]

Es bestehen daher folgende Bedingungen für eine Einigung:

G Menge der Gewinner

V Menge der Verlierer

Individualrationalität: $Z_i > K(P_{ix}) - K(P_{iTP})$ *für alle i*

Zahlungsbilanz: $\sum_{j \in G} |Z_j| = \sum_{i \in V} Z_i$

Die Frage der Akzeptanz einer Alternative verändert sich so in die Frage der Festlegung der Zahlungen. Jeder Zahlungsvektor, der die obigen Bedingungen erfüllt, sollte von allen beteiligten Firmen als Kompensationsschema akzeptiert werden. Wie jedoch Versuche in der experimentellen Spieltheorie zeigten, muss in der Realität eine weitere Bedingung erfüllt sein, damit der Zahlungsvektor immer akzeptiert wird: Die Teilnehmer dürfen nicht davon überzeugt sein, einen unverhältnismäßig kleinen Anteil vom „Kuchen“ zu erhalten. Fühlt sich ein realer Spieler unfair behandelt, dann verhindert er zuweilen eine Einigung *trotz* eines für ihn echt positiven Gewinns[226]. In die gleiche Richtung wirken zahlreiche Versuche zu Vermeidung von Neid bei der Gestaltung von Aufteilungsmechanismen[227]. Die Bedingung „kein Neid“ bzw. „keine unfaire Aufteilung“ lässt sich aber schwerlich in eine Formel fassen. Wie wahrscheinlich die Erfüllung dieser Bedingung ist, soll daher im Nachhinein im Hinblick auf das gesamte Prozedere bewertet werden.

Doch wie können nun die Zahlungen festgelegt werden, wenn die individuellen Kostendifferenzen nur den jeweiligen Firmen bekannt sind? Feste Aufteilungsregeln, d. h. Formeln, die in jedem Planungszeitraum auf die gleiche Weise anzuwenden sind, scheiden aus diesem Grund aus (und sind ohnehin zu unflexibel und nicht exklusiv begründbar[228]). Vielmehr müssen die Ausgleichszahlungen in jedem Planungszeitraum mit gesonderten Verhandlungen neu ermit-

---

[225] In der Psychologie sind derartige Mechanismen, die in Situationen mit gegenseitiger Abhängigkeit ausgehend vom Eigennutz zum Gemeinwohl führen, wohlbekannt – „selfish motives breed selfless action“ (Bloom (2004), S. 147).

[226] Vgl. Fees/Schumacher (2001), S. 300.

[227] Zu zahlreichen Aufteilungsverfahren siehe Brams/Taylor (1996).

[228] Eine solche feste Aufteilungsregel würde deshalb evtl. nicht von allen Beteiligten akzeptiert, vgl. hierzu auch die Kritik fixer Aufteilungsregeln in den Kapiteln 3.3.2 und 3.3.3.

telt werden. Die obige Frage lässt sich deshalb präzisieren in: Welche Form sollten diese Verhandlungen annehmen?

Bestehende Verhandlungskonzepte

Von der Wissenschaft wurden bereits Verhandlungskonzepte entwickelt[229], die auf ihre Anwendbarkeit hin zu untersuchen sind. Für diesen Zweck ist die vorliegende Situation mit den Augen der ökonomischen Theorie der Verhandlungen (ÖTV) zu betrachten. Die ÖTV wird hier als Teilgebiet eines sehr allgemeinen, umfassenden Spieltheoriebegriffs verstanden. Es ergeben sich – in der Sprache der ÖTV bzw. der Spieltheorie – folgende Eigenschaften der Situation:

(1) Es gibt beliebig viele ($n \geq 2$) Spieler.

(2) Eine Koalitionsbildung ist nicht möglich, d. h. kein Spieler kann ausgeschlossen werden.

(3) Sämtliche Nutzenfunktionen entsprechen linearen Kosten- oder Gewinnfunktionen (bzw. erstere werden durch letztere repräsentiert oder ersetzt).

(4) Es herrscht unvollständige Information vor: Für jeden Spieler sind die aus einer Zahlung resultierenden Gewinne („Nutzen") aller anderen Spieler unbekannt und sollen – soweit möglich – auch bis zum Ende der Verhandlungen unbekannt bleiben. Gleiches gilt für die Mindest- bzw. Höchstzahlung jedes Spielers, d. h. die Grenzwerte, bis zu denen eine Lösung für die Spieler profitabel ist.

(5) Gesucht ist nicht eine bestimmte, sondern lediglich (irgend)eine Lösung, die allen Spielern einen positiven Gewinn bringt. Das Hauptaugenmerk soll auf einem einfachen und langfristig erfolgreichen Prozedere liegen.

Aufgrund dieser Eigenschaften ergeben sich zahlreiche Komplikationen. Das erste Hindernis stellt bereits die nach oben offene Zahl der Spieler (Eigenschaft (1)) dar, wodurch die Anzahl der in Frage kommenden Konzepte stark gesenkt wird.[230]

Die Eigenschaften (2) und (3) schränken zusammen die Hilfestellungen der ÖTV zur Identifikation einer Lösung bzw. eines Lösungswegs weiter ein, da diese Eigenschaften zu einem Konstantsummenspiel führen: Jeder zusätzliche Gewinn eines Spielers ist automatisch ein Verlust (bzw. vergebener Gewinn) für einen anderen Spieler in gleicher Höhe. Viele Konzepte setzen dagegen streng konvexe Lösungsräume voraus.[231] Im Prinzip handelt es sich durch den Konstantsummencharakter nicht mehr um eine für die Spieltheorie bzw. ÖTV interessante interaktive Konfliktsituation, sondern lediglich um eine Forderung nach Umverteilung. In der Sichtweise der Spieltheorie (und damit auch der ÖTV) ist die Frage nach einer Lösung

[229] Vgl. Holler (1992).

[230] Vgl. Muthoo (1999), S. 336 ff.

[231] Vgl. Holler (1992), S. 19 f. und S. 25.

dadurch trivial, da alle Umverteilungen Lösungen darstellen – man muss ja „nur" eine auswählen. Deshalb ist es zwar verständlich, dass sich die hier vorliegenden Eigenschaften nicht (bzw. kaum) in den Annahmen der ÖTV wiederfinden, aber gerade die Auswahl aus der Lösungsmenge ist ja ein bei der praktischen Umsetzung zu lösendes Problem.

Weiterhin widerspricht Eigenschaft (4) der im Rahmen der ÖTV üblichen Annahme vollständiger Information.[232] Ohne eine Möglichkeit der Berücksichtigung des Nutzens (bzw. hier: des Gewinns) der Mitspieler ist der Lösungsraum für keinen der Beteiligten genau abgrenzbar und die Methoden der ÖTV sind deshalb oft nicht bzw. nicht ohne erhebliche Modifikationen einsetzbar.

Schließlich wird die durch Eigenschaft (5) geforderte Konzentration auf das Prozedere nur von einem Teil der Konzepte geleistet – häufiger beschäftigen sich die Methoden der ÖTV mit der Findung bestimmter Lösungen, ohne jedoch explizit den Verhandlungsablauf zu modellieren. Ein zusätzlicher Kritikpunkt liegt hierbei in der Eindeutigkeit der Lösung selbst: Zum Zweck der Vorhersage der Zahlungen wäre eine bestimmte Lösung zwar auch in der vorliegenden Situation von Interesse, allerdings könnten sich dadurch Nachteile bei der praktischen Anwendung ergeben – schließlich kann eine vorher bekannte, eindeutige Lösung bei den Firmen den Eindruck erwecken, ihnen bliebe kein Gestaltungsspielraum beim Finden einer gemeinsamen Lösung. Außerdem sollte die fragliche Methode auch dann funktionieren, wenn bestimmte Rahmenbedingungen (z. B. das Verhalten der „Spieler") nicht exakt vorhersagbar sind – mit anderen Worten: Die Methode muss eine gewisse Flexibilität besitzen. Eine Fixierung auf eine bestimmte, eindeutige Lösung kann deshalb eher hinderlich sein und den Erfolg der Verhandlungen gefährden.

Die soeben erläuterte Diagnose der (Nicht-)Anwendbarkeit der ÖTV-Konzepte soll nun beispielhaft an der Zeuthen-Harsanyi-Verhandlung[233] mit $n=2$ Firmen kurz veranschaulicht werden. Gegeben sei eine Gesamtkostendifferenz von 200 GE des Plans mit $OZ=1$, die sich durch einen Gewinn von 250 GE bei Spieler 1 (=Firma 1) und einem Verlust von 50 GE bei Spieler 2 (=Firma 2) ergibt. Das Diagramm zum Zeuthen-Harsanyi-Spiel nimmt in diesem Fall folgende Form an (Abbildung 4-13).[234]

[232] Vgl. Holler (1992), S. 18.

[233] Vgl. Holler (1992), S. 33 ff. und S. 103 ff.

[234] Abgeleitet aus dem streng konvexen Verlauf bei Holler (1992), S. 41.

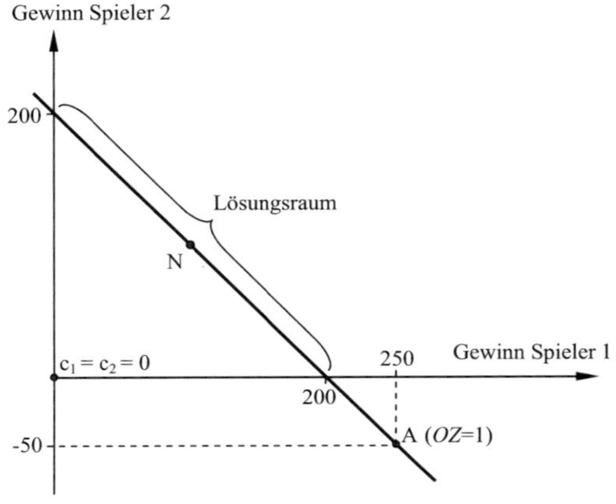

Abbildung 4-13: Diagramm zum Zeuthen-Harsanyi-Spiel

Die Auszahlungen im Konfliktfall (c_i) – also bei Anwendung der traditionellen Planung aufgrund gescheiterter Verhandlungen – betragen für beide Spieler Null. Der Ausgangspunkt A für die Verhandlungen ist der Punkt (250;-50), der durch die Kosten des Gesamtplans mit OZ=1 gegeben und als Punkt auf der Verlängerung der Gewinngeraden im Diagramm vermerkt ist. Diese Gerade hat aufgrund des Konstantsummencharakters der vorliegenden Situation die Steigung -1. Der Lösungsraum für die Verhandlung umfasst alle Punkte (G_1;G_2) auf der Gewinngeraden mit G_1>0 und G_2>0. Die durch das (hier nicht näher zu erklärende) Prozedere der Verhandlung im Zeuthen-Harsanyi-Spiel mit wechselseitigen Angeboten und Gegenangeboten letztendlich erreichte Lösung im Punkt N (siehe Diagramm) bedeutet hier stets eine Gleichverteilung des Gesamtgewinns. Daraus lässt sich im Beispiel eine Zahlung von 150 GE von Spieler 1 an Spieler 2 ableiten.

Die Nicht-Anwendbarkeit dieses Spiels in der vorliegenden Situation liegt im Wesentlichen an den folgenden Problemen. Die erste Schwierigkeit mit der Lösung im Punkt N resultiert aus der von den Firmen nicht zwingend als symmetrisch empfundenen Ausgangssituation: Das bei Firma 1 mögliche Einsparungspotenzial ist im Beispiel um ein Vielfaches größer als die für Firma 2 notwendige Kompensationszahlung. Eine Gleichverteilung des Gesamtgewinns wird deshalb evtl. durch Firma 1 nicht akzeptiert. (Wäre die Lösung ein nicht vorhersehbares Ergebnis einer einzelnen Verhandlung, würde das kein Problem darstellen. Bei wiederholter Anwendung eines vorher bekannten und daher auch im Vorfeld durchspielbaren Prozederes könnten Einwände gegen die dann vorhersehbare eindeutige Lösung die Verhandlung jedoch schon vor ihrem Beginn gefährden.) Dieses Problem ist eng verbunden mit der im Zeuthen-Harsanyi-Spiel unterstellten vollständigen Information. Schon die bloße Darstellung des Problems in Form eines Diagramms analog zu Abbildung 4-13 setzt bereits die Kenntnis des Gesamtgewinns voraus: Die Spieler können einfach keinen Punkt im Lösungsraum vorschlagen, wenn sie den Lösungsraum (d. h. das Diagramm) nicht kennen. Um das Zeuthen-Harsanyi-Spiel trotzdem zu verwenden, müsste es so stark verändert werden, dass es sich nicht mehr um das ursprüngliche Konzept handelt.[235]

Ein weiteres Problem stellt die Erweiterung dieses Spiels auf *n* Spieler dar, was für die Anwendung im Rahmen der MVOZ nötig wäre. Eine solche Erweiterung ist zwar theoretisch denkbar, jedoch müsste dafür unterstellt werden, dass jeder der *n* Spieler jeweils *n*-1 Zwei-Spieler-Verhandlungen führt.[236] In der Praxis wäre dies eine prohibitiv aufwändige Verhandlungsmethode, wodurch letztendlich nicht nur die Effizienz, sondern auch die Effektivität der Verhandlung in Frage gestellt wird.

Entwurf des Verhandlungsschemas

Wenn nun, wie gezeigt wurde, die bestehenden Verhandlungskonzepte nicht anwendbar sind, so ergibt sich die Notwendigkeit, ein gesondertes und an die vorliegende Situation angepasstes Verhandlungsprozedere zu entwerfen. Diese Aufgabe wird durch den Umstand vereinfacht, dass aufgrund der bereits beschriebenen Sachlage nicht (nur) eine Verhandlung in ihrer *allgemeinen* Form[237] notwendig ist. Vielmehr handelt es sich um einen Spezialfall, bei dem viele Elemente bereits festgelegt sind: Die Verhandlungsteilnehmer (alle *n* Firmen), der Verhandlungsgegenstand (die Höhe der Ein- bzw. Auszahlung jeder Firma) und die Rückfalllösung im Falle des Scheiterns der Verhandlungen (traditionelle Planung). Gestaltungsmöglichkeiten liegen deshalb nur noch in den folgenden Aspekten:

1. Inhalt der Vorschläge der Verhandlungsteilnehmer
2. Art der Abgabe der Vorschläge
3. Einmaliger oder iterativer Charakter der Verhandlung

Aufgrund der hier vorliegenden Situation ist der (sinnvolle) Spielraum der Ausprägungen dieser Aspekte bereits stark eingeschränkt. Diese situativen Einflüsse stellen sich, getrennt nach den drei genannten Aspekten, wie folgt dar:

Zu 1.: Welche Inhalte haben die Vorschläge der Teilnehmer? Zur Debatte stehen hier lediglich die Zahlungen der Firmen. Diese Frage lässt sich deshalb dahingehend umformulieren, ob die Firmen in der Verhandlung die Höhe der eigenen Zahlungen und/oder diejenigen anderer Firmen vorschlagen. Aufgrund der Situation wird jedoch schnell klar, dass Vorschläge zur Zahlungshöhe, die eine bestimmte Firma leisten bzw. empfangen soll, hier nur durch diese Firma selbst eingebracht werden können. Dies liegt darin begründet, dass aufgrund der

[235] Wie z. B. durch Pibernik/Sucky (2008) vorgenommen.
[236] Vgl. Holler (1992), S. 103 ff.
[237] Siehe für eine allgemeine und deshalb unscharfe sowie hier nicht hilfreiche Definition z. B. Putnam/Roloff (1992), S. 2 f.

Annahmen kein anderes Mitglied des Netzwerks Einblick in die Kosten- und Gewinnsituation dieser Firma hat. Auch von einer Abschätzbarkeit der Kostenwerte bzw. einer bekannten Variantenmenge kann hier nicht ausgegangen werden, da dies das Problem der fehlenden Information nicht lösen, sondern lediglich um eine Stufe verlagern würde.[238] Eine Verhandlung mit Vorschlägen zur Zahlungen *fremder* Firmen würde hier daher einem Ratespiel gleichen und, wenn überhaupt, nur über langwierige iterative Annäherungen zum Erfolg führen. Gänzlich verworfen werden kann eine solche Gebotsform, wenn man bedenkt, dass die Anzahl der Firmen im Netzwerk im vorliegenden Modell unbeschränkt ist. Die Möglichkeit, dass alle n Firmen durch Abschätzung bzw. durch Iteration die tatsächlichen Akzeptanzbereiche aller anderen n-1 Firmen zugleich zu treffen, kann daher hier als nicht gegeben bzw. als prohibitiv aufwändig angesehen werden.[239] Der Vorschlag, den eine Firma in die Verhandlungen einbringt, umfasst hier deshalb nur ihre individuelle Transferleistung. Jede Firma i gibt also im Folgenden lediglich Vorschläge bzgl. ihrer *eigenen* Zahlungen Z_i ab. Diese Zahlungen sind negativ (Z_i<0), d. h. Auszahlungen, wenn die Firma ein „Gewinner" (s. o.) ist und positiv (Z_i>0), d. h. Einzahlungen, wenn sie ein „Verlierer" ist. Es wird somit angenommen, dass jeder Gewinner bereit ist, einen gewissen Teil seiner Kostendifferenz aufzugeben, da ihm die Existenz von Verlierern bekannt ist (siehe obige Ausführungen). Jeder Verlierer hingegen fordert eine Kompensation, die ein gewisses Maß über der für ihn zwingend nötigen Zahlungshöhe liegt. Wie groß der jeweilige Unterschied der Angebote bzw. Forderungen zu den tatsächlichen Kostendifferenzen[240] ist, sollte geheim bleiben, da es das Ziel ist, die genaue Höhe der individuellen Differenzen nicht preiszugeben. Einerseits wird so dem in Kapitel 4.2 aufgestellten Ziel des Informationsschutzes besser gedient und andererseits ist die unbekannte Höhe des tatsächlichen Gewinns der anderen Teilnehmer der zentrale Baustein bei der Vermeidung von Neideffekten. Die Angebote bzw. Forderungen selbst sind dagegen als nichtkritische Informationen einzustufen. Sie basieren einerseits nur lose auf den tatsächlichen Kostenwerten, da die Bieterstrategie der Firmen unbekannt ist. Andererseits sind auch die Kostenwerte selbst schon vermindert kritisch, da es sich nur um Unterschiedswerte und nicht um absolute Größen handelt.[241]

Zu 2.: In welcher Weise werden die Vorschläge abgegeben bzw. offengelegt? Bei dieser Frage kann man im Wesentlichen zwischen der sukzessiven und der simultanen Abgabe der Vorschläge bzw. (richtiger) ihrem Bekanntwerden unterscheiden. Gemäß der bereits beantworteten Frage nach den Inhalten der Vorschläge sind diese Inhalte überschneidungsfrei, d. h.

---

[238] So wird hier z. B. dem Vorgehen in Sucky (2003), S. 4, nicht gefolgt. Es lässt sich nunmal (abgesehen von Einzelfällen) kaum begründen, warum, wenn schon vom Vorliegen privater Informationen bei Firma A ausgegangen wird, Firma B alle Varianten kennt, die diese ihr unbekannte Information annehmen kann.

[239] Tatsächlich lassen sich derartige Angebotsinhalte in der Literatur auch nur bei sehr begrenzter Teilnehmerzahl beobachten, z. B. bei einem Netzwerk mit lediglich zwei Firmen, vgl. Sucky (2003).

[240] Zur Erinnerung: Mehr- bzw. Wenigerkosten des zur Verhandlung stehenden Alternativplans im Vergleich zur traditionellen Planung. Diese sind betragsmäßig identisch mit der zur Erreichung eines individuellen Gesamtgewinns von Null notwendigen Zahlung.

[241] Unterschiedsinformationen sind gemäß Kapitel 3.2 als vermindert kritisch einzustufen.

sie enthalten keine Aussagen über gleiche Größen. Aus diesem Grund widersprechen sie sich nicht gegenseitig und können, neben der stets möglichen sukzessiven Methode, auch simultan offengelegt werden.[242] Im Wesentlichen bedeutet die simultane Variante im vorliegenden Fall, dass alle Firmen die Vorschläge der anderen Firmen erst nach der Abgabe des eigenen Vorschlags erfahren. Dadurch wird ausgeschlossen, dass einzelne Unternehmen einen taktischen Vorteil erlangen, indem sie bereits abgegebene Gebote bzw. Forderungen anderer Firmen in ihren eigenen Vorschlag einfließen lassen. In verschiedenen Gebieten bzw. Situationen der Wirtschaftswissenschaft wurden bereits Vorteile, z. T. aber auch Nachteile für diejenigen Spieler festgestellt, die den ersten Zug machen.[243] Beide Reihenfolgeeffekte sind im vorliegenden Fall unerwünscht, denn eine Einigung aller Firmen auf ein Verhandlungsprozedere ist nur zu erwarten, wenn sich kein Teilnehmer benachteiligt fühlt. Die simultane Variante ist deshalb hier zu bevorzugen. Außerdem resultieren zwei weitere Vorteile aus der Gleichzeitigkeit der Vorschläge: Erstens vereinfacht sich der Ablauf der Verhandlungen durch eine simultane Offenlegung, da keine Reihenfolge festgelegt werden muss. Zweitens folgt aus der Gleichzeitigkeit der Vorschläge gemäß der Verhandlungstheorie, dass die Unbestimmtheit, die Verhandlungen eigen ist, *nicht* aufgelöst wird.[244] Daraus kann man schlussfolgern, dass sich aus der Kenntnis des Verhandlungsprozederes kein eindeutiges Verhandlungsergebnis ableiten lässt. Wie bereits erklärt, ist die Möglichkeit verschiedener Ergebnisse im vorliegenden Fall eher vorteilhaft.[245]

Zu 3.: Soll(en) nur eine oder mehrere Verhandlungsrunde(n) verwendet werden? Die Antwort auf diese Frage ist in der vorliegenden Situation ebenfalls recht eindeutig. Man kann schon für

---

[242] Zwar ist eine simultane Offenlegung auch bei sich überschneidenden Inhalten nicht völlig ausgeschlossen, es müssen dann aber zusätzliche Regeln konzipiert (und durch alle Teilnehmer akzeptiert!) werden, um die Widerspruchsfreiheit in jeder Runde zu erreichen. Alternativ kann man auch darauf verzichten und die Widerspruchsfreiheit zu einer Endbedingung erklären (d. h. sie muss erst zum Abschluss der Verhandlungen erreicht werden). Inwiefern sich dadurch jedoch die gesamte Verhandlung in die Länge zieht bzw. ihr Erfolg gefährdet ist, lässt sich schwer abschätzen.

[243] In der Spieltheorie werden Anfängervorteile vielfach festgestellt, z. B. in einer numerisch-iterativen Verhandlung bei Osborne/Rubinstein (1994), S. 126 und in Matrixspielen bei Rasmusen (2001), S. 29. Je nach Situation können sich aber auch Nachteile für den Spieler ergeben, der den ersten Zug macht, siehe z. B. Spence (1984). Für einen Überblick zu derartigen Vor- und Nachteilen siehe Lieberman/Montgomery (1988) in Kombination mit Lieberman/Montgomery (1998). Experimentell bestätigt wurden Anfängervorteile z. B. in Roth (1995), S. 328.

[244] Vgl. Muthoo (1999), S. 192.

[245] Das hier propagierte Verhandlungsschema weist durch die simultane Offenlegung Analogien zu verdeckten Auktionen auf (vgl. z. B. Amor (2000), S. 51 f.), bei denen die Gebote z. B. in verschlossenen Umschlägen abgegeben werden. Generell dominieren bei Vergleichen zu Auktionen allerdings die Unterschiede, da hier nicht ein einzelner Gewinner gesucht ist, sondern sich alle Teilnehmer einig werden und anschließend gemeinsam das erreichte Ergebnis umsetzen müssen. Während Auktionen eine Art Wettbewerb sind, handelt es sich hierbei eher um „Co-opetition“ (vgl. Brandenburger/Nalebuff (1996)) – die Akteure sind nicht nur *Gegen*spieler, sondern im Wesentlichen *Mit*spieler. Zielsetzung, Anreizlage und strategische Implikationen für Spieler und Gebote differieren im Vergleich zu Auktionen deshalb stark (vgl. zu Auktionen z. B. McAfee/McMillan (1987) und Klemperer (2004)).

weitaus einfachere Situationen mit lediglich zwei Teilnehmern erwarten, dass eine Einigung nicht bereits auf Basis der ersten Vorschläge erzielt wird[246] – bei einer größeren Teilnehmerzahl wie im vorliegenden Fall scheint dies noch sicherer zu sein. Außerdem ist die Wahrscheinlichkeit auf eine Einigung in der ersten Runde auch deshalb gering, weil die Informationen, die bei den anderen Teilnehmern zu Akzeptanz oder Ablehnung eines Vorschlags führen, hier privat sind. Daher ist es für eine Firma nicht abschätzbar, wie kompatibel der eigene Vorschlag zu den Geboten bzw. Forderungen der anderen Firmen ist. Ein Verhandlungserfolg schon nach der ersten Vorschlagsrunde ist somit nicht zu erwarten, weshalb das im Folgenden vorgeschlagene Verhandlungsprozedere im Normalfall mehrere Runden umfassen wird.

Zusammengefasst ergibt sich aus diesen Überlegungen ein Verhandlungsschema mit mehreren Runden, in dessen Verlauf sich die Teilnehmer einer Lösung schrittweise nähern. In jeder Runde gibt jede Firma einen Vorschlag bzgl. der Höhe ihrer eigenen Ein- bzw. Auszahlung ab. Die Vorschläge werden gleichzeitig bekanntgegeben.

Bislang noch nicht explizit besprochen wurde die Frage nach dem Abbruchkriterium, d. h. die Bedingung, mit deren Hilfe nach jeder Runde festgestellt wird, ob eine weitere Verhandlungsrunde nötig ist. Diese Funktion kann hier durch eine einfache Addition übernommen werden: Hat jeder Spieler sein Gebot bzw. seine Forderung abgegeben, so wird die Summe dieser (potenziellen) Zahlungen gebildet. Wenn diese Summe gleich oder kleiner als Null ist, ist eine Lösung erreicht. Liegt die Summe über Null (d. h. die Kompensationsforderungen übersteigen die Kompensationsangebote), muss eine weitere Verhandlungsrunde stattfinden, in der jeder Gewinner seinen Gebotsbetrag erhöhen und jeder Verlierer seine Forderung verringern sollte. Solange die Summe weiterhin über Null liegt, sind weitere Verhandlungsrunden nötig, um eine Lösung zu erreichen.

Durch die Verwendung der Zahlungssumme als Erfolgsmesser in jeder Runde ergibt sich eine zusätzliche Möglichkeit, die Menge der ausgetauschten Informationen zu beschränken: Die jeweiligen Vorschläge der Firmen müssen gar nicht offengelegt werden, sondern lediglich eben jene Summe. Es gäbe dann noch weniger Möglichkeiten, die Kostensituation anderer Firmen aus ihren Geboten bzw. Forderungen abzuleiten. Allerdings müsste dann, analog zur Verifizierung in Kapitel 4.6.1, zwingend eine technische Lösung den Verhandlungsablauf unterstützen. Dies wäre nicht nur nötig, um die Summe überhaupt bilden zu können, sondern auch, um die Teilnehmer an „Wartespielen“ zu hindern. Damit sind Vorschläge gemeint, die nicht besser (oder gar schlechter) als die Vorschläge aus der Vorrunde sind. Bei Offenlegung der Gebote wäre ein solch „unkollegialer“ Zug einer Firma für alle anderen sichtbar – ohne die Offenlegung könnte sich ein einzelner Opportunist jedoch in der Summe „verstecken“.

[246] Vgl. Cachon (2001), S. 8.

Die Geheimhaltung der Vorschläge hat also nicht nur Vor-, sondern auch Nachteile.[247] Im Folgenden wird von der Offenlegung der (relativ unkritischen, s. o.) Vorschläge ausgegangen, ohne damit jedoch eine Empfehlung für den konkreten Anwendungsfall auszusprechen.

Ablaufbeispiel

Der grundsätzliche Ablauf soll an einem Beispiel mit n=3 illustriert werden, in welchem OZ=2 durch die Verifizierung als die lohnendste Alternative ermittelt und zur Verhandlung vorgeschlagen wurde. Die tatsächliche Gesamtkostendifferenz wurde nicht veröffentlicht. Die individuellen Kostendifferenzen der Firmen sind Tabelle 4-25 zu entnehmen.

Tatsächliche Werte	OZ=2
$\Delta K(P_{12})$	-186 GE
$\Delta K(P_{22})$	-358 GE
$\Delta K(P_{32})$	+281 GE
$\Delta K(GP_2)$	-263 GE

Tabelle 4-25: Verhandlungsbeispiel - Ausgangssituation

In diesen Kostendifferenzen wurden gemäß Kapitel 4.6.1 bereits die zu erwartenden Kosten der Verhandlungen berücksichtigt (d. h. jede Firma hat ihre gemeldeten Werte etwas erhöht). Da die Verifizierungsstelle die Alternative OZ=2 trotzdem als „lohnend" eingestuft hat, sind Verhandlungen also sinnvoll. Wird in der Verhandlung keine Einigung auf OZ=2 erzielt, so tritt automatisch die traditionelle Planung mit OZ=3 in Kraft.

In der ersten Runde sollten nun alle Gewinner (hier: Firmen 1 und 2) einen Teil ihrer Gewinne als Kompensation anbieten, um die Verlierer (hier Firma 3) zu entschädigen. Hier wird willkürlich angenommen, dass Firma 1 50 % anbietet, Firma 2 bereit ist, 60 % zu geben und Firma 3 40 % Überkompensation fordert. Die den anderen Firmen in Runde 1 mitgeteilten Werte entsprechen dann den Zahlungsvorschlägen in Tabelle 4-26 (gerundet auf ganze Werte). Die ebenfalls in Tabelle 4-26 dargestellte Zahlungsbereitschaft ist dagegen, wie bereits betont, eine private Information und den anderen Unternehmen des Netzwerks nicht bekannt.

Runde 1	Zahlungsvorschlag	Zahlungsbereitschaft
Z_1	-93 GE	50 %
Z_2	-215 GE	60 %
Z_3	393 GE	-140 %
Summe	85 GE	

Tabelle 4-26: Verhandlungsbeispiel – Runde 1

[247] Eine weitere, hier nicht näher vertiefte, Komplikation ergäbe sich im Falle der nicht offengelegten Zahlungsströme: Die Zahlungsabwicklung müsste zur Wahrung der Geheimhaltung ebenfalls intransparent erfolgen.

Da die Summe dieser Werte größer als Null ist, ist noch keine Lösung erreicht. Die Summe der gebotenen Kompensationszahlungen reicht zur Erfüllung der Forderung von Firma 3 nicht aus (308 GE < 393 GE). Anzumerken ist, dass die tatsächlich notwendige Kompensation für Firma 3 bereits erreicht wurde (308 GE > 281 GE). Das weiß allerdings nur Firma 3 selbst.

Für Runde 2 wird nun angenommen, dass die Gewinner ihre Zahlungsgebote auf 65 % (Firma 1) bzw. 70 % (Firma 2) steigern und Firma 3 nur noch 35% Überkompensation fordert. Es ergibt sich Tabelle 4-27.

Runde 2	Zahlungsvorschlag	Zahlungsbereitschaft
Z_1	-121 GE	65 %
Z_2	-251 GE	70 %
Z_3	379 GE	-135 %
Summe	7 GE	

Tabelle 4-27: Verhandlungsbeispiel – Runde 2

Da dies immer noch nicht reicht, bessert jede Firma noch minimal nach. Der Fehlbetrag in Höhe von 7 GE ist aber allen bekannt und könnte aufgrund seiner besonders geringen Höhe gleichmäßig verteilt werden (Abkürzung der Verhandlungen). Natürlich kann auch, wie hier vorgenommen, eine erneute Verhandlungsrunde durchgeführt werden, in der beispielsweise Zahlungsbereitschaftswerte von 67%, 71% und -133% erreicht werden (Tabelle 4-28).

Runde 3	Zahlungsvorschlag	Zahlungsbereitschaft
Z_1	-125 GE	67 %
Z_2	-254 GE	71 %
Z_3	373 GE	-133 %
Summe	-6 GE	

Tabelle 4-28: Verhandlungsbeispiel – Runde 3

Die Summe von -6 GE erlaubt es nun, Zahlungen festzulegen, die die zu Beginn aufgestellte zweite Bedingung erfüllen. (Die erste Bedingung „individuelle Rationalität" wird durch die selbstständige Festlegung der Gebote bzw. Forderungen durch die Firmen automatisch eingehalten.) Bei gleichmäßiger Aufteilung des geringen Summenbetrags von 6 GE ergeben sich die in Tabelle 4-29 vermerkten Zahlungen und Gewinne je Firma.

Endergebnis	erhaltene (+) bzw. geleistete (-) Zahlungen Z_i	tatsächlicher Kosten-unterschiedswert ΔK_i	Verhandlungsgewinn Z_i-ΔK_i
Firma 1	-123 GE	-186 GE	63 GE
Firma 2	-252 GE	-358 GE	106 GE
Firma 3	+375 GE	281 GE	94 GE
Summe	0 GE	-263 GE	263 GE

Tabelle 4-29: Verhandlungsbeispiel – Endergebnis

Fairness und Regelwerk

Da mit den obigen Zahlungen nun alle Firmen aus einer Umsetzung des Gesamtplans mit Firma 2 als Optimierungszentrum einen Gewinn im Vergleich zur traditionellen Planung erzielen, wird dieser Gesamtplan umgesetzt. Dies zumindest gebietet die Rationalität. Doch wie steht es mit den nicht-rationalen Motiven, z. B. dem Neid? Bekannt sind lediglich die zwischen den Firmen geflossenen Zahlungen (Z), nicht jedoch die tatsächlichen individuellen Verhandlungsgewinne (Z-ΔK). Dieses Unwissen erlaubt den Firmen keine Vergleiche ihrer Gewinne untereinander und verhindert so das Entstehen von Neid bereits im Ansatz. Auf diese Weise kann das *Fehlen* einer Information von großem Vorteil sein[248]. Solange nur jede Firma einen positiven Verhandlungsgewinn erzielt ohne diesen mit denen anderer Teilnehmer vergleichen zu können, kann von einer erfolgreichen Fortführung dieser Verhandlungsmethode ausgegangen werden.

Doch wie sieht es mit der tatsächlich erreichten Fairness aus? Diese Frage stellt sich hier nicht bzw. sie ist unwichtig. Der Grund ist der, dass im Gegensatz zu der von den Firmen selbst wahrgenommenen Fairness eine solche „tatsächliche Fairness" – woher auch immer man sie gewinnen mag – nur eines von mehreren denkbaren, eher willkürlichen normativen Konstrukten ist (beispielsweise Gleichverteilung, gewichtete Verteilung, Mischungen dieser beiden etc.). Die dafür notwendige übergeordnete Sichtweise (vergleichbar zu der eines „Spielleiters") kann hier durch keinen Teilnehmer erreicht werden. Wichtig ist deshalb allein die jeweils individuell wahrgenommene Fairness, welche bereits besprochen wurde. Solange sich keine Firma unfair behandelt fühlt, ist von wissenschaftlicher Seite nichts gegen die fragliche Verteilung einzuwenden.[249] Das Ziel der hier propagierten Methode variabler Optimierungszentren kann nur die Effizienzsteigerung für jeden Akteur sein. Wie der darüber hinaus gemeinsam erzielte Gewinn aufgeteilt wird, ist völlig irrelevant, solange die Art der Aufteilung ein langfristiges Funktionieren der Methode gewährleistet.

Natürlich kann ein so reibungsloser Ablauf wie im obigen Beispiel nicht in jedem Fall garantiert werden.[250] Zahlreiche Aspekte des Verhandlungsablaufs könnten unvorteilhafter ausfallen als im Beispiel geschildert. Es ist daher sinnvoll, bei Einführung dieser Verhandlungsmethode gewisse Regeln aufzustellen bzw. bestimmte Empfehlungen zu geben, um ein effizientes und erfolgreiches Abschließen der Verhandlungen wahrscheinlicher zu machen. Die Effizienz bzw. den Erfolg gänzlich garantieren kann jedoch kein Regelwerk der Welt. Grund dafür ist die in Kapitel 4.2 angenommene Selbstständigkeit der Unternehmen, die stets auch

[248] Vgl. zur Vorteilhaftigkeit fehlender Informationen in Aufteilungsproblemen z. B. Brams/Taylor (1996), S. 58 und S. 110 f.

[249] Hierbei wird natürlich der Mindestvorteil von Null vorausgesetzt, d. h. die Indifferenz zur traditionellen Planung ist das denkbar schlechteste Resultat der Verhandlungen.

[250] Was nicht heißt, dass die Gebote im Beispiel völlig frei erfunden sind. Sie halten sich z. B. an das Prinzip der von Runde zu Runde kleiner werdenden Zugeständnisse, das bereits in den klassischen Experimenten von Kelley et al. (1967) empirisch bestätigt wurde.

eine andere Handlungsweise möglich macht. Selbst vertraglich fixierte Regeln sind hierfür kein Allheilmittel, da eine Zustimmung der Firmen zu derartigen Verträgen sowie deren langfristige Einhaltung umso unwahrscheinlicher ist, je restriktiver diese Regeln ausfallen.

Vorteilhafte Verhandlungsregeln, auf die sich die Firmen bei Einführung der Methode einigen, könnten u. a. folgende Inhalte haben:

- Begrenzung der Rundenzahl auf einen Maximalwert (z. B. drei bis sechs), um den zeitlichen Umfang der Verhandlungen gering zu halten und zugleich abschätzbar zu machen
- Vorschrift, dass jede Firma in jeder Runde ihr Gebot verbessern muss, um Wartespiele bzw. Blockaden zu vermeiden

Diese Regeln sollten einen ultimativen Charakter haben, d. h. bei ihrer Verletzung durch einen oder mehrere Teilnehmer gelten die Verhandlungen als gescheitert und es kommt die Ausweichalternative „traditionelle Planung" zur Anwendung. Bei Verwendung einer technischen Lösung zur Unterstützung des Verhandlungsablaufs kann die Einhaltung dieser Regeln durch die genutzte Software erzwungen werden.

Weiterhin sollten auch nicht-bindende Empfehlungen ausgesprochen werden, um die Höhe der Gebote zu regulieren. So könnte eine empfohlene Spannweite für die Anfangsgebote der Gewinner z. B. bei 30 % bis 50 % ihres Gewinns liegen (analog 70 % bis 50 % Überkompensationsforderung der Verlierer, vgl. untenstehende Auswertung). Mit niedrigen Anfangsgeboten bzw. hohen Anfangsforderungen durch die Spieler muss gerechnet werden, weshalb darauf abzielende Empfehlungen diesem Prinzip nicht *zu* stark widersprechen sollten. Für zu Beginn eher niedrige bzw. hohe Dimensionierungen der Gebote bzw. Forderungen gibt es vor allem zwei Gründe: Einerseits die Hoffnung, eine – wenn auch unwahrscheinliche – Möglichkeit einer für den betreffenden Spieler sehr vorteilhaften Einigung aufgrund einer hohen Gesamtkostendifferenz nutzen zu können und andererseits die Schaffung von Verhandlungsspielraum, um den implizit bestehenden Normen gegenseitiger Zugeständnisse[251] folgen zu können. Eine zweite nicht-bindende Empfehlung kann die Erhöhungen der Gebote bzw. Absenkungen der Überkompensationsforderungen betreffen. Diese könnten, je nach Zahlungssumme der Vorrunde, zwischen 5 % und 20 % rangieren. Diese empfohlenen Korridore sollten noch ausreichend Raum lassen, um keine zu genaue Abschätzung der tatsächlichen Kostendifferenzen durch die anderen Teilnehmer zu ermöglichen. Andererseits sollten sie auch nicht dermaßen weit gesteckt werden, dass die Zahl der nötigen Verhandlungsrunden unkalkulierbar wird.

[251] Vgl. Roloff/Jordan (1992), S. 26.

Mittlere notwendige Zahlungsbereitschaft

Wie hoch die Zahlungsbereitschaften bzw. Überkompensationsforderungen im Mittel ausfallen müssen bzw. dürfen, wird im Folgenden durch eine spezielle Auswertung der Simulationsergebnisse aus Kapitel 4.5 deutlich. Hierfür wurde angenommen, dass die beteiligten Firmen stets eine prozentuale Gleichverteilung der Gewinne erzielen. Formal ausgedrückt bedeutet das:

„Gewinner" j ($\Delta K(P_{jy})<0$) zahlen $\alpha \cdot |\Delta K(P_{jy})|$ und

„Verlierer" i ($\Delta K(P_{iy})>0$) erhalten $(1+(1-\alpha)) \cdot \Delta K(P_{iy})$, wobei $0 \leq \alpha \leq 1$

Zur Anwendung kommt dann jenes einheitliche α, bei dem die Summe der Zahlungen an die Verlierer gleich der Summe der Zahlungen der Gewinner ist. In diesem Punkt behalten die Gewinner genauso viel (in Prozent) von ihrem Gewinn für sich, wie die Verlierer an Überkompensation (in Prozent) erhalten. Dieses Ergebnis wird aber *nicht* (wie hier) auf direktem Weg berechnet, sondern ergibt sich „von selbst" im Verhandlungsprozess. Vorausgesetzt, die Firmen verfolgen im Schnitt ähnliche Strategien und orientieren sich bei der Wahl ihrer Gebote bzw. Forderungen prozentual an ihrem Kostenunterschiedswert[252], so ist ein solches Verhandlungsergebnis für das soeben vorgestellte Verhandlungsprozedere im Mittel über die Zeit durchaus denkbar. Für die sechs Netzwerke aus Kapitel 4.5 ergeben sich folgende mittlere Werte für α (Tabelle 4-30) für die Fälle, in denen es zu Verhandlungen kommt ($OZ^*<n$):

Netzwerk	UN3LIN	UN3KON	UN3ALG	UN6LIN	UN6KON	UN6ALG	Gesamt
einheitlicher Wert für α (Fallzahl)	62,62 % (134 Fälle)	74,30 % (83 Fälle)	76,90 % (53 Fälle)	61,64 % (210 Fälle)	68,69 % (161 Fälle)	84,71 % (51 Fälle)	70,31 % (692 Fälle)

Tabelle 4-30: Notwendige mittlere Zahlungsbereitschaften in den Simulationsdaten

Diese Werte geben einen Anhaltspunkt, bei welcher mittlerer Gebotshöhe (ca. 70 % der Kostensenkung) bzw. Überkompensationsforderung (ca. 130 % des Kostenanstiegs) eine Einigung erreicht werden kann. Allerdings zeigt die Streuung der Ergebnisse auch hier, analog zu der Untersuchung des Gesamtvorteils in Abbildung 4-11 in Kapitel 4.5.2, dass diese Mittelwerte *nicht* als Prognosewerte für einzelne Verhandlungen zu gebrauchen sind. Abbildung 4-14 enthält zur Veranschaulichung dieser Aussage die Werte für α unter Zusammen-

[252] Aufgrund des Mangels an anderen situationsbezogenen Maßstäben erscheint die Annahme einer Orientierung am eigenen Kostenunterschiedwert hier realistisch. Nur bei sehr geringen Kostenunterschiedswerten (*ΔK* nahe 0) mag ein sich daran prozentual orientierendes Verhalten unrealistisch erscheinen, da dann trotz Übernahme des Alternativplans kein bzw. kaum Gewinn für diese Firma entstünde. Hier kann jedoch der Mindestgewinn aus Kapitel 4.6.1 helfen, der dem tatsächlichen Kostenunterschiedswert hinzugefügt werden kann, um den Planwechsel trotzdem lohnend zu machen.

fassung aller 692 Fälle ohne Realisierbarkeitsvorteil (d. h. die traditionelle Planung ermittelt zulässige Pläne), in denen Verhandlungen stattfinden[253].

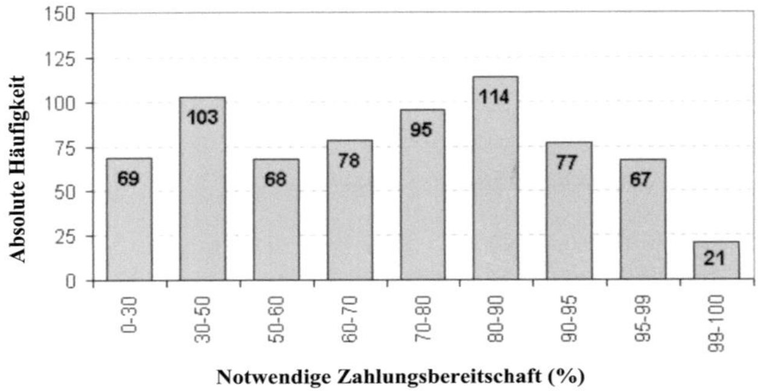

Abbildung 4-14: Streuung der notwendigen Zahlungsbereitschaften

Als lockere Richtlinien in den Verhandlungen können die Mittelwerte aus Tabelle 4-30 aber dennoch sehr nützlich sein, um langfristige Verhaltensweisen zu erzeugen, die in der Mehrzahl der Fälle eine Einigung möglich machen.

Weitere Aspekte

Wurde im Unterschied zu den obigen Ausführungen einmal keine Einigung erreicht, so sind dafür im Wesentlichen zwei Ursachen denkbar. Einerseits könnte die tatsächliche Gesamtkostendifferenz sehr gering sein. Die Summe der angebotenen Kompensationszahlungen könnte dann auch nach vielen Runden nicht ausreichend groß sein, da u. U. weder Zahlungsbereitschaft noch Kompensationsforderung 100% des Kostenunterschiedes erreichen. In diesem Falle wäre jedoch das Scheitern der Verhandlungen nicht von großem Nachteil, da der vergebene Effizienzgewinn durch den Alternativplan entsprechend klein ist. War die Gesamtkostendifferenz dagegen erheblich, so sind unvorteilhafte Strategien der Firmen bei der Gebotsabgabe verantwortlich für das Scheitern. Für solche Fälle kann man jedoch Lerneffekte bei den Beteiligten erwarten, da das Prozedere in jedem Planungszeitraum wiederholt wird.[254]

Die Unterscheidung zwischen diesen beiden Fällen und eine entsprechend angepasste Verhaltenweise im nächsten Planungszeitraum ist den Firmen natürlich nur dann möglich, wenn die Gesamtkostendifferenz bei der Verifizierung veröffentlich wurde (Ausgabemöglichkeit Nr. 2

[253] Man beachte, dass die sechs Netzwerke aufgrund ihrer jeweiligen Zahl an Fällen mit Verbesserung unterschiedlich stark in diese Auswertung eingehen. Eine große Streuung findet sich aber auch bei jedem einzelnen Netzwerk – mit Ausnahme von UN6ALG, bei dem 55 % der 51 Fälle im Bereich 80 % bis 95 % liegen.

[254] Experimentell bestätigt wurde die Anpassung von Spielern an ein Verhandlungsspiel und ihre Mitspieler über die Zeit z. B. in Roth (1995), S. 327 f.

in Kapitel 4.6.1). Ist dagegen lediglich das lohnendste Optimierungszentrum ohne die Gesamtkostendifferenz veröffentlicht worden (Ausgabemöglichkeit Nr. 5), so ist unklar, welche Höhe die verschenkte Kostensenkung hatte und worauf das Scheitern zurückzuführen ist.

Auch für die aktuellen Gebote ist ein deutlicher Einfluss durch eine bekannte Gesamtkostendifferenz zu erwarten. Bei geringer Gesamtkostendifferenz werden die Firmen mehr bieten bzw. weniger fordern als bei einem höheren Wert. Grund hierfür ist das Bewusstsein, dass es im ersteren Fall weniger zu verteilen gibt und daher jede Firma von Beginn an mit einem geringeren Verhandlungsgewinn rechnet. Eine bekannte Gesamtkostendifferenz könnte so zu einer besser berechenbaren Verhandlungsdauer führen, da die Gebote bzw. Forderungen dem zu verteilenden „Kuchen" bereits angepasst sind.

Doch aus einer Bekanntgabe der Gesamtkostendifferenz können auch Nachteile erwachsen. Einerseits würden zwar, wie eben beschrieben, deutlich überzogene Erwartungen vermieden, andererseits werden die Erwartungen auch nach unten hin begrenzt. Jede Firma hat dann die Möglichkeit, nach ihrem Gutdünken einen „angemessenen" Mindestanteil festzulegen. Bestimmte Lösungsmöglichkeiten, bei denen einige Firmen zwar einen Verhandlungsgewinn erzielen, aber schlechter abschneiden als andere, sind dann schwerer zu realisieren. Bei unbekannter Gesamtkostendifferenz ist z. B. die Lösung im obigen Beispiel durchaus nachzuvollziehen. Wäre jedoch Firma 1 die Größe des „Kuchens" (263 GE) bekannt, so ist unklar, ob sie mit ihrem Anteil von 63 GE noch zufrieden wäre. Diese Argumentation deutet deshalb in Richtung einer schwierigeren Verhandlung bei bekannter Gesamtkostendifferenz.

Ob die Bekanntgabe der Gesamtkostendifferenz in Summe eher Vorteile oder Nachteile bringt, kann ohne die Kenntnis der Strategien der Beteiligten nicht endgültig entschieden werden. Aufgrund des größeren Lösungsraums wird hier die Variante mit unbekannter Gesamtkostendifferenz empfohlen und bevorzugt. Im konkreten Anwendungsfall kann dies durch die Verhandlungspartner im gegenseitigen Einverständnis aber natürlich auch anders geregelt werden. Darüber hinaus wäre auch ein Kompromiss denkbar, bei dem nicht die exakte, sondern nur die ungefähre Höhe der Gesamtkostendifferenz bekannt gegeben wird. Die Vor- und Nachteile beider Varianten würden dadurch in abgemilderter Form kombiniert.

Bisher noch nicht besprochen wurden die Besonderheiten der Verhandlungssituationen, in denen die traditionelle Planung für mindestens ein Unternehmen nicht lösbar ist. (Der Fall nicht lösbarer $OZ<n$ braucht hier nicht berücksichtigt zu werden, da diese durch die Verifizierungsstelle aussortiert werden.) In solchen Fällen konnte die betroffene Firma keinen der Kostenunterschiedswerte bestimmen und hat der Verifizierungsstelle deshalb lediglich die Nichtlösbarkeit der traditionellen Planung mitgeteilt. Diese Firma gehört zwar zu den „Gewinnern", kann aber aufgrund des fehlenden Kostenunterschiedwerts ihr Gebot in der ersten Verhandlungsrunde nicht an diesem ausrichten. Sie muss deshalb entweder ihr Gebot ohne jeden Anhaltspunkt festlegen (enthält das Risiko der Gebotsüberdimensionierung!) oder in der ersten Runde „aussetzen". Ab der zweiten Runde wird sich diese Firma stärker als sonst an

den Forderungen der anderen Firmen orientieren müssen. Das Verhandlungsprozedere kann aber auch in solchen Fälle trotzdem ohne Änderungen ablaufen – lediglich das Interesse der Firmen, die Rückfalllösung zu vermeiden, ist hier unterschiedlich stark ausgeprägt, was sich je nach Strategie in den Geboten bzw. Forderungen widerspiegeln wird.

Ebenfalls offen geblieben ist bislang der Ablauf der Verhandlungen bei grundsätzlich ungleich verteilter Verhandlungsstärke der Firmen. In Kapitel 4.2 wurde zwar die umfassende Dominanz einzelner Firmen ausgeschlossen, nicht jedoch (moderate) Unterschiede in der Verhandlungsstärke. Doch auch beim Vorliegen derartiger Unterschiede ist der vorgestellte Verhandlungsablauf anwendbar. Lediglich die Gebote bzw. Forderungen werden angepasst. Dies erfolgt einerseits automatisch durch einen entsprechend festgelegten Mindestgewinn der Firmen (siehe Kapitel 4.6.1) und andererseits mit Hilfe unterschiedlich starker Zugeständnisse der Firmen (Steigerung der Zahlungsbereitschaft) in den einzelnen Verhandlungsrunden: Je vorteilhafter die angestrebte Einigung für eine einzelne Firma ist (d. h. je schwächer ihre Verhandlungsposition ist), desto stärker wird ihre Bereitschaft zur Erhöhung ihrer Zahlungen sein. Die hier bewusst nicht vorgenommene Festlegung auf bestimmte Gebote der Firmen erlaubt dem Verhandlungsprozedere eine Anpassung an unterschiedlichste Gegebenheiten.

Bevor ein abschließendes Urteil über dieses Verhandlungskonzept gefällt wird, soll noch einmal daran erinnert werden, dass die Verhandlungen für jeden Planungszeitraum durchzuführen sind. Ein positiver Nebeneffekt dieser Wiederholungen ist, dass auch die als „vermutlich unangemessen" (insbesondere bei unbekannter Gesamtkostendifferenz kann dies nur eine Vermutung sein) empfundenen Verteilungen akzeptabler werden, da sie nur temporär sind und im nächsten Planungszeitraum erneut zur Verhandlung stehen. Weiterhin fallen diese Verhandlungen dadurch gemäß der Spieltheorie in die Kategorie wiederholter Spiele, wodurch eine Lösung durch Reputationseffekte greifbarer wird.[255] Die Partner kennen sich außerdem bereits, sie unterhalten schon einige Zeit erfolgreich Geschäftsbeziehungen zueinander.[256] Dadurch ist das „Verhandlungsspiel" in ein übergeordnetes wiederholtes Spiel einzuordnen, was ebenfalls den Druck auf die Spieler erhöht, die Verhandlungen mit einem Konsens abzuschließen.

Resümee

Die auf den letzten Seiten vorgestellte Form der Verhandlung ist der hier vorgeschlagene Weg, die Ausgleichszahlungen festzulegen, durch die ein alternativer Gesamtplan erst möglich wird. Die Reduktion auf nur eine Alternative und je einem beliebig skalierbaren Verhandlungswert pro Verhandlungspartner gibt den Verhandlungen eine sehr einfache Struktur, wodurch eine hohe Effizienz ermöglicht wird. Aufgrund dieser Einfachheit und durch das gemeinsame Wissen, dass es einen Zahlungsvektor gibt, bei dem alle gewinnen, wird außer-

[255] Siehe zu wiederholten Spielen z. B. Holler/Illing (2006), S. 135 ff.
[256] Vgl. Kapitel 4.2.

dem ein erfolgreicher Ausgang der Verhandlungen wahrscheinlich. Weiterhin erschwert die Unkenntnis der Gewinne der anderen Firmen das Entstehen von Neid, so dass auch nicht-rationale Motive in gewissem Umfang berücksichtigt wurden. Außerdem werden durch die Integration von Ausgleichszahlungen und Einigung auf einen Plan, d. h. der Zusammenfassung dieser beiden Elemente in *einem* Verfahrensschritt, Anreize geschaffen, die die Beteiligten in Richtung einer höheren Gesamteffizienz lenken – und zwar unter Zuhilfenahme ihrer individuellen Gewinnbestrebungen und ohne jeden Appell zugunsten übergeordneter Ziele[257].

Natürlich kann trotz all dieser Vorteile ein Gelingen der Verhandlungen und damit die Einigung auf einen vorteilhaften Gesamtplan nicht für jeden Fall garantiert werden. Der Grund dafür liegt in der ansonsten sehr vorteilhaften Eigenständigkeit der Partner und in dem wenig restriktiven Verhandlungsablauf (relativ freie Wahl der Gebote etc.). Weiterhin können auch die bereits erwähnten nicht-rationalen (und deshalb schwer vorhersagbaren) Motive die Verhandlungen scheitern lassen, trotz ihrer oben beschriebenen Berücksichtigung. Bei einem Konzept für gemeinsame Effizienzgewinne unter selbstständigen Partnern muss diese Einschränkung aber zwangsläufig akzeptiert werden. Der in solchen Situationen einzig sinnvolle Weg ist das Erstellen einer einfachen und transparenten Methode mit potenziellem Gewinn für alle Beteiligten unter Wahrung ihrer Interessen. Dies wurde hier durch die MVOZ geleistet.

4.6.3 Anreizlage für eine wahrheitsgemäße Informationsübermittlung

Die vorangegangenen Ausführungen gingen stets davon aus, dass die Firmen im Vorfeld und während der Verhandlungen ihre wahren Kostenunterschiedswerte verwenden. Bei jedem Konzept mit mehreren Beteiligten und privaten Informationen muss jedoch auch die Möglichkeit untersucht werden, dass diese Informationen (hier: die n-1 Kostendifferenzen je Firma) falsch sind. Diese Falschmeldungen können zwei Ursachen haben: Selbstschutzbestrebungen der Firmen und Betrugsversuche mit Gewinnabsicht[258].

Falschmeldungen aus Schutzbestrebungen sind deshalb nicht auszuschließen, weil jede Informationsweitergabe – insbesondere kritischer Informationen wie Kosten und Kapazitäten – das Ziel des Informationsschutzes aus Kapitel 4.2 verletzt. Die beteiligten Firmen könnten aus diesem Grund versuchen, durch Verfälschung der gemeldeten Werte die wahren Werte zu verschleiern. Dem kann jedoch durch eine hohe Sicherheit der Verifizierungsstelle entgegengewirkt werden. Mit Hilfe der in Kapitel 4.6.1 genannten Sicherheitsmaßnahmen muss jeder Teilnehmer davon überzeugt werden, dass die gemeldeten Werte keiner anderen Partei zugänglich sind und auch nicht dauerhaft gespeichert werden. Gemessen an dem nicht sehr

[257] Die Betonung des Vorteils auf Netzwerkebene wurde bereits in Kapitel 3.1 kritisch besprochen und verworfen.

[258] Die dritte Möglichkeit eines falsch errechneten Kostenwertes wird hier aufgrund der Annahmen aus Kapitel 4.2 ausgeschlossen.

kritischen Charakter einer aggregierten Kostenunterschiedsinformation sollte dies in den meisten Fällen kein Problem darstellen.

Problematischer sind dagegen Falschmeldungen der zweiten Kategorie: Betrugsversuche mit Gewinnabsicht. Motiv hierfür ist die Bestrebung, in den Verhandlungen einen größeren Gewinn (Summe aus geleisteter bzw. empfangener Ausgleichszahlung und tatsächlichem Kostenunterschiedswert) für sich zu erreichen. Nun stellen die Verifizierung und die eigentliche Verhandlung jedoch zwei bzgl. der Informationen weitgehend isolierte Schritte dar, d. h. die der Verifizierungsstelle gemeldeten Informationen müssen nicht mit dem in den Verhandlungen zur Abwägung der Gebote bzw. Forderungen verwendeten Kostenunterschiedswert übereinstimmen. Die Anreizlage muss daher auch getrennt für diese beiden Schritte untersucht werden.

Eine Falschmeldung an die Verifizierungsstelle würde nur dann zu einem höheren Gewinn für eine Firma führen können, wenn dadurch eine andere Alternative zur Verhandlung käme. Dies bedeutet, dass es Gründe geben muss, warum die Realisierung einer Alternative (d. h. eines bestimmten Optimierungszentrums) von einer Firma bevorzugt wird, welche *nicht* in den wahren Kosten ausgedrückt sind. Das wäre jedoch ein Widerspruch zu der getroffenen Annahme, dass sich die Präferenzen jeder Firma bezüglich der Lage des Optimierungszentrums in Kosten ausdrücken lassen. Außerdem erfordert die Festlegung des Ausmaßes der Abweichung vom wahren Wert ohnehin eine Abschätzung der finanziellen Bedeutung dieser Gründe, weshalb sie gleich von Anfang an in den wahren Kostenwert einbezogen werden sollten. Auf diese Weise stellen sie dann keine Falschmeldung mehr dar, sondern sind Teil der Präferenzen in Form von Kostenunterschiedsmeldungen an die Verifizierungsstelle. Es gibt hier also keinen nachvollziehbaren Grund für Falschmeldungen an die Verifizierungsstelle – weder für Veränderungen im Zahlenwert noch für eine falsche Unlösbarkeitsmeldung (z. B. weil der Solver für das MLCLSP angeblich keine zulässige Lösung findet).

Weiterhin ist das Ziel einer solchen Falschmeldung unklar. Ohne Kenntnis der Kostenunterschiedwerte der anderen Firmen können weder die durch die Verifizierungsstelle ermittelte Siegeralternative noch das Ergebnis der anschließenden Verhandlungen vorhergesagt werden. Lediglich durch die Meldung, eine Alternative sei nicht lösbar, würde die Nichtwahl dieser Alternative sichergestellt, da diese während der Verifizierung ausgesondert wird. Aber eine Falschmeldung dieser Art ist selbst bei sehr hohen Firmenkosten nicht nachvollziehbar, da für einen Sieg dieser Alternative eine entsprechend hohe Zahlung an das Unternehmen nötig wäre, wodurch es für die hohen Kosten (über-)kompensiert würde. Bei niedrigen Kosten ist diese Art der Falschmeldung ebenfalls fraglich, da dann ja gerade eine für das Unternehmen besonders vorteilhafte Alternative von den Verhandlungen ausgeschlossen würde. Es gibt also bei der vorliegenden Informationslage keine Situation, in der eine Falschmeldung an die Verifizierungsstelle definitiv Vorteile bringt.

Zusätzlich zu diesen rationalen Überlegungen, die man von jeder Firma erwarten würde, können folgende Maßnahmen (irrationale) Falschmeldungen noch unwahrscheinlicher machen:

1. Jede Firma darf pro Planungszeitraum ihre n-1 Werte nur *einmal* eingeben. Alternativ genügt auch die Sperrung weiterer Eingaben nach dem Vorliegen des Verifizierungsergebnisses, d. h. der Ausgabe des Verifizierungsprogramms. Damit soll vermieden werden, dass eine Firma Mehrfachkorrekturen ihrer Werte vornimmt, bei denen der „grüne Bereich" des Verifizierungsergebnisses ausgelotet wird. Motiv dafür könnte der Versuch sein, die Alternativenwahl zu manipulieren – obwohl, wie oben gezeigt, damit keine rationalen Hoffnungen auf einen höheren Gewinn verbunden sind.
2. Allen Firmen muss vermittelt werden, dass durch falsche Werte, egal ob zu hoch oder zu niedrig, die Chance auf Realisierung der tatsächlich besten Alternative sinkt. Ganz im Sinne des Konzepts „Co-opetition" ist zuerst durch Kooperation der gemeinsame „Kuchen" möglichst groß zu machen (d. h. die beste Alternative zu finden) und erst danach in den Wettbewerb um die Anteile daran zu treten.[259]
3. Weiterhin muss den Firmen vermittelt werden, dass die Wirkung falscher Eingaben auf den eigenen Gewinn erst mit Hilfe von nicht verfügbaren Informationen (z. B. Kosten der anderen Teilnehmer) vorhergesagt werden kann. Potenziellen Trittbrettfahrern fehlen bei einer so restriktiven Informationslage wie der hier vorliegenden deshalb einfach die Mittel, die Folgen ihrer Manipulationsversuche genau abzuschätzen. Eine Firma kann daher nicht erkennen, ob ihr eine Falscheingabe Vor- oder Nachteile bringt.

In Summe kann man deshalb von einer wahrheitsgemäßen Meldung an die Verifizierungsstelle ausgehen. Bei der oben angesprochenen zweiten Verwendung der Kostenunterschiedswerte als Basis der Gebote bzw. Forderungen während der Verhandlungen stellt sich dagegen die Frage nach einer wahrheitsgemäßen Informationsübermittlung nicht. Grund dafür ist die Tatsache, dass nur Gebote bzw. Forderungen ausgetauscht werden, aber nicht die Kostenwerte selbst. Inwieweit diese Gebote bzw. Forderungen wiederum sinnvolle Größenordnungen annehmen, kann nicht vorhergesagt werden, da sie Teil der individuellen Strategien sind. Hierfür gelten die im Abschnitt 4.6.2 gemachten Aussagen bzw. die Empfehlungen, durch die ein Erfolg versprechender Verhandlungsablauf wahrscheinlicher werden sollte.

Zusammenfassend lässt sich feststellen, dass bei der hier vorgestellten Methode variabler Optimierungszentren kein bzw. kein großes Problem mit dem Wahrheitsgehalt der übermittelten Informationen besteht. Dies ist ein weiterer Vorteil für die Umsetzung der Methode, da so jeglichem Misstrauen zwischen den Beteiligten wenig Nahrung gegeben wird.

---

[259] Vgl. zu „Co-opetition" Brandenburger/Nalebuff (1996). Die obige Reihenfolge „Erst Kuchen erzeugen, dann verteilen" darf aber nicht dahingehend missverstanden werden, dass der gemeinsame Gewinn (die „Kuchengröße") tatsächlich zum finalen Zielobjekt der beteiligten Firmen werden soll, auch nicht temporär. Vielmehr soll, ganz im Sinne der Ausführungen in Kapitel 3.1, stets der individuelle Gewinn im Auge behalten werden.

4.7 Schlussfolgerungen für den Praxiseinsatz der MVOZ

Im Rahmen dieses Kapitels sollen nun die praktischen Konsequenzen einer Umsetzung der MVOZ beleuchtet werden. Dazu gehören insbesondere die Implementierung in die vorhandenen Abläufe und die Kosten der MVOZ. Beide Aspekte gehören eng zusammen, da die Art der Implementierung großen Einfluss auf die Kosten hat. Im Folgenden werden deshalb zunächst die grundsätzlich auftretenden Kostenarten besprochen. Anschließend wird nach einer Umsetzung gesucht, die diese Kosten möglichst gering hält.

4.7.1 Kosten der MVOZ

Relevant sind im Folgenden all die Kosten, die durch die MVOZ zusätzlich entstehen, d. h. bei der traditionellen Vorgehensweise nicht oder in geringerem Ausmaß anfallen. Dies betrifft sowohl einmalige als auch laufende Kosten. Sie alle sind dem insbesondere in Kapitel 4.5 untersuchten Nutzen gegenüberzustellen.

Einmalige Kosten

Die einmalig anfallenden Kosten lassen sich in drei Gruppen einteilen:

- Analyse-/Abstimmungsaufwand
- Potenzialschaffungsaufwand
- Akklimatisierungsaufwand

Zum Analyse-/Abstimmungsaufwand sind alle Aktivitäten vor der eigentlichen Umsetzung der MVOZ zu rechnen. Hierunter fallen insbesondere Beratungs- und Einigungsprozesse über die Realisierung der MVOZ und die Planung ihrer Umsetzung sowohl in jeder einzelnen Firma als auch zwischen den Unternehmen des Netzwerks. Diese Aktivitäten verursachen im Wesentlichen Personalkosten bzw. Opportunitätskosten aufgrund der Arbeitszeit der Führungskräfte, die anderen Tätigkeiten entzogen wird.

Der Potenzialschaffungsaufwand resultiert aus all den Vorgängen, die notwendig sind, um die vereinbarten Abläufe später im betrieblichen Alltag umsetzen zu können. Dies sind im Wesentlichen Investitionen in Technik (insbes. Hard- und Software) und eventuelle Schulungen der Mitarbeiter. In Abhängigkeit von der bereits vorhandenen Ausstattung der Unternehmen und dem angestrebten Automatisierungsgrad im Ablauf der MVOZ könnten diese Kosten durchaus eine beträchtliche Höhe erreichen.

Unter Akklimatisierungsaufwand sollen schließlich alle Aufwände zusammengefasst werden, die in der Anlaufphase der MVOZ anfallen. Wie bei jeder neuen Prozessfolge sind Probeläufe notwendig. Weiterhin sind zu Beginn des regulären Betriebs anfängliche Missverständnisse und Verzögerungen in der Abstimmung zwischen den Firmen nicht auszuschließen. Durch diese Schwierigkeiten müssen nicht in jedem Fall auch tatsächlich Kosten entstehen, bei schwerwiegenden Problemen können jedoch z. B. Fehlmengenkosten durch Verspätungen in Produktions- bzw. Lieferprozessen anfallen.

Laufende Kosten

Die laufenden Kosten der MVOZ entstehen durch die Mehrfachdurchführung „alter" Prozessschritte je Planungszeitraum und durch die Ausführung „neuer" Prozessschritte. Zu letzteren sind die Weitermeldung bzw. der Empfang der Endkundenbedarfe, die Verhandlungen über die zu realisierende Alternative und die Abwicklung der Kompensationszahlungen zu rechnen. Bereits bisher durchgeführt wurden die Zeit-/Mengenplanung sowie die Weitermeldung der Bestellmengen – beide Schritte sind nun im Rahmen der MVOZ in jedem Planungszeitraum mehrfach zu durchlaufen. Dadurch fallen zusätzliche Arbeits- bzw. Rechenzeiten an.

Allen laufenden Kosten der MVOZ ist gemein, dass sie bei entsprechender Planung und (vollständiger oder zumindest teilweiser) Automatisierung sehr gering ausfallen können. Lediglich die Dauer der Verhandlungen und damit deren Kosten stellen eine je nach Anzahl und Bieterstrategie der beteiligten Unternehmen schwerer zu kalkulierende Größe dar. Hier ist durch entsprechende Überzeugungsarbeit und ausreichend häufige Probeverhandlungen ein späterer reibungsloser Ablauf sicherzustellen.

Sowohl einmalige als auch laufende Kosten sind vom Kostenvorteil der MVOZ zu subtrahieren. Nur wenn sich danach in Summe noch ein Vorteil[260] ergibt, sollte die MVOZ zum Einsatz kommen. Dafür müssten die durch die MVOZ verursachten Kosten quantifiziert werden, was jedoch im Rahmen dieser Arbeit nicht möglich ist. Dieser wichtige Schritt kann erst bei Vorliegen eines konkreten, realen Netzwerks erfolgen. Außerdem sind, wie in den obigen Ausführungen bereits angedeutet wurde, verschiedene (firmenindividuelle!) Realisierungen der Kostenseite der MVOZ möglich, insbesondere im Hinblick auf den gewählten Automatisierungsgrad. Im Gegensatz zum relativ eindeutig bestimmbaren mittleren direkten finanziellen Vorteil aus Kapitel 4.5 würde deshalb jeder Versuch einer Quantifizierung der Kosten der MVOZ nur eine von mehreren Möglichkeiten darstellen. Um zwischen diesen Möglichkeiten fundiert wählen zu können, wäre wiederum die Kenntnis des realen Netzwerks notwendig.

4.7.2 Implementierung und vorteilhafte Durchführung der MVOZ

Die im Folgenden besprochenen Aktivitäten zur Ein- und Durchführung der MVOZ stellen keinen verbindlichen Handlungskatalog dar, sondern dienen zur Vervollständigung des in den

[260] Hierbei handelt es sich jedoch nicht nur um den *direkten* finanziellen Vorteil. Zusätzlich müssen die indirekten finanziellen Vorteile der MVOZ in Form der Beseitigung nicht-realisierbarer Pläne berücksichtigt werden.

Vorkapiteln lediglich formal erläuterten Ablaufs der MVOZ und enthalten darüber hinaus Empfehlungen zur Sicherstellung der Effizienz.

Ausgangspunkt für die Implementierung der MVOZ ist ein Unternehmensnetzwerk. Zunächst wird sich ein Teil des Netzwerks mit dem Konzept beschäftigen, die dafür notwendigen Voraussetzungen gemäß Kapitel 4.2 prüfen und es dann den anderen Firmen nahebringen. Alle Mitglieder des Netzwerks müssen schließlich der neuen Methode zustimmen, was erst nach diversen Beratungen und Analysen erfolgen kann. Vorteilhaft für die Überzeugung der anderen Firmen ist dabei die Eigenschaft der MVOZ, dass die bisherige Vorgehensweise („traditionelle Planung“) in ihr enthalten ist und man deshalb bei Bedarf ohne Verzögerung wieder zu dieser zurückwechseln kann. Weiterhin können die in Kapitel 4.5.2 erläuterten (oder auch zusätzliche, durch die Firmen selbst ermittelte) Simulationsergebnisse helfen, den zu erwartenden finanziellen Vorteil abzuschätzen und so eine Entscheidung für oder gegen die MVOZ forcieren.

Im Zuge einer grundsätzlichen Einigung auf die MVOZ ist auch eine gemeinsame Linie bezüglich der genauen Umsetzung zu finden. Zwingend gemeinsam zu planen ist die Realisierung des Verifizierungsprogramms und der Verhandlungen (Regeln und Technik). Im Unterschied dazu betreffen andere technische Aspekte nur jeweils ein Unternehmen und sind daher auch nur von diesem zu planen, so z. B. die notwendigen Investitionen in effizientere Planungssoftware aufgrund der nun pro Planungszeitraum mehrfach durchzuführenden Produktionsplanung. Analog dazu sollte auch der Grad der Automatisierung der Planungen und des Datenaustauschs nicht für das ganze Netzwerk verbindlich festgelegt, sondern weitgehend den einzelnen Firmen überlassen werden, wie später noch näher erläutert wird. Übergreifende Regelungen sind lediglich für die Schnittstellen zu finden.

Weiterhin fällt in diese Phase die Einigung auf eine Planungsreihenfolge je Optimierungszentrum, d. h. den jeweiligen „Weg“ durch das Firmennetzwerk. Ist dies geschehen, weiß jede Firma, welche Daten von welchen Firmen des Netzwerks vorliegen müssen, bevor sie mit ihrer Planung beginnen kann und an welche Firmen sie ihre Ergebnisse übermitteln muss. Wie in Kapitel 4.3.2 gezeigt, bedarf es hierfür insbesondere in komplexeren Netzwerken einer einmaligen gründlichen Planung, um die Lösbarkeit aller Planungsprobleme zu garantieren.

Nach der Analyse- und Abstimmungsphase folgt die eigentliche (technische) Vorbereitung auf die MVOZ. Dazu zählen die Verwirklichung der geplanten Investitionen in Hard- und Software, z. B. die Entwicklung und Einrichtung standardisierter Email-Formulare und des Verifizierungsprogramms. Je nach den internen Beschlüssen der einzelnen Firmen sind hierzu noch mehr oder minder große Umstellungen der Produktionsplanung innerhalb der Firmen zu rechnen. Weiterhin muss eine kurze Schulung der mit der Produktionsplanung beauftragten Mitarbeiter erfolgen, sofern diese nicht bereits in die Abstimmungs- und Analysephase einbezogen waren. Wie bereits im vorangegangenen Unterkapitel erwähnt, soll nicht geleugnet werden, dass diese Schritte – je nach gewählter Art ihrer Realisierung – durchaus erheblichen Aufwand verursachen können. Eine fundierte Aussage hierzu kann jedoch erst im Hinblick auf das konkrete, reale Netzwerk getroffen werden.

Anschließend werden in einer Probephase, die aufgrund der Einbeziehung der traditionellen Lösung in die MVOZ parallel zur bisherigen Planung erfolgen kann, der Datenaustausch zwischen den Firmen, die Verifizierung und die Verhandlungen getestet. Danach kann mit der regulären Anwendung der MVOZ begonnen werden. Abbildung 4-15 fasst die bisher besprochenen Aufgabenkomplexe nochmals zusammen.

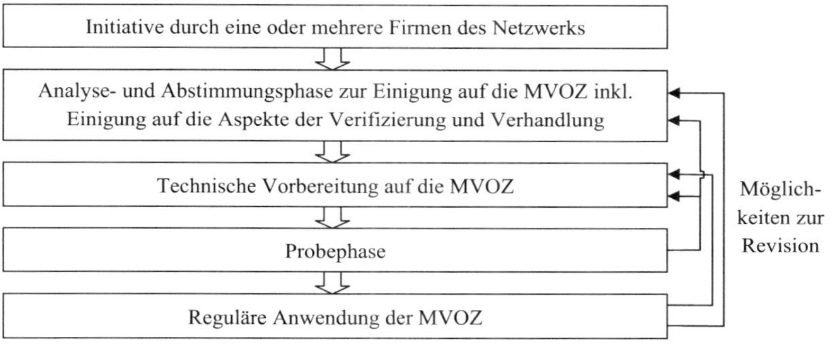

Abbildung 4-15: Aufgabenkomplexe bei der Implementierung der MVOZ

Die aufgezeigten Möglichkeiten zur Revision sind sinnvoll, da sich die Vorteilhaftigkeit bestimmter Aspekte erst im regulären Betrieb der MVOZ erweist, so z. B. die für die Verhandlungen festgelegten Regeln. Weiterhin ist es empfehlenswert, zunächst die grundsätzliche finanzielle Vorteilhaftigkeit der MVOZ im Sinne von Kapitel 4.5 im regulären Betrieb zu prüfen, bevor weitreichende Investitionen in die technische Ausstattung getätigt werden. Schließlich ergab die Simulation in Kapitel 4.5, dass das Ausmaß der Kostensenkung sehr vom jeweiligen Netzwerk abhängt. Es empfiehlt sich deshalb, den Grad der Eignung des eigenen Unternehmensnetzwerks für die MVOZ zunächst für einige Zeit mit Hilfe einer „Low-Tech"-Lösung zu testen und erst danach eventuelle weitergehende technische Vorbereitungen zu treffen.

Nachdem damit die Aufgaben im Rahmen der Implementierung umrissen wurden, folgen nun noch einige Ausführungen zur Gestaltung des regulären Einsatzes der MVOZ. Von den im vorangegangenen Abschnitt genannten Arbeitsschritten im laufenden Betrieb der MVOZ verursachen die Weitermeldung der Endkundenbedarfe und die Kompensationszahlungen nur marginale Kosten. Die laufenden Kosten lassen sich deshalb im Wesentlichen auf die Mehrfachplanung und die Verhandlungen reduzieren.

Um die Kosten der nun mehrfach durchgeführten Produktionsplanung ebenfalls gering zu halten, sind hier entsprechend effiziente Abläufe erforderlich. Dies gilt umso mehr, je größer das Netzwerk ist, denn die Anzahl der Planungsdurchläufe steigt linear mit der Anzahl der Firmen im Netzwerk. Eine sorgfältige und möglichst vollständige Modellierung (z. B. als MLCLSP) zur Vermeidung jeglicher Korrekturen von Hand im Anschluss an die Solver-Rechnungen ist hier deshalb besonders wichtig. Auch eine automatische Kopplung der Planungssysteme der Firmen untereinander ist hier sehr empfehlenswert, da dadurch nicht nur die Eingangsdaten automatisch in das Planungssystem übernommen, sondern die zahlreichen Rechenschritte jeweils auch automatisch gestartet und ihre Ergebnisse an die betroffenen Partnerfirmen weitergeleitet werden können. Diese Vorteile gelten zwar auch schon bei der traditionellen Planung, aber durch die nun mehrfach durchgeführten Planungen erhöht sich der Vorteil einer Automatisierung beträchtlich, was in einer schnelleren Amortisierung der dafür notwendigen Investitionen resultiert. Um gerade bei größeren Netzwerken die Implementierung zu erleichtern und die Kosten niedrig zu halten, sollte jedoch eine Vorgehensweise gewählt werden, die unterschiedliche interne Realisierungen mit unterschiedlichen Automatisierungsgraden erlaubt. So ist es z. B. nicht nötig, direkte Kontakte zwischen den Produktionsplanungssystemen (PPS) der Firmen zu schaffen, sondern es genügen standardisierte Email-Nachrichten zur Weitermeldung der Mengenvorschläge[261]. Diese können zwar auch von Hand weiterverarbeitet werden, Ziel sollte es jedoch sein, dass sie durch das jeweilige PPS sofort nach deren Eingang in PPS-Eingangsdaten übersetzt werden. Bei Vorliegen aller in der Reihenfolgeplanung (s. o.) vorgesehenen Eingangsdaten beginnt das PPS dann automatisch mit der Rechnung und übersetzt die Ergebnisse wieder in neue Email-Nachrichten, die an die davon betroffenen Partnerfirmen geschickt werden. Bei entsprechender Realisierung der Verifizierungsstelle mit Schnittstellen kann in diesem Schritt auch die Meldung der Kostenunterschiedswerte automatisch durch das PPS erfolgen[262]. Auf diese Weise ist ein autonomer, zeitsparender und damit effizienter Ablauf der MVOZ bis zum Beginn der Verhandlungen möglich.

Alternativ zum oben beschriebenen Datenaustausch zwischen individuellen Firmen ist auch eine Lösung mit zentraler Datensammlung denkbar. Dabei würden die Zeit-/Mengengerüste stets an eine zentrale Stelle geschickt, von der sie durch die davon betroffenen Firmen selbstständig abgeholt würden. Da es sich hierbei um gänzlich unkritische Informationen handelt, kann diese „Zentrale" auch bei einer der beteiligten Firmen liegen. Abbildung 4-16 veranschaulicht dieses Prinzip am Beispiel OZ=2 mit der Planreihenfolge 2-1-3-4.

[261] Vgl. Kapitel 4.3: Zwischen den Firmen werden lediglich Zeit-/Mengengerüste ausgetauscht, sowohl stromaufwärts als auch stromabwärts.

[262] Vorher ist gemäß Kapitel 4.5 noch die Aufstockung der Kostenunterschiedswerte um die erwarteten Verhandlungskosten und einen eventuellen Mindestgewinn durchzuführen.

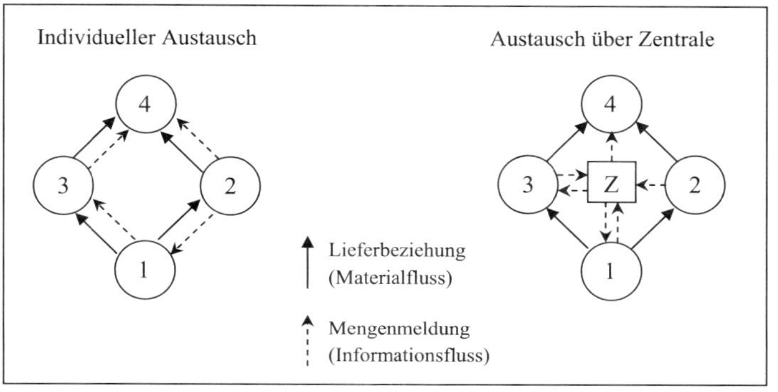

Abbildung 4-16: Individueller vs. zentraler Datenaustausch

Die zentrale Lösung hätte den Vorteil, dass der Planungsfortschritt in Form der bereits vorliegenden Daten stets für alle Firmen beobachtbar wäre, z. B. als sich immer weiter füllende Tabelle auf einer Extranet-Seite.

Um den Kostenvorteil der MVOZ nicht durch die Verhandlungen aufzubrauchen, müssen diese ebenfalls möglichst effizient realisiert werden. Aus diesem Grund verbietet sich eine Umsetzung als traditionelle persönliche Verhandlung, bei der sich Vertreter jedes Unternehmens des Netzwerks in einem Raum treffen und ihre Gebote abgeben. Die Verhandlungen im Rahmen der MVOZ müssen sich möglichst nahtlos und zeitsparend in den betrieblichen Alltag der verantwortlichen Mitarbeiter einfügen, weshalb sich rechnergestützte Distanzverhandlungen anbieten. Dies ist hier möglich, da die Struktur dieser Verhandlungen gemäß Kapitel 4.6 extrem einfach ist: Es wird nur über eine Alternative verhandelt, jede Firma verfügt über nur eine Entscheidungsvariable und das Abbruchkriterium (Summe aller Gebote < 0) steht fest. Mit diesen Voraussetzungen sollten Online-Konferenzen, unterstützt durch eine einfache Software zur Anzeige und Addition der Gebote und Forderungen, nur wenig Zeit in Anspruch nehmen. Begünstigt wird eine schnelle Einigung außerdem durch die Tatsache, dass die Verhandlungsergebnisse nur für den kommenden Planungszeitraum gültig sind und dadurch jeder (subjektiv empfundene) Nachteil gegenüber den anderen Firmen keinen dauerhaften Bestand hätte.

Der im Anschluss an die Verhandlung durchgeführte letzte Schritt im Rahmen der MVOZ ist die Abwicklung der vereinbarten Ausgleichszahlungen. Dafür genügt ein gemeinsames Konto aller Firmen, dessen Saldo nach jedem Durchlauf der MVOZ Null aufweist. Alle nach dieser Zahlungsabwicklung zur Umsetzung des ausgewählten Produktionsplans notwendigen Tätigkeiten entsprechen den traditionellen Abläufen und sind daher hier nicht gesondert zu betrachten.

Zusammenfassend kann festgestellt werden, dass der Implementierungsaufwand überschaubar ist – lediglich die in den einzelnen Firmen notwendigen IT-Investitionen aufgrund bislang zu ineffizienter Produktionsplanungsabläufe, die keinen Raum für Mehrfachplanungen bieten, sind nicht allgemein abschätzbar. Auch die laufenden Kosten werden in der Regel sehr gering ausfallen, insbesondere wenn die Planungsabläufe, wie oben beschrieben, weitgehend autonom erfolgen. Zusätzlich wird eine Reduzierung der laufenden Kosten dadurch bewirkt, dass in allen Fällen, in denen die traditionelle Planung den besten Plan liefert, gar keine Verhandlung stattfindet und dieser Aufwand deshalb relativ oft entfällt (Simulationen in Kapitel 4.5: Verhandlungen nur in 36,2 % der Fälle). Die zusätzlichen Kosten durch die MVOZ – insbesondere die laufenden Kosten – können daher abschließend als weitgehend vorteilhaft eingestuft werden. Dies war auch nicht anders zu erwarten, denn schließlich stellt diese Methode keine gravierende Umstellung des bisherigen Ablaufs dar, sondern besteht im Kern lediglich aus der Generierung und Auswahl neuer Alternativen.

4.8 Kritische Würdigung

In diesem Kapitel wurde die Methode variabler Optimierungszentren (MVOZ) ausführlich vorgestellt. Dafür wurden, nach einem Ausblick auf das Verfahren in Kapitel 4.1, zunächst in Kapitel 4.2 die Einsatzvoraussetzungen der Methode umfassend erklärt. Anschließend wurde in Kapitel 4.3 die Planungsphase der MVOZ formal beschrieben, in Kapitel 4.4 an einem Beispiel erklärt und in Kapitel 4.5 die erreichbare Kostensenkung mit Hilfe von Simulationen untersucht. Den zweiten Teil der MVOZ, die Auswahlphase, beschrieb Kapitel 4.6, bevor in Kapitel 4.7 abschließend einige Erklärungen zur praktischen Anwendung und deren effizienter Gestaltung folgten.

Da durch diese Themen alle wichtigen Aspekte der MVOZ geklärt sind, soll nun ein abschließendes Urteil über sie mit Hilfe ihrer Vor- und Nachteile gefällt werden. Die wesentlichen Vorteile der MVOZ stellen sich wie folgt dar:

- Durch die sehr einfache Grundidee ist die Methode leicht zu verstehen und anderen Firmen nahezubringen.
- Die MVOZ stellt geringe Anforderungen an die Situation und ermöglicht daher eine breite Anwendung. Als Beispiel dafür sei hier die beliebig große Zahl an Firmen im Netzwerk genannt. Die MVOZ ist sowohl in ihrer Einsetzbarkeit als auch in der grundsätzlichen Art ihres Ablaufs nicht von der Anzahl der Teilnehmer abhängig. Ein weiterer wichtiger Punkt ist auch ihre Flexibilität bezüglich der internen Planungsarten der einzelnen Firmen.
- Die MVOZ ist relativ leicht (im Vergleich zu anderen Verfahren der unternehmensübergreifenden Produktionsplanung) in den bisherigen Planungsablauf zu integrieren und effizient durchführbar.

- Sie enthält die traditionelle Planung als Rückfalllösung, wodurch die Produktions- und Lagerkosten der MVOZ in Summe nie höher ausfallen als in der traditionellen Planung.
- Die Größenordnung des von den Simulationen vorhergesagten finanziellen Vorteils (64 % des vorhandenen Potenzials) ist durchaus ansprechend, insbesondere im Hinblick auf die einfache Struktur der Methode.
- Ein wesentlicher Vorteil ist schließlich noch das nahezu völlige Fehlen von Problemen mit der Informationsübermittlung, da nur unkritische Informationen ausgetauscht werden. Dieser Vorteil ist kaum zu überschätzen, denn auch der größte finanzielle Vorteil kann nicht realisiert werden, solange die geforderte Informationspreisgabe nicht akzeptabel für die Firmen ist.

Wie jede Methode hat auch die MVOZ durchaus Nachteile, diese sind jedoch nicht sehr zahlreich:

- Die MVOZ enthält „nur“ einen Vergleich mehrerer Suboptima – es findet keine systematische Annäherung an das Gesamtoptimum statt. Im Endeffekt bleibt so etwa ein Drittel des Potenzials unausgeschöpft.
- Die durch die MVOZ verursachten zusätzlichen Kosten sind im Rahmen dieser Arbeit nicht quantifizierbar und außerdem stark von der Anfangsausstattung der einzelnen Firmen abhängig. In Kombination mit der gemäß Kapitel 4.5 je nach Netzwerk stark unterschiedlichen Potenzialausschöpfung (Tabelle 4-17: Schwankungen zwischen 29 und 80 %) ergibt sich daraus durchaus die Möglichkeit, dass sich die MVOZ in bestimmten Netzwerken nicht kostendeckend einsetzen lässt bzw. einen zu geringen Gewinn generiert.
- Das genaue Verhandlungsergebnis bleibt unvorhersagbar.

Das nicht vorhersagbare Verhandlungsergebnis ist jedoch kein „echter“ Nachteil, da es eher eine zwangsläufige Eigenschaft jeder Methode ist, die den beteiligten Firmen genügend Endscheidungsfreiheit einräumt. Weiterhin ist letztendlich nur das Zustandekommen der besten Alternative wichtig, nicht aber die tatsächliche Verteilung des Gesamtgewinns unter den Akteuren – zumindest wenn, wie hier geschehen, jeder Telnehmer von der Methode profitiert und er den Gewinn der anderen Teilnehmer nicht kennt.

In Summe kann ein weitgehend positives Urteil über die MVOZ gefällt werden. Doch wie sieht es mit den zu Beginn des Kapitels aufgestellten Forderungen bzw. Zielen aus? Auch an diesen muss sich die MVOZ messen lassen.

Die drei „Ziele der Verfahrensentwicklung“ (Kapitel 4.1) lauteten Kostensenkung, einfache Anwendung und breites Einsatzgebiet. Keines dieser Ziele sollte durch eine neue Methode zu stark vernachlässigt werden. So wäre bspw. eine nahezu optimale Annäherung an das Gesamtoptimum wenig hilfreich, solange das Einsatzgebiet auf wenige Sonderfälle beschränkt und der Methode deshalb die Anwendung versagt bliebe. Dies ist bei der MVOZ nicht der Fall – sie bietet hier ein ausgewogenes Bild und kann in allen drei Kategorien punkten. Schwächen zeigt sie lediglich bei bestimmten Netzwerk(typ)en, in denen die Kostensenkung recht gering ausfällt.[263] Generell muss man sich aber stets bewusst sein, dass ein gewisses Maß an Ineffizienz, d. h. eine Potenzialausschöpfung unter 100 %, stets in Kauf genommen werden muss, wenn Informationsasymmetrien, Anreizproblematiken und evtl. weitere der in Kapitel 3.2 angesprochenen Probleme gleichzeitig berücksichtigt werden sollen.[264]

Die drei als Firmengrundsätze postulierten Ziele der beteiligten Firmen (Kapitel 4.2) waren Selbstständigkeit, Gewinn und Informationsschutz. Die beiden letzteren wurde bereits im Rahmen der Vor- und Nachteile besprochen (s. o.). Das Ziel der Selbstständigkeit kann ebenfalls als erfüllt angesehen werden, da in den entscheidenden Verhandlungen jede Firma ein Vetorecht behält. Außerdem ernennt die MVOZ zu keinem Zeitpunkt eine der beteiligten Firmen zur Führenden, wodurch es auch keine „Gefolgschaft" gibt. Die durch die MVOZ vermittelten Planänderungen sind somit stets selbstgewählt und nicht von außen auferlegt.

Als abschließendes Fazit lässt sich daher festhalten, dass die MVOZ die gesteckten Ziele weitgehend erfüllt und nur in einer Minderzahl der Fälle zu geringe Gewinnsteigerungen erbringt. Besonders durch die vielen qualitativen Vorteile rückt sich die MVOZ in Summe in ein positives Licht und empfiehlt sich für eine breite Anwendung. Vergleicht man die MVOZ mit den in Kapitel 3.3 genannten bisherigen Ansätzen zur unternehmensübergreifenden Produktionsplanung[265], so nimmt die MVOZ näherungsweise die Position eines Generalisten ein, wogegen die bisherigen Ansätze eher Spezialfalllösungen darstellen. Zieht man z. B. das Verfahren von Dudek, welches das vorteilhafteste der bisherigen Verfahren ist, als Vergleichsobjekt heran, so kann man statt eines Besser-Schlechter-Urteils vielmehr eine klare Rollenverteilung konstatieren: Wenn die spezielleren Bedingungen für das Verfahren nach Dudek erfüllt sind (enge Partnerschaft ohne Opportunismusprobleme und Neid, marginal höhere Informationsweitergabebereitschaft sowie ein lediglich zweistufiges Netzwerk), so sollte man diese Methode anwenden und die damit verbundene größere Kostensenkung nutzen. Liegt dagegen keine solch günstige Situation vor, dann bietet die MVOZ die Möglichkeit, trotzdem einen großen Teil des Potenzials der unternehmensübergreifenden Produktionsplanung zu nutzen.

---

[263] Vgl. Kapitel 4.5.2.

[264] Vgl. Corbett (2001), S. 488.

[265] Ein solcher Vergleich kann, wie bereits an den entsprechenden Stellen in Kapitel 3.3 und Kapitel 4.5 deutlich wurde, im Wesentlichen nur qualitativ erfolgen. Für einen (sinnvollen) *quantitativen* Vergleich wäre eine größere Übereinstimmung der getroffenen Annahmen notwendig.

5 Zusätzliche Aspekte und Erweiterungen der MVOZ

Nachdem im vorangegangenen Kapitel die Methode variabler Optimierungszentren (MVOZ) vorgestellt und intensiv untersucht wurde, sollen nun in diesem Kapitel Aspekte diskutiert werden, die über die Erklärung der Grundversion der MVOZ hinausgehen.

Zunächst soll in Kapitel 5.1 untersucht werden, wie die MVOZ noch vorteilhaftere Pläne erzeugen kann, um ihren in Kapitel 4 festgestellten finanziellen Vorteil zu erhöhen. Die Grundversion der MVOZ begnügt sich mit einem Gesamtplan pro teilnehmender Firma, welcher ausgehend von dem individuellen Optimum dieser Firma bestimmt wird. Nimmt man nun nicht mehr ausschließlich die exakten Firmenoptima als Ausgangspunkt, dann können sich andere, u. U. noch kostengünstigere Pläne ergeben. Kapitel 5.1 stellt derartige Vorgehensweisen vor und demonstriert sie an einem Beispiel.

Kapitel 5.2 untersucht die Anwendbarkeit der MVOZ im Rahmen einer rollierenden Planung. Diese war in Kapitel 4 noch nicht berücksichtigt worden, denn dort wurde eine Abfolge getrennter Planungszeiträume vorausgesetzt. Unterstellt man dagegen eine Überlappung der einzelnen Planungen, ergeben sich bei Durchführung der Standard-MVOZ ernsthafte Schwierigkeiten. Aus diesem Grund wird in Kapitel 5.2 eine modifizierte MVOZ entwickelt: die $MVOZ^{RP}$. Sowohl die Probleme der Standard-MVOZ als auch die Funktionsweise der $MVOZ^{RP}$ werden erklärt und anhand von Beispielen veranschaulicht.

Abschließend behandelt Kapitel 5.3 einen weiteren Aspekt, der bislang noch nicht angesprochen wurde: die Möglichkeit, dass die zwischen den Firmen vereinbarten Pläne nicht eingehalten werden. Dies schließt sowohl die vorsätzliche als auch die unfreiwillige Nichteinhaltung der vereinbarten Liefermengen bzw. -termine ein. Dabei konzentriert sich die Argumentation auf die Motive und Möglichkeiten der einzelnen Firmen und die daraus ableitbaren Erwartungen bezüglich der Liefertreue im Rahmen der MVOZ im Vergleich zur traditionellen Planung.

5.1 Die Generierung abweichender Pläne

Die verschiedenen Gesamtpläne der MVOZ wurden jeweils ausgehend vom individuellen Optimum einer der Firmen des Netzwerks ermittelt. Anschließend wurde der beste dieser Gesamtpläne verwendet. Dadurch kann zwar ein besseres Resultat erreicht werden als bei der traditionellen Planung, aber es besteht die Möglichkeit, einen *noch* besseren Gesamtplan zu übersehen – schließlich kann der optimale Plan auch eine „Zwischenlösung“ darstellen, die sich nicht ausgehend von einem der individuellen Optima ergibt. Abbildung 5-1 versucht, diesen Sachverhalt in stark vereinfachter Form zu veranschaulichen.[266]

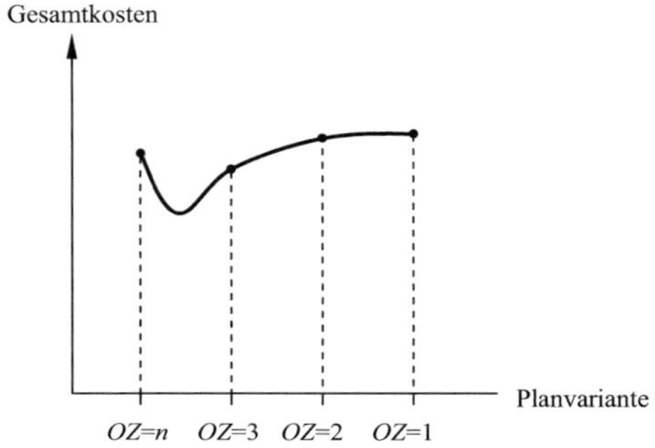

Abbildung 5-1: Mögliches Verfehlen des Gesamtoptimums bei der MVOZ

Im für Abbildung 5-1 zugrundegelegten Beispiel mit n=4 und nur einer finalen Firma wurde durch die MVOZ zwar eine Verbesserung gegenüber der traditionellen Planung erzielt (bei *OZ*=3), eine *noch* bessere Lösung wäre jedoch ein Kompromiss zwischen den Plänen *OZ*=*n* und *OZ*=3. Ein solcher Zwischenplan ist aber von der MVOZ nicht vorgesehen, weshalb die damit verbundene Einsparung nicht genutzt wird. Es ist deshalb sinnvoll, über Wege nachzudenken, dieses zusätzliche Effizienzpotenzial zu nutzen.

Bei einem vergleichenden Blick auf die in Kapitel 3 vorgestellten Konzepte zur unternehmensübergreifenden Produktionsplanung ist festzustellen, dass lediglich die Arbeit von Dudek (2004) eine Annäherung an derartige Zwischenlösungen unternimmt. Dies erreicht sie durch einen iterativen Prozess zwischen zwei Firmen, bei dem die Firmen jeweils abwechselnd gezielte Planänderungen vornehmen, deren Kostenwirkung auf den Partner sie aufgrund zuvor erhaltener Informationen abschätzen können.[267] Dieses Prinzip kann jedoch nicht auf den hier vorliegenden Fall mit beliebig großem Netzwerk und fehlenden Kosteninformationen übertragen werden, wie an früherer Stelle bereits festgestellt wurde. Die neuen alternativen Lösungen müssen hier deshalb auf anderem Weg bestimmt werden.

Betrachtet man den bisherigen Ablauf der MVOZ, so muss, damit eine dieser neuen Lösungen entstehen kann, an mindestens einer Stelle (d. h. bei mindestens einer Firma bei mindestens einer der MVOZ-Durchläufe) ein Plan generiert werden, der vom Firmenoptimum abweicht. Würde nun dieser abweichende Plan zusätzlich zum Firmenoptimum im Planungsprozedere

[266] Insbesondere die durch die Stetigkeit der Kostenlinie implizierte Eindimensionalität der Planvariationen ist eine grobe Vereinfachung. Zur Erklärung dieses speziellen Sachverhalts ist sie hier jedoch sinnvoll.

[267] Siehe für eine detailliertere Erklärung Kapitel 3.3.3.

der MVOZ weiterverwendet werden, dann würde sich am Ende ein zusätzlicher Gesamtplan für das Netzwerk ergeben, der eine der gesuchten Zwischenlösungen darstellen könnte.

Es lassen sich nun verschiedene Möglichkeiten konstruieren, derartige Planabweichungen in den Ablauf der MVOZ zu integrieren. Diese Möglichkeiten unterscheiden sich vor allem hinsichtlich des Ortes und der Art der Abweichung. Bezüglich des Ortes könnten Abweichungen bspw. beim Optimierungszentrum oder bei den Optimierungsfolgern oder bei beiden erzeugt werden. Da jede neue Abweichung jedoch auch einen zusätzlichen Gesamtplan nach sich zieht und damit entsprechend höheren Aufwand bei allen Beteiligten verursacht, sollten die Abweichungen nicht *zu* zahlreich werden. Es scheint daher sinnvoll, sie auf das jeweilige Optimierungszentrum zu beschränken, d. h. jede der n Firmen ermittelt dann, wenn sie die Rolle des Optimierungszentrums übernimmt, nicht nur einen Plan, sondern mehrere. Die Anzahl dieser Pläne soll im Folgenden mit der Variable b bezeichnet werden. Über sinnvolle Werte für b kann an dieser Stelle jedoch keine Aussage gemacht werden, da dazu eine (sehr) aufwändige Simulation nötig wäre, wie spätere Ausführungen noch zeigen werden.

Diese b Pläne ($b > 1$) würden gesondert voneinander das Prozedere der MVOZ durchlaufen (d. h. von den Optimierungsfolgern als Rahmenbedingung für ihre Firmenoptimierungen verwendet werden) und am Ende zusätzliche Gesamtpläne ergeben, die als eigenständige Alternativen in die Verifizierung einfließen. Dadurch ergibt sich ein deutlicher Anstieg der Anzahl der insgesamt berechneten Gesamtpläne und zwar von bislang n (bei einer finalen Firma) bzw. n+1 (bei mehreren finalen Firmen) auf $b*n$ bzw. $b*n+1$. Beispielsweise würden in einem Netzwerk mit fünf Firmen mit einer finalen Firma bei b=3 nicht mehr fünf Gesamtpläne, sondern 15 Gesamtpläne berechnet werden. Dadurch steigt zwar erneut der Planungsaufwand, jedoch auch die Wahrscheinlichkeit, eine überlegene Lösung zu finden. Nicht beeinflusst wird dagegen der Aufwand für die Auswahlphase, weshalb der Gesamtaufwand nicht proportional, sondern unterproportional steigt.[268]

Alternativ zur Variation bei *jedem* Optimierungszentrum könnte auch nur das „beste“ Optimierungszentrum („*OZ**“) zusätzliche Pläne erstellen. In Analogie zur Abbildung 5-1 könnte man diese Idee in Form von Abbildung 5-2 mit b=3 veranschaulichen, wobei die durch Firma 3 initiierten Gesamtpläne mit „3.1“ (originaler Plan auf Basis des Firmenoptimums) und „3.2“ bzw. „3.3“ (abweichende Pläne) bezeichnet werden.

[268] Der insgesamt im Mittel für die Verhandlungen notwendige Aufwand könnte trotzdem (leicht) steigen, da bei höherer Alternativenzahl die Wahrscheinlichkeit steigt, eine der traditionellen Planung überlegene Lösung zu finden und dadurch die Verhandlungen öfter stattfinden könnten. Der Aufwand *pro* Verhandlung verändert sich aber nicht.

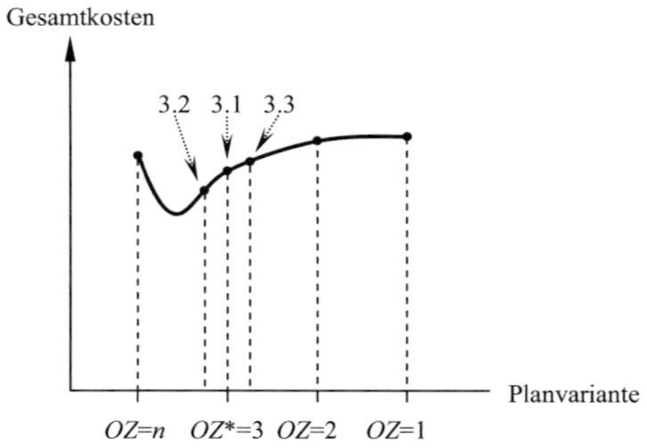

Abbildung 5-2: Zusätzliche Alternativengenerierung durch *OZ**

Bei dieser Variante wäre der Aufwand deutlich geringer als bei der Verwendung jedes Optimierungszentrums als Ort der Generierung von Abweichungen. Allerdings sinken auch die Chancen, die Kosten zu senken. Weiterhin darf nicht angenommen werden, dass zusätzliche Lösungen im Umfeld der bislang besten Lösung in jedem Fall *noch* geringere Kostenwerte ergeben.[269] Außerdem muss beachtet werden, dass diese Art der Generierung neuer Alternativen eine entscheidende Änderung im Ablauf der MVOZ erfordert: Da *OZ** erst *nach* der Verifizierung bekannt ist, ergäbe sich daraus eine Zweiteilung der Planungsphase der MVOZ, wie Abbildung 5-3 aufzeigt.

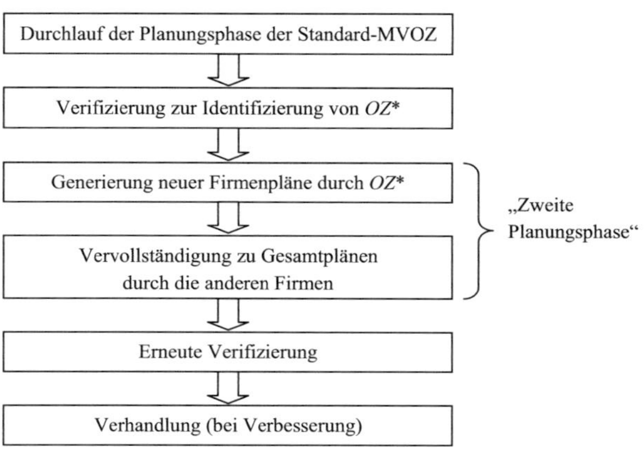

Abbildung 5-3: Die MVOZ bei Beschränkung der *b*-Variationen auf *OZ**

[269] Das Gleichnis in Form der Abbildung mit einer zweidimensionalen Kurve stößt hier an seine Grenzen. Das Verhalten der Kosten ist nicht etwa stetig, sondern sie verändern sich sprunghaft, d. h. es kann sich u. U. auch bei einer Variation eines bislang sehr kostenintensiven Plans die beste Lösung ergeben.

Bislang wurde lediglich der Ort der Entstehung von Abweichungen thematisiert. Wie bereits erwähnt, muss jedoch für ein vollständiges Konzept auch die *Art* der Abweichungen festgelegt werden. Einzig die Tatsache, dass die abweichenden Pläne des Optimierungszentrums überhaupt einen Unterschied zum Firmenoptimum aufweisen, steht bereits fest. Worin dieser Unterschied besteht und wie gravierend er sein darf bzw. muss, ist noch auszuarbeiten.

Naheliegend ist, dass sich die abweichenden Pläne des Optimierungszentrums bezüglich der durch sie verursachten Firmenkosten nicht dermaßen stark vom Firmenoptimum unterscheiden sollten, dass daraus eine beträchtliche Hypothek für die Kosten des Gesamtplans entsteht (in die sie ja als Summand einfließen). Die abweichenden Firmenpläne sollten also keine allzu großen Mehrkosten auf Firmenebene verursachen. Trotzdem sollten sie bezüglich ihres enthaltenen Mengen-/Zeitplans einen spürbaren Unterschied zum Firmenoptimum aufweisen, da dadurch tendenziell die Wahrscheinlichkeit steigt, dass sich die aus ihnen resultierenden Firmenpläne der Optimierungs*folger* von denjenigen Plänen unterschieden, die im Standarddurchlauf der MVOZ ermittelt wurden. Nur dann kann sich ein kostengünstigerer Gesamtplan ergeben. Schließlich beruht ein Versuch mit einem vom Firmenoptimum des Optimierungszentrums abweichenden Firmenplan auf der Hoffnung, dass die sich daraus ergebenden Nachteile (Abweichung vom Optimum bedeutet Kostenanstieg) durch Vorteile bei den anderen Firmen überkompensieren lassen. Derartige Vorteile können sich aber nur ergeben, wenn sich auch bei den Optimierungsfolgern die Mengen-/Zeitpläne von der Standard-MVOZ unterscheiden. Aus diesem Grunde gibt es für das Optimierungszentrum zwei Ziele bei der Festlegung der Art der Abweichungen: Einerseits sollten die Mehrkosten möglichst gering ausfallen und andererseits sollte die Mengen-/Zeitänderungen durch den neuen Firmenplan möglichst groß sein.

Zwei sich tendenziell widersprechende Minimierungs- bzw. Maximierungsziele lassen sich jedoch nicht gleichzeitig verfolgen. Um erklären zu können, wie trotzdem ein solcher abweichender Plan ermittelt werden kann, wird im Folgenden angenommen, dass die Firma mit Hilfe eines MLCSLP plant, analog zu Kapitel 4.3.4. Eine Möglichkeit bestünde dann darin, ein neues übergeordnetes Ziel zu schaffen, in das die beiden obigen Ziele mit einer Gewichtung einfließen.[270] Dieses übergeordnete Ziel könnte als Zielfunktion im Rahmen einer mathematischen Optimierung verwendet werden, mit deren Hilfe der gesuchte abweichende Plan ermittelt wird. Sind mehrere Pläne gesucht, dann können diese entstehen, indem verschiedene Gewichtungen für die beiden ursprünglichen Ziele verwendet werden. Eine andere Möglichkeit besteht darin, nur eines der beiden Ziele in Form eines Minimierungs- bzw. Maximierungsziels zu verfolgen und das andere Ziel lediglich als Mindestbedingung in die Rechnung einfließen zu lassen. Im vorliegenden Fall könnte also z. B. die Zielfunktion minimale Kosten anstreben und eine der Nebenbedingungen eine gewisse Mindeständerung im Mengen-/Zeitgerüst sicherstellen. Zwecks Erzeugung mehrerer Pläne bietet sich bei dieser Variante eine schrittweise Verschärfung der Nebenbedingung an, d. h. eine Erhöhung des

[270] Vgl. Neumann/Morlock (2002), S. 135 ff.

Ausmaßes der Mindeständerung im Mengen-/Zeitgerüst. Im Folgenden sollen beide Ansätze kurz näher erläutert werden.

Ansatz mit neuer Zielfunktion

Will man die Ziele Mengenänderung (Δx) und Kostenänderung (ΔK) in eine neue gemeinsame Zielfunktion überführen, dann ergibt sich die Schwierigkeit unterschiedlicher Dimensionen: Eine Summe von Mengenangaben [ME] und Kostengrößen [GE] ist nicht zulässig.[271] Beide Zielgrößen müssen deshalb zunächst in eine einheitliche Dimension überführt werden. Eine Möglichkeit ist die Bewertung der einen Größe in der Dimension der anderen Größe – im vorliegenden Fall also z. B. die Bewertung der Mengenangaben [ME] mit „Preisen" p [GE/ME]. Es handelt sich dabei jedoch nicht tatsächlich um Preise, sondern nur um entsprechende Verrechnungshilfen. Beide Zielgrößen hätten nach einer solchen Verrechnung die gemeinsame Dimension [GE] und könnten addiert werden. Dadurch wäre nicht nur die neue Zielfunktion bestimmt, sondern – je nach Höhe des „Preises" – in ihr auch gleich eine Gewichtung der beiden ursprünglichen Ziele enthalten.

Um diesen Weg formell auszudrücken, müssen zuvor ΔK und Δx definiert werden. Im Folgenden werden für den gesuchten abweichenden Plan die gleichen Variablen genutzt, die bereits bei der Spezifizierung des Grundmodells der MVOZ verwendet wurden.[272] Zusätzlich sind folgende neue Variablen notwendig:

K^* firmenweite Gesamtkosten des Firmenoptimums [GE]

x_{jt}^* Produktionsmenge von Produkt j in Periode t im Firmenoptimum [ME]

p monetäre Bewertung der Mengenänderung Δx [GE/ME]

$$\Delta K = \sum_{j \in J} \sum_{t=1}^{T} \left(KL_j \cdot l_{jt} + KF_j \cdot y_{jt} \right) + \sum_{r \in R} \sum_{t=1}^{T} \left(KZ_r \cdot z_{rt} + M \cdot n_{rt} \right) - K^* \tag{5.1}$$

$$\Delta x = \frac{1}{2} \cdot \sum_{j \in J} \sum_{t=1}^{T} \left| x_{jt} - x_{jt}^* \right| \tag{5.2}$$

Gleichung (5.1) enthält die auf herkömmliche Weise berechneten Gesamtkosten des neuen Plans abzüglich der Gesamtkosten K^* des bereits ermittelten optimalen Plans. Gleichung (5.2) versucht, die mengenmäßigen Unterschiede zwischen dem neuen und dem optimalen Plan zu erfassen. Die darin enthaltene Halbierung stellt sicher, dass eine Verschiebung eines Loses von einer Periode t_a auf eine andere Periode t_b nicht doppelt in Δx einfließt, denn sonst wirken sich sowohl die Reduzierung der Produktionsmenge in t_a als auch ihre Anhebung in t_b in

[271] Diese Summe ließe sich unter Ignorieren der Einheiten zwar rein zahlenmäßig bilden, stellt dann aber implizit eine ungeplante und deshalb ungesteuerte Gewichtung der beiden Ziele dar.

[272] Siehe Kapitel 4.3.4.

voller Höhe des Loses auf Δx aus. Diese Definition von Δx ist jedoch nicht der einzig denkbare Weg, die Mengenänderung zu erfassen. Als Verfeinerung ist z. B. die Bewertung des Betragsterms $|x_{jt} - x_{jt}^*|$ mit dem Zahlenwert der jeweiligen Periode t denkbar, um bei einer Verschiebung eines Loses auch die Weite der Verschiebung erfassen zu können – schließlich macht die obige Version für Δx noch keinen Unterschied zwischen einer Verschiebung eines Loses um eine Periode und einer Verschiebung desselben Loses um mehrere Perioden. Eine andere Verfeinerung wäre die unterschiedliche Gewichtung der verschiedenen Produkte j, um die Maßzahl für die Mengenänderung stärker durch bestimmte („wichtige") Produkte beeinflussen zu lassen. Bei jeder der genannten Varianten muss jedoch aufgrund der Betragsrechnung in Kauf genommen werden, dass das Modell nun in die Klasse der nicht-linearen Probleme fällt. Bei Verwendung der bereits in Kapitel 2.2.4 angesprochenen Rechnerprogramme mit einer entsprechenden Bandbreite lösbarer Probleme bedeutet dies aber lediglich, dass die im Mittel benötigte Rechenzeit steigt, da die für nicht-lineare Probleme verfügbaren Algorithmen eine geringere Effizienz aufweisen.[273]

Die obigen Definitionen für ΔK und Δx waren die Vorarbeit für die neue Zielfunktion, die zu den gesuchten abweichenden Plänen führen soll. Sie lautet:

$$\textit{Minimiere} \quad \Delta K - p \cdot \Delta x \tag{5.3}$$

Da die Mengenänderung Δx erwünscht ist, fließt sie mit einem negativen Vorzeichen ein. Mit der Gesamtheit aus dieser neuen Zielfunktion, den Definitionen von ΔK und Δx sowie allen in Kapitel 4.3.4 zum MLCLSP genannten Nebenbedingungen können dann die abweichenden Lösungen ermittelt werden. Aber auch die ursprüngliche Lösung der Standard-MVOZ ist in diesem Vorgehen enthalten und zwar als Spezialfall bei einer monetären Bewertung der Mengenänderung mit $p = 0$ GE/ME.

Generell kann man der obigen Variante mit monetärer Bewertung entgegenhalten, dass völlig ungeklärt ist, wie hoch p sein soll bzw. wie man p ermitteln kann. Schließlich handelt es sich bei p nicht um einen tatsächlichen Preis oder einen anderen direkt aus wirtschaftlichen Kenngrößen ableitbaren Wert, sondern vielmehr sollte p die Relation des zu erwartenden Kostenvorteils bei den Optimierungsfolgern zu den Mengendifferenzen beim Optimierungszentrum enthalten. Eine solche Größe lässt sich aber mit den einer Firma zur Verfügung stehenden Informationen nicht ermitteln. Aus diesem Grund bliebe für eine Festlegung von p lediglich das schrittweise Erhöhen, bis sich in den für jeden p-Wert jeweils durchgeführten Optimierungsrechnungen spürbare Mengendifferenzen zum Firmenoptimum ergeben. Sind mehrere alternative Pläne gesucht, dann erhielte man sie durch über den p-Wert des jeweils vorangegangenen Plans noch hinausgehende Erhöhungen von p.

---

[273] Vgl. Neumann/Morlock (2002), S. 36 und S. 536.

Die soeben vorgestellte Methode soll nun auf das Beispiel eines Netzwerks mit drei Firmen angewendet werden, das bereits in Kapitel 4.4 zur Veranschaulichung der Planungsphase diente.[274] Ohne eine umfangreiche Simulation kann jedoch nicht festgestellt werden, in welcher Größenordnung der *p*-Werte vorteilhafte Pläne zu erwarten sind. Es wurden deshalb Tests für eine große Spannweite für *p* durchgeführt, deren Resultate in Tabelle 5-1 zusammengefasst sind. Für Δx kam die obige Gleichung (5.2) ohne die genannten Erweiterungen zur Anwendung. Bestimmt wurden für jedes der drei Optimierungszentren und jedes verwendete *p* jeweils die Kostenänderung (ΔK) und die Mengenänderung (Δx) des abweichenden Firmenplans sowie die aus diesem Firmenplan resultierenden Gesamtkosten für das Netzwerk (*GK*).

p [GE/ME]	***OZ*=1**			***OZ*=2**			***OZ*=3**		
	Δ***K*** [GE]	Δx [ME]	***GK*** [GE]	Δ***K*** [GE]	Δx [ME]	***GK*** [GE]	Δ***K*** [GE]	Δx [ME]	***GK*** [GE]
0	0	0	11306,3	0	0	13654,2	0	0	11528,3
0,01	0	1164	12546,1	34	1218	13328,2	0	0	11528,3
0,1	0	1164	12546,1	34	1218	13328,2	19,4	360	11541,0
1	45,6	1302	11414,4	147,6	1284	11692,5	93,1	764	**11079,4**
10	45,6	1302	11414,4	96,2	1426	12054,3	1208,6	1104	11984,0
50	45,6	1302	11414,4	551,5	1444	12053,4	7817,4	1346	n. l.
100	45,6	1302	11414,4	1624	1464	13507,6	16717,4	1429	n. l.
200	1100	1310	12442,8	2671,9	1472	14406,6	14870,9	1434	n. l.

Tabelle 5-1: Generierung abweichender Pläne im Beispiel (Ansatz Nr. 1 mit neuer Zielfunktion)

Die erste Wertezeile mit p=0 entspricht mathematisch der Optimierung im Rahmen der Standard-MVOZ und enthält daher exakt die Kostenwerte, die bereits in Tabelle 4-14 (Kapitel 4.4) für dieses Beispiel ermittelt wurden. Die Gesamtkosten der neuen Pläne in den darunterliegenden Zeilen müssen sich daher an den Werten dieser Zeile messen lassen, insbesondere an 11528,3 GE (traditionelle Planung) und 11306,3 GE (Standard-MVOZ), um ihre Vorteilhaftigkeit in diesem Beispiel richtig einordnen zu können.

Wie man in Tabelle 5-1 sieht, konnte bei *OZ*=1 mit keinem der verwendeten *p*-Werte eine Verbesserung erzielt werden, wenn auch die beste gemessene Kostensumme von 11414,4 GE der traditionellen Planung überlegen ist. Die zu *OZ*=2 gehörenden abweichenden Pläne sind zwar allesamt schlechter als die beiden genannten Maßstäbe, zeigen aber immerhin eine deutliche Verbesserung gegenüber dem ursprünglichen Kostenwert von *OZ*=2. Bei *OZ*=3 ergaben sich die insgesamt schlechtesten Pläne ($p \geq 50$: aufgrund von Kapazitätsüberschreitungen nicht lösbar) und zugleich der insgesamt beste Plan (p=1). Die bei letzterem erreichten

[274] Zur Netzwerkstruktur sowie zu Angaben zu Bedarfen, Kostenwerten und Kapazitäten siehe Kapitel 4.4. Bei der Berechnung der Pläne wurde außerdem analog zu den Simulationen aus Kapitel 4.5 eine Zeitobergrenze von 30 min verwendet, nach deren Ablauf das beste bis dahin gefundene Ergebnis als „Optimum" galt. (Daraus erklärt sich auch die leichte Missstimmigkeit in Tabelle 5-1 bei *OZ*=2 zwischen p=1 bzw. p=10.)

minimalen Gesamtkosten von 11079,4 GE sind sowohl niedriger als die Kosten der traditionellen Planung als auch niedriger als die der Standard-MVOZ. In diesem Beispiel hat die Erzeugung abweichender Pläne somit zu einer *zusätzlichen* Kostensenkung von 226,9 GE (1,97 %) geführt. Insgesamt ergibt sich nun eine Kostensenkung von 448,9 GE (3,89 %).

Natürlich kann nicht erwartet werden, dass sich in jedem Einzelfall ähnliche Einsparungen wie in diesem Beispiel ergeben. Weiterhin ist der Erfolg der Methode, wie in Tabelle 5-1 ersichtlich, stark von der Festlegung der p-Werte abhängig. Der gesamte Planungsprozess sollte deshalb effizient genug sein, um mehrere p-Werte testen zu können. Das Beispiel suggeriert, dass hierfür besonders die Werte im unteren bis mittleren Bereich (z. B. 0,1 bis 10 GE/ME) interessant sind. Eine fundierte Aussage zu empfehlenswerten Bereichen für p und die im Mittel zu erwartende zusätzliche Einsparung könnte jedoch nur nach einer umfangreichen Simulation abgegeben werden (mehr dazu am Ende dieses Unterkapitels). Bei einer derartigen Simulation wäre zusätzlich zu beachten, dass die Resultate vom Niveau der Bedarfswerte abhängen können. Bei Rechnungen mit unterschiedlich hohen Bedarfniveaus, wie sie auch Gegenstand der Simulationen in Kapitel 4.4 waren, ist deshalb der Erwartungswert der Periodenbedarfe bei der Wahl der p-Werte oder auch schon bei der Definition von Δx zu berücksichtigen[275].

Die auf den letzten Seiten näher erklärte Methode zur Generierung abweichender Pläne verwendete eine neue Zielfunktion mit Hilfe einer monetären Bewertung der Mengenänderung. Wie bereits betont, ergibt sich bei diesem Vorgehen die Schwierigkeit der Festlegung der konkreten Werte für p. Die Größe p war nötig, um die beiden Ziele Kosten- und Mengenabweichung überhaupt in einer Zielfunktion zusammenfassen zu können. Ein anderer Weg, um dies zu erreichen, ist die Transformierung der Kosten- und Mengenänderung in Größenangaben ohne Einheiten durch eine Normierung[276]. Bei der prozentualen Normierung werden beide Größen in Relation zu einem vorher bestimmten Wertebereich gesetzt. Dadurch erhält man statt absoluter Kosten- und Mengenänderungen nun prozentuale Angaben (bzw. dazu äquivalente Angaben zwischen 0 und 1), die aussagen, welche Position die Änderungswerte innerhalb des Wertebereiches annehmen. Die Ziele der Kosten- bzw. Mengenänderung könnten dann folgendermaßen in einem Ausdruck kombiniert werden:

$$\frac{\Delta K}{\Delta K^{\max} - \Delta K^{\min}} - \frac{\Delta x}{\Delta x^{\max} - \Delta x^{\min}} \tag{5.4}$$

[275] Gemeint ist hier die Verwendung der Relation der Mengenänderung zum Bedarfsniveau anstelle von Absolutwerten, wie sie in Formel (5.2) zum Einsatz kamen. Ebenso wäre, wenn für verschiedene Netzwerke vorteilhafte p-Werte ermittelt werden sollen, die Anzahl der Produkte der Firma zu berücksichtigen, d. h. Δx wäre in Relation zu dieser Anzahl zu definieren. Zum Zwecke der reinen Erklärung dieses Ansatzes und seiner Demonstration an einem Beispiel sind die Absolutwerte hier jedoch völlig ausreichend.

[276] Vgl. zur Normierung z. B. Tamiz et al. (1998), S. 572.

Die Festlegung der für diese Wertebereiche notwendigen Größen, insbesondere von ΔK^{max}, erweist sich jedoch als schwierig. Dazu müsste sich abschätzen lassen, bis zu welcher Höhe eine Zunahme der lokalen Kosten sinnvoll sein könnte. Dies ist mit den hier vorliegenden Informationen jedoch nicht möglich – schließlich kann die sich in Summe über alle anderen Mitglieder des Netzwerks ergebende Einsparung nicht vorhergesagt werden. Weiterhin müssten zusätzliche Gewichte eingeführt werden, um verschiedene abweichende Lösungen mit unterschiedlicher Betonung der Kosten- bzw. Mengenseite erzeugen zu können, z. B. in Form von w bzw. $1-w$ ($0 \leq w \leq 1$):

$$w \cdot \frac{\Delta K}{\Delta K^{max} - \Delta K^{min}} - (1-w) \cdot \frac{\Delta x}{\Delta x^{max} - \Delta x^{min}} \tag{5.5}$$

Diese Gewichte wären den gleichen Kritikpunkten ausgesetzt, die bereits den obigen p-Werten entgegenstanden. Dieser Lösungsweg mit Hilfe einer Normierung ist deshalb nicht nur aufwändiger, sondern auch nicht besser fundiert. Noch wichtiger als diese beiden Punkte wäre jedoch die Möglichkeit, dass sich andere (und dadurch möglicherweise bessere) Pläne als in der obigen Variante mit den p-Werten ergeben. Dann müsste man dieses Vorgehen trotz der genannten Schwierigkeiten in Erwägung ziehen. Durch einfache Umformungen zeigt sich jedoch, dass die mit Hilfe der gewichteten prozentualen Normierung gewonnenen Resultate auch mit Hilfe der p-Wert-Methode erzielt werden können, da jede Kombination von (linearer) Gewichtung und Wertebereich äquivalent zu einem entsprechenden Wert für p ist. Der Ausdruck (5.5) ist in seiner Rolle als potenzielle Zielfunktion nämlich äquivalent zur Zielfunktion (5.3), was sich durch Umwandlung von (5.5) in (5.6) mit Hilfe linearer Transformationen zeigen lässt:

$$\Delta K - \frac{(1-w) \cdot (\Delta K^{max} - \Delta K^{min})}{w \cdot (\Delta x^{max} - \Delta x^{min})} \cdot \Delta x \tag{5.6}$$

Die Gleichwertigkeit zur Zielfunktion (5.3) ist nun offensichtlich. Von dieser Variante sind daher keine anderen Resultate zu erwarten als von der bereits untersuchten p-Methode.

Ansatz mit unveränderter Zielfunktion

Anders sieht es jedoch mit dem weiter oben erwähnten zweiten grundsätzlichen Ansatz aus, bei dem die Zielfunktion der Standard-MVOZ (reine lokale Kostenminimierung) beibehalten wird und die abweichenden Lösungen lediglich mit Hilfe einer zusätzlichen Nebenbedingung erzeugt werden. Die einfachste Form, die diese Nebenbedingung annehmen kann, zeigt (5.7):

$$\Delta x \geq MDM \tag{5.7}$$

Der Parameter MDM ist das Mengendifferenzminimum, welches einen gewissen Mindestunterschied des abweichenden Plans zum Plan der Standard-MVOZ sicherstellt. Er wird, analog zu *p*, vor der Rechnung festgelegt. Dieser Ansatz ergänzt somit das aus Kapitel 4.3.4 bekannte MLCLSP lediglich um die obige Nebenbedingung (5.7) in Kombination mit der gewählten Definition von Δx – hier also die bereits bekannte Gleichung (5.2).

Von diesem Vorgehen kann man (im Vergleich zur *p*-Methode) sehr wohl *andere* abweichende Pläne erwarten, da die Mengenänderung nun nicht mehr in der Zielfunktion enthalten ist. Aus diesem Grund ist die Rangordnung der Pläne hier eine andere als noch beim ersten Ansatz. Somit lohnen sich Proberechnungen mit verschiedenen Parameterwerten anhand des bereits bekannten Beispiels, die in Tabelle 5-2 zusammengefasst sind. Für *MDM* kamen verschiedene Werte mit großer Spannweite zu Einsatz, deren sinnvolle Obergrenze durch die Ergebnisse in Tabelle 5-1 jedoch diesmal vor den Rechnungen abschätzbar war. Bestimmt wurden wiederum für jedes der drei Optimierungszentren und jedes verwendete *MDM* jeweils die Kostenänderung (ΔK) und die Mengenänderung (Δx) des abweichenden Firmenplans sowie die aus diesem Firmenplan resultierenden Gesamtkosten für das Netzwerk (*GK*).

MDM [ME]	***OZ*=1**			***OZ*=2**			***OZ*=3**		
	Δ***K*** [GE]	Δ***x*** [ME]	***GK*** [GE]	Δ***K*** [GE]	Δ***x*** [ME]	***GK*** [GE]	Δ***K*** [GE]	Δ***x*** [ME]	***GK*** [GE]
0	0	0	11306,3	0	0	13654,2	0	0	11528,3
100	0	336	12342.5	4	1018	13658,2	6,8	184	11755,8
250	0	564	13326.1	4	1018	13658,2	19,4	360	11541,0
500	0	564	11942.3	4	1018	13658,2	41,7	556	11303,6
750	0	1164	12546.1	4	1018	13658,2	93,1	764	**11079,4**
1000	0	1164	12546.1	4	1018	13658,2	1208,9	1000	12694,0
1250	45,6	1302	11414,4	85	1418	11683,1	5304,7	1250	n. l.
1500	n. l.	n. l.	n. l.	10310,3	1500	22134,4	n. l.	1500	n. l.

Tabelle 5-2: Generierung abweichender Pläne im Beispiel (Ansatz Nr. 2 mit alter Zielfunktion)

Wiederum entspricht die erste Zeile der Standard-MVOZ, da die neue Nebenbedingung bei *MDM*=0 wirkungslos bleibt. Bei *OZ*=1 ist auffällig, dass mehrere Lösungen mit den gleichen Firmenkosten wie bei der Standard-MVOZ, aber unterschiedlichen Mengenänderungen ermittelt werden. Beim weiter oben beschriebenen ersten Ansatz wurden diese Pläne noch „übersehen“, da aufgrund der Einbeziehung der Mengenänderung in die Zielfunktion unter kostengleichen Plänen stets nur derjenige ermittelt wurde, der die maximale Mengenänderung enthält. Gegenüber der Standard-MVOZ ergibt sich hier jedoch trotzdem keine Verbesserung bei *OZ*=1. Für die letzte Zeile konnte kein zulässiger Plan ermittelt werden. Die abweichenden Pläne für *OZ*=2 zeigen dagegen zwar bei einem Test eine Verbesserung gegenüber *OZ*=2 bei der Standard-MVOZ, diese Verbesserung ist jedoch zu gering, um in einem neuen besten Gesamtplan zu resultieren. Der beste Plan stellt sich wiederum bei *OZ*=3 ein – es ist der schon beim ersten Ansatz gefundene, sehr vorteilhafte Plan mit Kosten von lediglich 11079,4 GE. Er wurde also auch mit dem zweiten Ansatz gefunden und zwar bei *OZ*=3 und *MDM*=750.

Wie sind die in diesem Kapitel unternommenen Versuche zur Verbesserung der Kostensenkung im Rahmen der MVOZ nun abschließend zu bewerten? Zunächst muss eingeräumt werden, dass die Chance auf eine zusätzliche Kostensenkung zwar besteht, ihr tatsächliches mittleres Ausmaß hier jedoch nicht festgestellt werden konnte, da zu diesem Zweck weitreichende Simulationen notwendig wären. Um aus den Ergebnissen derartiger Simulationen fundierte Aussagen ableiten zu können, sollten die Simulationsdaten einen ähnlichen Umfang aufweisen wie die für Kapitel 4.5 durchgeführten aufwändigen Berechnungen. Zusätzlich ist zu erwarten, dass die im Durchschnitt pro Simulationsfall notwendige Rechenzeit aufgrund der bereits erwähnten Nichtlinearität größer ist als bei den linearen Problemen der Standard-MVOZ. Der Gesamtaufwand einer für die abweichenden Pläne notwendigen Simulation übersteigt daher voraussichtlich sogar noch den Aufwand der Berechnungen aus Kapitel 4.5. Im Rahmen dieser Arbeit wurde daher auf eine erneute große Simulation verzichtet.

Es gibt jedoch noch andere Einflüsse auf die Bewertung, die hier sehr wohl einbezogen werden können. Dazu gehört z. B. die Komplexität einer Integration der neuen Methode in die bisherige Vorgehensweise. In diesem Punkt erweisen sich die Methoden dieses Kapitels als vorteilhaft, da sie sehr einfach in den Ablauf der MVOZ zu integrieren sind – es sind lediglich zusätzliche Plandurchläufe nötig, die nach den gleichen Grundsätzen wie die bisherigen Planungen ablaufen. Die späteren Schritte Verifizierung und Verhandlung bleiben sogar völlig unbeeinflusst. Aufgrund dieser einfachen Integration in die Standard-MVOZ besteht der Mehraufwand nur aus den zusätzlichen Rechnungen und der damit verbundenen Datenweitergabe. Hier kommt nun verstärkt die bereits in Kapitel 4.7 angesprochene Automatisierung der Planungsabläufe zum Tragen: Je umfassender die Automatisierung des Datenempfangs, der Optimierungsrechnung und der Datenweitergabe bei allen beteiligten Firmen konzipiert ist, desto sinnvoller ist eine Erweiterung der MVOZ um die in diesem Kapitel vorgestellten Verfeinerungen. Die Anzahl der erzeugten abweichenden Pläne sollte deshalb in Abhängigkeit von der Effizienz in der Planung und beim Austausch der Teilpläne bestimmt werden. Denkbar ist auch eine schrittweise Einführung: Start mit der Standard-MVOZ, später die Generierung abweichender Pläne und zu einem noch späteren Zeitpunkt die Entscheidung über Ausweitung oder auch eine Reduktion bzw. Einstellung der Erzeugung abweichender Pläne. Die Frage, inwieweit bzw. in welchem Umfang eine erneute Vervielfachung der Anzahl der Planungsdurchläufe von den betrieblichen Prozessen in allen beteiligten Firmen reibungslos zu meistern ist und welchen langfristigen Vorteil man daraus ziehen kann, ist ohnehin erst nach mehreren Planungszyklen zu beantworten.

Ein offensichtlicher Nachteil besteht jedoch stets: Auch die in diesem Kapitel vorgestellte Variation des Gesamtplans bleibt ungerichtet und stellt daher, genau wie die Standard-MVOZ, keine *gezielte* Annäherung an das Gesamtoptimum dar. Eine Verbesserung kann daher nicht garantiert werden – sie wird aber erneut wahrscheinlicher. Eine gezielte Annäherung bräuchte dagegen eine Leitgröße, an der sie sich ausrichten kann, d. h. eine Möglichkeit, die Kostenwirkung auf den Gesamtplan abzuschätzen. Dies wäre aber mit einem deutlich größeren Informationsbedarf verbunden, da dann auch Kostengrößen (welcher Art auch immer) zwischen den Firmen ausgetauscht werden müssten. Eine gezielte Annäherung ist daher zwar theoretisch wünschenswert, praktisch ist der Preis dafür jedoch, gemessen an den hier zugrundegelegten Ansprüchen an den Informationsaustausch, zu hoch. Eine ungerichtete Annäherung an das Gesamtoptimum durch Vergrößerung der Alternativenzahl, wie in der MVOZ sowie den hier besprochenen Erweiterungen geschehen, kann deshalb durchaus die *insgesamt* bessere Vorgehensweise darstellen.

5.2 Die MVOZ bei rollierender Planung

In der Realität verläuft die Planung nicht immer wie in Kapitel 4 vorausgesetzt. Dort bestand die Planung aus einer Abfolge vollständiger Planungszeiträume, die sich nicht überlappen. Stattdessen wird oft rollierend geplant, d. h. die nächste Planung erfolgt bereits vor dem Ablauf des Planungszeitraums der letzten Planung.[277] Für einen Teil des Planungszeitraums erfolgt somit eine Neuplanung. Zur besseren Unterscheidung werden im Folgenden statt „Planungszeitraum" nun die Begriffe „Planungshorizont" und „Planungszyklus" verwendet (Abbildung 5-4).

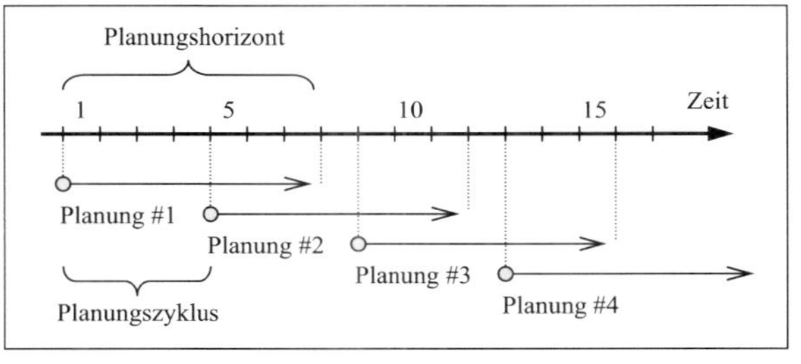

Abbildung 5-4: Grundprinzip der rollierenden Planung

Der Planungshorizont (T_H) ist die Anzahl von Perioden, deren Bedarf in einer Planung berücksichtigt wird und für die daraus Produktionsmengen bestimmt werden. In Abbildung 5-4 gilt somit T_H=7. Der Planungszyklus (T_Z) umfasst dagegen nur die Perioden bis zur nächsten Planung – in Abbildung 5-4 gilt T_Z=4. Die Produktions- und Lagermengen der letzten T_H-T_Z Perioden jeder Planung werden also erneut geplant und sind deshalb bei ihrer ersten Bestimmung nicht endgültig.

Der Grund für dieses Vorgehen ist das Vorliegen einer mit zunehmender Entfernung vom Planungszeitpunkt steigenden Unsicherheit der Daten, die in die Planung einfließen. Eine hohe Sicherheit liegt lediglich für die kommenden T_Z Perioden vor. Über diesen Planungszyklus hinaus ist die mittlere Verlässlichkeit der Daten nicht mehr groß genug, so dass erneut

[277] Auch rollende Planung genannt, vgl. z. B. Thommen (2004), S. 1135, und Schweitzer (2005), S. 48 ff.

geplant wird. Andererseits sind die Daten der zukünftigen Perioden T_Z+1 bis T_H noch so sicher, dass ihre Einbeziehung in die Planung im Durchschnitt vorteilhaft ist (sonst würde keine rollierende Planung zum Einsatz kommen, sondern getrennte Planungszeiträume der Länge $T=T_Z$). Für Perioden nach dem Planungshorizont lassen sich dagegen entweder keine Daten bestimmen oder sie sind mit so großer Unsicherheit behaftet, dass sie bewusst nicht in die Planung einbezogen werden.[278]

Hat diese rollierende Planung nun überhaupt Auswirkungen auf die MVOZ? Grundsätzlich lässt sich der Algorithmus der MVOZ ja auch im Rahmen einer rollierenden Planung anwenden – im Abstand von T_Z Perioden würde statt der traditionellen Planung einfach die MVOZ durchgeführt. Der im Kapitel 4.3 erklärte Ablauf bezieht sich schließlich nur auf einen einmaligen Durchlauf der MVOZ. Er kann deshalb als Ganzes auch häufiger, also im Rahmen einer rollierenden Planung, zur Anwendung kommen. Es gibt jedoch aufgrund der rollierenden Planung einige Änderungen zu beachten, deren Auswirkungen im Folgenden untersucht werden.

Die erste Änderung im Vergleich zu Kapitel 4 umfasst alle Konsequenzen, die sich aus den teilweise ausgeführten Plänen ergeben (unverbrauchte Lagerbestände[279] etc.). Sie sind einfach zu berücksichtigen, da sie als Anfangsbedingungen in spätere Planungen einfließen können. Eine solche Verwendung anderer Startwerte für betriebliche Größen ist insbesondere bei der Nutzung flexibler mathematischer Planungsmodelle (wie z. B. dem MLCLSP) sehr einfach zu realisieren (durch zusätzliche Nebenbedingungen etc.).

Eine weitere Änderung betrifft die im Netzwerk „nach unten“ (d. h. an die Lieferanten) gemeldeten Endkundenbedarfe: Sie müssen um die dafür relevanten Bestände der jeweils meldenden Firma reduziert werden, um *Netto*bedarfe darzustellen. Dies führt dazu, dass die Firmen unterhalb der finalen Ebene nicht immer alle die gleichen Informationen bzgl. des Endkundenbedarfs erhalten, sondern verschiedene Werte, je nach den von ihnen direkt oder indirekt belieferten Firmen im Netzwerk und deren Beständen. In diesen Unterschieden zwischen den Bedarfsplänen sind also Informationen über Lagerbestände anderer Firmen enthalten. Aus diesem Grund ist ein kleiner Exkurs nötig – schließlich wurden Lagerbestände in Kapitel 3.2 als kritische Informationen identifiziert. Würden sich verwendbare Informationen zu Lagerbeständen aus den Bedarfen ablesen lassen, wäre die Weitermeldung dieser Bedarfe (und damit der Informationsbedarf der MVOZ) nun doch kritisch zu sehen.

Zentraler Punkt in der Bewertung weiterzugebender Informationen ist, ob sie durch den Informationsempfänger zum Nachteil des Informationsgebers ausgenutzt werden können. Bei Lagerbeständen lässt sich dieser Mechanismus vor allem bei der Offenlegung hoher Lagerbe-

[278] Zu alternativen Konzepten für Planungen unter Unsicherheit sowie zu weiterführenden Aspekten der rollierenden Planung siehe die Zusammenfassung bei Dudek (2004), S. 115 ff.

stände (insbesondere Endprodukt-Lagerbestände) eines Lieferanten gegenüber seinem Abnehmer finden, da dann der Abnehmer Preisnachlässe fordern könnte. Hier jedoch handelt es sich um Informationen über Lagerbestände „höherer" (d. h. materialfluss*ab*wärts gelegener) Ebenen, wodurch die eben genannte Art der Ausnutzung nicht möglich ist. Hinzu kommt die Tatsache, dass die in den Bedarfen versteckten Information über Lagerbestände nur durch einen Vergleich mit anderen Plänen zu entschlüsseln sind – und zwar entweder durch Vergleich mit den Brutto-Endkundenbedarfen oder durch Vergleich mit den an andere Lieferanten gemeldeten Bedarfsplänen. Gegen die erste Möglichkeit ist einzuwenden, dass die Brutto-Endkundenbedarfe keinem Lieferanten vorliegen, wenn die Informationsweitergabe im Rahmen der rollierenden Planung stets nur aus Netto-Endkundenbedarfen besteht. Auch die zweite Möglichkeit kann nicht entscheidend gegen den Informationsgeber ausgenutzt werden, da sich daraus nur Bestandsunterschiede verschiedener Vorprodukte ergeben würden, nicht jedoch absolute Lagerbestände und, je nach interner Produktionsstruktur des Abnehmers, in der Regel auch keine Informationen zu den kritischeren *End*produkt-Lagerbeständen. Weiterhin müsste für diese zweite Möglichkeit eine Kooperation verschiedener Lieferanten gebildet werden, die konspirativ gegen den Abnehmer agieren, um dessen Lagerbestände (näherungsweise) zu ermitteln und sie anschließend an den Kunden des Abnehmers weiterzureichen, damit dieser Nutzen daraus zieht. Als wäre das noch nicht unwahrscheinlich genug, müsste zudem all das geschehen, *obwohl* es dem Abnehmer schadet, denn langfristig wirkt sich ein wirtschaftlicher Nachteil für den Abnehmer auch negativ auf seine Lieferanten aus – also die Verursacher des Schadens. Aus dieser Darstellung ist ersichtlich, dass in der vorliegenden Situation nicht ernsthaft mit einer Ausnutzung der versteckten Bestandunterschiedsinformation durch die Lieferanten gerechnet werden kann. Die Weitermeldung von Netto-Endkundenbedarfen im Netzwerk ist deshalb, wie schon die Weitergabe der Brutto-Endkundenbedarfe, im Wesentlichen als unproblematisch einzustufen. Der Exkurs zum Informationsbedarf der MVOZ in Kombination mit einer rollierenden Planung kann damit beendet werden.

Der Ablauf der Planungen im Rahmen der MVOZ stellt also kein Hindernis für eine Mischung von rollierender Planung und MVOZ dar. Dass die rollierende Planung hier trotzdem zur Sprache kommen muss, liegt an der Meldung der Kostenunterschiedswerte im Rahmen der Verifizierung und an den anschließend vereinbarten Zahlungen. Diese Werte beziehen sich schließlich auf den gesamten Plan(ungshorizont) und enthalten somit auch Kosten aus Perioden, deren Produktionsmengen aufgrund der Neuplanung im nächsten Planungszyklus nicht endgültig sind. Dadurch garantieren die in den Verhandlungen vereinbarten Zahlungsströme nicht länger die Vorteilhaftigkeit der (Standard-)MVOZ für alle beteiligten Firmen, wie folgendes Beispiel zeigt.

[279] Damit sind nicht die Sicherheitsbestände gemeint, sondern geplante Lagermengen zur Befriedigung bestimmter, späterer Bedarfe.

Verwendet wird erneut das in Kapitel 4.4 vorgestellte Netzwerk mit drei Firmen. Zunächst soll das soeben angedeutete Problem der MVOZ am denkbar einfachsten Fall einer einmaligen rollierenden Planung veranschaulicht werden, d. h. betrachtet werden nur zwei Planungen, die sich teilweise überlappen. Die Anzahl der insgesamt berücksichtigten Perioden wird auf fünfzehn, der Planungshorizont auf zehn und der Planungszyklus auf fünf Perioden festgesetzt. Demzufolge finden die beiden Planungen in t=0 und t=5 statt, wodurch lediglich fünf der fünfzehn Perioden (t=6 bis t=10) zweifach geplant werden. Weiterhin wurden als Bedarfe der zusätzlichen Perioden t=11 bis t=15 erneut die Bedarfswerte aus t=1 bis t=5 verwendet, um möglichst nahe am ursprünglichen Beispiel zu bleiben. Aus dem gleichen Grund wird hier auch keine Unsicherheit in den Daten berücksichtigt, die sonst dazu führen könnte, dass die Bedarfe für t=6 bis t=10 in der zweiten Planung andere Werte annehmen als bei der ersten Planung. Effekte, die sich bereits an diesem einfachen Beispiel zeigen, sind umso stärker bei komplexeren Beispielen zu erwarten.

Bei der ersten Planung, die sich über die Perioden t=1 bis t=10 erstreckt, wurde gemäß Kapitel 4.4 OZ=1 als beste Alternative ermittelt. Nach dem gleichen Prinzip wurde nun auch die zweite Planung (für t=6 bis t=15) durchgeführt. Sie ermittelt ebenfalls OZ=1 als beste Alternative. Die dafür zugrundegelegten Kostenwerte sind in Tabelle 5-3 zusammengefasst (Symbolik und Anordnung analog zu Kapitel 4.6).

Perioden	y (OZ)	1	2	3
t=1 bis t=10	$K(P_{1y})$ [GE]	2582,4	3225,3	3207,0
	$K(P_{2y})$ [GE]	3543,5	3145,8	3798,1
	$K(P_{3y})$ [GE]	5180,4	7283,1	4523,2
	$K(GP_y)$ [GE]	**11306,3**	**13654,2**	**11528,3**
t=6 bis t=15	$K(P_{1y})$ [GE]	2190,0	2606,8	2946,0
	$K(P_{2y})$ [GE]	3016,3	2664,3	3382,0
	$K(P_{3y})$ [GE]	4575,1	7053,2	4112,1
	$K(GP_y)$ [GE]	**9781,4**	**12324,3**	**10440,1**

Tabelle 5-3: Plan-Kostenwerte der MVOZ in rollierender Planung (kleines Beispiel)

Mit Hilfe dieser Kostenwerte wird also bei beiden Planungen die Alternative OZ=1 durch die Verifizierung ausgewählt. Fraglich ist jedoch nun, welche Zahlungsströme sich ergeben, wenn man diese Kostenwerte auch für die Verhandlungen verwendet. Zur Untersuchung dieser Frage ist, wie bereits in Kapitel 4.6.2, eine Annahme zum Verhandlungsergebnis bzw. zum grundsätzlichen Verhalten der verhandelnden Firmen erforderlich. Hier wie dort kommt die Hypothese der gleichen, relativ zum individuellen Kostenunterschied gemessenen Zahlungsbereitschaften (α) zum Einsatz. Wie in Kapitel 4.6.2 oberhalb von Tabelle 4-30 erklärt, ist diese Hypothese zwar nicht für jeden Einzelfall nachvollziehbar, stellt jedoch im Regelfall einen sinnvollen Weg dar, um das Verhandlungsergebnis abzuschätzen. Dies gilt insbesondere dann, wenn keine weiteren Informationen zu den Verhandlungsstrategien der Firmen und ihren Ansprüchen an die Zahlungen verfügbar sind. Bestimmt man nun diese Zahlungsbereitschaft α für die obige Tabelle 5-3, dann ergeben sich α = 0,8551 für die erste Planung und

α = 0,81964 für die zweite Planung. Damit können aus den Kostenunterschiedswerten ΔK_i (die die Differenz der Kosten von OZ=1 und OZ=3 darstellen) die in Tabelle 5-4 zusammengefassten Zahlungsströme Z_i berechnet werden. Zusammengefasst ergaben diese beiden Größen in Kapitel 4.6.2 den Gewinn Z_i-ΔK_i.

Perioden		ΔK_i [GE]	Z_i [GE]	Z_i-ΔK_i [GE]
t=1 bis t=10	Firma 1	-624,60	-534,35	90,25
	Firma 2	-254,60	-217,81	36,79
	Firma 3	657,20	752,16	94,96
	Summe	**-222,00**	**0**	**222,00**
t=6 bis t=15	Firma 1	-756,00	-441,76	314,24
	Firma 2	-365,70	-213,69	152,01
	Firma 3	463,00	655,45	192,45
	Summe	**-658,70**	**0**	**658,70**

Tabelle 5-4: Zahlungen der Standard-MVOZ in rollierender Planung (kleines Beispiel)

Nach dieser Rechnung würden die Firmen über diese 15 Perioden durch die MVOZ in Summe Gewinne von 404,49 GE (Firma 1) bzw. 188,80 GE (Firma 2) bzw. 287,41 GE (Firma 3) erzielen. Zusammen wären das 880,70 GE. Doch diese Art der Gewinnberechnung berücksichtigt nicht die nun vorliegende rollierende Planung. Die beiden Planungen überlappen sich und können deshalb nicht einfach addiert werden. Vielmehr müssen die Kosten des Zeitraums t=1 bis t=5 (=Abschnitt 1) isoliert ermittelt werden, um die tatsächlich angefallenen Kosten zu bestimmen. Außerdem müssen die Kostenunterschiedswerte für den Zeitraum t=6 bis t=15 (=Abschnitt 2) durch einen Vergleich mit einer *durchgängigen* traditionellen Planung berechnet werden – also nicht durch einen Vergleich der Kombinationen (OZ=1 in Abschnitt 1; OZ=1 in Abschnitt 2) und (OZ=1 in Abschnitt 1; OZ=3 in Abschnitt 2) wie in der obigen (irreführenden) Rechnung, sondern durch einen Vergleich der Kombinationen (OZ=1; OZ=1) und (OZ=3; OZ=3). Der Grund dafür ist, dass für eine korrekte Rechnung die beiden verglichenen Kostenreihen jeweils aus einer in sich stimmigen Folge von Produktions- und Lagermengen entstehen müssen – und zwar über beliebig viele Perioden hinweg. Sobald einmal ein anderes Optimierungszentrum als bei der traditionellen Planung gewählt wurde, wäre dies bei einer nicht-durchgängigen Vergleichsreihe (s. o.: OZ=1; OZ=3) nicht mehr der Fall, d. h. die damit bestimmten Werte wären zwar für einzelne Zeitabschnitte aussagekräftig, ließen sich jedoch nicht über mehrere Zeitabschnitte aufaddieren. Zur Ermittlung der Kosten der traditionellen Planung ist also bei rollierender Planung die durchgängige Variante nötig. Die Berechnung dieser durchgängigen traditionellen Planung ist in der Standard-MVOZ nicht enthalten und muss hier deshalb zusätzlich durchgeführt werden. Nur dann lassen sich trotz rollierender Planung exakte Kostenunterschiede ermitteln.

Berücksichtigt man diese Prinzipien, erhält man die in Tabelle 5-5 dargestellten realen Kostendifferenzen und die sich bei beibehaltenen Zahlungen ergebenden Gewinne der Firmen.

Perioden		Kosten [GE] (OZ=1; OZ=1)	Kosten [GE] (OZ=3; OZ=3)	ΔK_i [GE]	Z_i [GE]	Z_i-ΔK_i [GE]
t=1 bis t=5	Firma 1	1706,40	1710,00	-3,60	-534,35	-530,75
	Firma 2	2227,20	2107,60	119,60	-217,81	-337,41
	Firma 3	3084,10	2265,00	819,10	752,16	-66,94
	Summe	**7017,70**	**6082,60**	**935,10**	**0**	**-935,10**
t=6 bis t=15	Firma 1	2190,00	3108,00	-918,00	-441,76	476,24
	Firma 2	3016,30	3601,00	-584,70	-213,69	371,01
	Firma 3	4575,30	4523,20	51,90	655,45	603,55
	Summe	**9781,40**	**11232,2**	**-1450,80**	**0**	**1450,80**
t=1 bis t=15	Summe	**16799,1**	**17314,8**	**-515,70**	**0**	**515,70**

Tabelle 5-5: Tatsächliche Kosten der Standard-MVOZ in rollierender Planung (kleines Beispiel)

Mit Hilfe dieser Zahlen ergibt sich nun ein ganz anderes Bild: Die mit der Standard-MVOZ festgelegten Zahlungen führen dazu, dass die tatsächlichen Firmengewinne (Summe der beiden Einzelgewinne in der letzten Spalte von Tabelle 5-5) über die betrachteten 15 Perioden -54,51 GE (Firma 1) bzw. 33,60 GE (Firma 2) bzw. 536,61 GE (Firma 3) betragen. Der tatsächliche Gesamtgewinn von 515,70 GE wird also nicht nur sehr ungleich verteilt, Firma 1 hat sogar *Mehr*kosten gegenüber einer durchgängig angewendeten traditionellen Planung.

Wie im Beispiel gezeigt wurde, resultiert für die beteiligten Firmen aus der rollierenden Planung mit unmodifizierter MVOZ das Risiko von höheren Kosten gegenüber der traditionellen Planung. Die Lösung für dieses Problem liegt nun darin, die Kompensationszahlungen in den Verhandlungen lediglich auf den nächsten Planungszyklus zu beziehen (fünf Perioden im obigen Beispiel), nicht jedoch auf den kompletten Planungshorizont. Dadurch umfassen die Verhandlungen dann auch tatsächlich nur den Zeitraum, dessen geplante Produktionsmengen bereits feststehen.[280] Dieses Vorgehen wird im Folgenden als modifizierte MVOZ bzw. $MVOZ^{RP}$ bezeichnet. Im Beispiel führt sie zu den Werten der Tabelle 5-6.

Perioden		Kosten [GE] (OZ=1; OZ=1)	Kosten [GE] (OZ=3; OZ=3)	ΔK_i [GE]	Z_i [GE]	Z_i-ΔK_i [GE]
t=1 bis t=5	Firma 1	1706,40	1710,00	-3,60	0	3,60
	Firma 2	2227,20	2107,60	119,60	0	-119,60
	Firma 3	3084,10	2265,00	819,10	0	-819,10
	Summe	**7017,70**	**6082,60**	**935,10**	**0**	**-935,10**
t=6 bis t=15	Firma 1	2190,00	3108,00	-918,00	-711,09	206,91
	Firma 2	3016,30	3601,00	-584,70	-358,86	225,84
	Firma 3	4575,30	4523,20	51,90	1069,95	1018,05
	Summe	**9781,40**	**11232,2**	**-1450,80**	**0**	**1450,80**
t=1 bis t=15	Summe	**16799,1**	**17314,8**	**-515,70**	**0**	**515,70**

Tabelle 5-6: Zahlungen der für die rollierende Planung modifizierten MVOZ (kleines Beispiel)

Wie man sieht, werden nun für alle beteiligten Firmen Zahlungen festgelegt, die zu Gewinnen gegenüber der traditionellen Planung führen. Zu beachten ist, dass aufgrund der in Summe

---

[280] Vgl. das ähnliche Vorgehen bei Dudek (2004), S. 118 ff.

positiven Kostenunterschiedswerte im Zeitraum t=1 bis t=5 keine gesonderten Verhandlungen für diesen ersten Abschnitt stattfinden, obwohl für die Produktionsmengen eine von der traditionellen Planung abweichende Alternative gewählt wurde. Vielmehr fließen die für diesen Zeitraum ermittelten Mehr- bzw. Wenigerkosten in die *nächste* Verhandlung ein und zwar zusammen mit den dann hinzukommenden Werten für den Zeitraum t=6 bis t=15. Für die Durchführung einer Verhandlung gibt es somit bei der $MVOZ^{RP}$ die gesondert zu prüfende Bedingung, dass die bis zum Zeitpunkt einer (eventuellen) Verhandlung seit der letzten Verhandlung aufsummierten Kostenunterschiede für das gesamte Netzwerk unter Null liegen müssen. Nur dann liegt eine reale Kostensenkung vor, die im Rahmen einer Verhandlung verteilt werden kann. Ein positiver Nebeneffekt dieser Regelung ist, dass es seltener zu Verhandlungen kommt, wodurch die mittleren Kosten, die durch die $MVOZ^{(RP)}$ selbst verursacht werden[281], sinken.

Die genannten Modifikationen ändern jedoch nichts an der Auswahl des umzusetzenden Plans im Rahmen der Verifizierung (Kapitel 4.6.1): Die dafür gemeldeten Werte beziehen sich weiterhin auf den kompletten Planungshorizont $T_{(H)}$, genau wie in der Standard-MVOZ. Der Unterschied liegt, wie oben beschrieben, in den Werten, die die Firmen als Grundlage für die anschließenden Verhandlungen verwenden: Dort beschäftigt man sich nur mit dem kommenden Planungszyklus T_Z (zuzüglich eventuell aufsummierter Belastungen aus vorangegangenen Abschnitten). Trotzdem gibt es auch für den Verifizierungsschritt eine Änderung, denn die Frage, ob Verhandlungen stattfinden sollen, lässt sich nur bei Kenntnis der Kostenunterschiedssumme beantworten. Diese Größe liegt jedoch keiner Firma vor. Aus diesem Grund muss bei der $MVOZ^{RP}$ jede Firma in jedem Planungszyklus der Verifizierungsstelle nicht mehr nur einen Wertesatz, sondern zwei melden: Die Kostendifferenzen zur Planauswahl (Kostenvergleich der kommenden T_H Perioden) und zusätzlich die tatsächlichen Kostendifferenzen für die nächsten T_Z Perioden. Mit diesen Werten kann dann das Verifizierungsprogramm über die Durchführung von Verhandlungen entscheiden, analog zur Entscheidung über das beste Optimierungszentrum.

Im Folgenden soll der Ablauf der $MVOZ^{RP}$ an einem größeren Beispiel veranschaulicht werden. Das obige kleine Beispiel war zwar für das Aufzeigen der Grundproblematik geeignet, genügt aber nicht zur Demonstration der Funktionsweise der modifizierten $MVOZ^{RP}$ über einen längeren Zeitraum. Die Länge dieses Zeitraums beträgt im großen Beispiel 50 Perioden. Die dafür notwendigen Bedarfswerte wurden nach den gleichen Prinzipien (Mittelwert 50 und Schwankung +/- 25 %) berechnet wie die bereits aus Kapitel 4.4 bekannten Bedarfswerte b_t für die Perioden t=1 bis t=10. Die genauen Werte aller 50 Perioden enthält Tabelle 5-7.

[281] Vgl. Kapitel 4.7

t	1	2	3	4	5	6	7	8	9	10	11	12	13	14	15	16	17	18	19	20	21	22	23	24	25
b_t	54	47	49	49	60	44	46	52	61	50	60	44	39	52	52	48	48	53	53	60	48	41	54	49	45
t	26	27	28	29	30	31	32	33	34	35	36	37	38	39	40	41	42	43	44	45	46	47	48	49	50
b_t	54	44	54	56	62	52	59	56	40	43	51	51	57	59	43	47	41	42	61	51	40	54	43	62	61

Tabelle 5-7: Bedarfswerte für die rollierende Planung (großes Beispiel)

Wie schon im ersten Beispiel sind auch in diesem Beispiel keine Unsicherheiten in den Bedarfswerten enthalten. Es werden hier vielmehr isoliert die Folgen der rollierenden Planung thematisiert – Unsicherheit in den Bedarfen ist eine zusätzliche Komplikation, die gesondert zu untersuchen wäre. Planungshorizont und Planungszyklus nehmen erneut die Werte 10 bzw. 5 an. Im Unterschied zum obigen kleinen Beispiel wird außerdem angenommen, dass es sich nun um eine fortlaufende rollierende Planung handelt, d. h. der letzte Planungszyklus t=45 bis t=50 kann hier aufgrund der fehlenden Daten für t=51 bis t=55 nicht berücksichtigt werden. Somit lassen sich in diesem Beispiel neun Planungszeitpunkte identifizieren, die mit Hilfe der Daten simuliert werden können. Die Entscheidung über das zu verwendende Optimierungszentrum wird also neunmal getroffen. Lediglich der Ausgang der ersten Rechnung (OZ=1) ist aus Kapitel 4.4 bereits bekannt, die anderen acht Planungen können durchaus andere Optimierungszentren ergeben. Die wichtigsten Ergebnisse dieser Planungen sind in den folgenden Tabellen enthalten. Zunächst gibt Tabelle 5-8 die Ergebnisse der Planungsphase wieder, die das durch die Verifizierung vorgeschlagene Optimierungszentrum bestimmen.

Planungshorizont		t=1 bis t=10	t=6 bis t=15	t=11 bis t=20	t=16 bis t=25	t=21 bis t=30	t=26 bis t=35	t=31 bis t=40	t=36 bis t=45	t=41 bis t=50
Plankosten (OZ=1) [GE]	Firma 1	2582,4	2190,0	2190,0	2190,0	2566,4	2598,0	2190,0	2190,0	2519,6
	Firma 2	3543,5	2953,2	3379,8	3281,7	3284,4	3550,1	3078,8	2934,7	3439,0
	Firma 3	5180,4	4407,8	4715,6	5786,8	5164,8	5509,1	4893,6	4349,4	5151,6
	Summe	**11306,3**	**9551,0**	**10285,4**	**11258,5**	**11015,6**	**11657,2**	**10162,4**	**9474,1**	**11110,2**
Plankosten (OZ=2) [GE]	Firma 1	3225,3	2580,0	2616,0	2847,0	2868,0	3144,0	2628,0	2556,0	2817,9
	Firma 2	3145,8	2655,9	3081,3	2744,3	3045,8	3022,4	2581,0	2651,8	2982,2
	Firma 3	7283,1	6766,2	7194,7	6747,6	8567,4	7327,6	8433,8	6559,6	7266,2
	Summe	**13654,2**	**12002,1**	**12892,0**	**12338,9**	**14481,2**	**13494,0**	**13642,8**	**11767,4**	**13066,3**
Plankosten (OZ=3) [GE]	Firma 1	3207,0	2736,0	2733,0	2991,0	2868,0	3144,0	2781,0	2556,0	2817,9
	Firma 2	3798,1	3210,8	3628,2	3392,1	3385,2	3550,1	3196,1	3079,6	3439,0
	Firma 3	4523,2	4037,4	4372,3	4458,2	4432,0	4438,8	4448,5	4044,2	4373,8
	Summe	**11528,3**	**9984,2**	**10733,5**	**10841,3**	**10685,2**	**11132,9**	**10425,6**	**9679,8**	**10630,7**

Tabelle 5-8: Kostenwerte zur Festlegung des besten Optimierungszentrums (großes Beispiel)

Wie an den Unterstreichungen der jeweils besten Kostensummen zu sehen ist, wird in den Planungen Nr. 1, 2 und 3 als bestes Optimierungszentrum OZ=1 ermittelt, in den Planungen Nr. 4, 5 und 6 OZ=3, bei den beiden Planungen Nr. 7 und 8 wieder OZ=1 und schließlich bei der letzten hier betrachteten Planung Nr. 9 wieder OZ=3. Von den neun Entscheidungen über die zu wählende Alternative lautet das (von der Verifizierung vorgeschlagene) Ergebnis demzufolge fünfmal OZ=1 und viermal OZ=3. Dabei laufen die Ermittlung dieser Kostenwerte und ihre Verwendung im Rahmen der Verifizierung bei der MVOZ^{RP} genauso ab, wie es schon für die Standard-MVOZ beschrieben wurde. Tabelle 5-9 stellt nun die Ermittlung der Kostenunterschiedswerte dar, die den Firmen als Grundlage für die Verhandlungen dienen. dieser Vorgang verläuft sehr wohl anders als noch bei der Standard-MVOZ, insbesondere aufgrund der Verwendung der durchgängigen traditionellen Planung als Vergleichsmaßstab.

Planungszyklus		*t*=1 bis *t*=5	*t*=6 bis *t*=10	*t*=11 bis *t*=15	*t*=16 bis *t*=20	*t*=21 bis *t*=25
Optimierungszentrum (*OZ**)		*OZ*=1	*OZ*=1	*OZ*=1	*OZ*=3	*OZ*=3
tatsächliche Kosten (*OZ*=*OZ**) [GE]	Firma 1	1706,4	1314,0	876,0	1677,0	1314,0
	Firma 2	2227,2	1400,3	1687,3	1856,3	1673,0
	Firma 3	3084,1	2171,5	2236,3	2265,0	2193,2
	Summe	**7017,7**	**4885,8**	**4799,6**	**5798,3**	**5180,2**
alternative Kosten (immer *OZ*=3) [GE]	Firma 1	1710,0	1497,0	1518,0	1653,0	1314,0
	Firma 2	2107,6	1774,5	1776,7	1957,3	1572,0
	Firma 3	2265,0	2258,2	2190,3	2265,0	2193,2
	Summe	**6082,6**	**5529,7**	**5485,0**	**5875,3**	**5079,2**
Kostenunterschiede [GE]	Firma 1	-3,6	-183,0	-642,0	24,0	0,0
	Firma 2	119,6	-374,2	-89,4	101,0	101,0
	Firma 3	819,1	-86,7	46,0	0,0	0,0
	Summe	**935,1**	**-643,9**	**-685,4**	**-77,0**	**101,0**

Planungszyklus		*t*=26 bis *t*=30	*t*=31 bis *t*=35	*t*=36 bis *t*=40	*t*=41 bis *t*=45
Optimierungszentrum (*OZ**)		*OZ*=3	*OZ*=1	*OZ*=1	*OZ*=3
tatsächliche Kosten (*OZ*=*OZ**) [GE]	Firma 1	1653,0	1314,0	876,0	1515,0
	Firma 2	1854,7	1790,1	1397,1	1827,1
	Firma 3	2238,8	2912,0	1981,6	2497,1
	Summe	**5746,5**	**6016,1**	**4254,7**	**5939,2**
alternative Kosten (immer *OZ*=3) [GE]	Firma 1	1653,0	1698,0	1083,0	1515,0
	Firma 2	2245,8	1761,8	1397,1	1827,1
	Firma 3	2238,8	2200,0	2248,5	2597,1
	Summe	**6137,6**	**5659,8**	**4728,6**	**5939,2**
Kostenunterschiede [GE]	Firma 1	0,0	-384,0	-207,0	0,0
	Firma 2	-391,1	28,3	0,0	0,0
	Firma 3	0,0	712,0	-266,9	0,0
	Summe	**-391,1**	**356,3**	**-473,9**	**0,0**

Tabelle 5-9: Kostenwerte zur Verwendung in den Verhandlungen (großes Beispiel)

An den Kostenunterschieden erkennt man, dass das gewählte Optimierungszentrum nun nicht mehr in jedem Zeitabschnitt mit dem Vorzeichen des Gesamtkostenunterschieds in Verbindung zu bringen ist (analog zum vorangegangenen kleinen Beispiel). Dies bedeutet, dass nicht in jedem Planungszyklus, für den die Produktionsmengen von *OZ*=1 verwendet wurden, auch (erfolgreiche) Verhandlungen stattfinden können – einfach weil kein Gewinn zu verteilen ist. Wie schon angedeutet, wird dieses Problem gelöst, indem das Verifizierungsprogramm nun auch die tatsächlichen Kostenunterschiedswerte für den jeweils aktuellen Planungszyklus gemeldet bekommt, diese addiert und bei Vorliegen eines Gesamtgewinns *zusätzlich* zur Wahl eines alternativen Gesamtplans (im Beispiel: *OZ*=1) Verhandlungen anregt. Die Anwendung dieses Prinzips auf das vorliegende Beispiel, d. h. die Zeitpunkte der Verhandlungen und deren Ergebnisse gemäß der oben erwähnten α-Hypothese, zeigt Tabelle 5-10.

Zyklusbeginn		*t*=1	*t*=6	*t*=11	*t*=16	*t*=21	*t*=26	*t*=31	*t*=36	*t*=41
Optimierungszentrum		*OZ*=1	*OZ*=1	*OZ*=1	*OZ*=3	*OZ*=3	*OZ*=3	*OZ*=1	*OZ*=1	*OZ*=3
Kostenunterschiede [GE]		935,1	-643,9	-685,4	-77,0	101,0	-391,1	365,3	-473,9	0,0
... kumuliert [GE]		935,1	291,2	-394,2	-471,2	-370,2	-761,3	-405,0	-878,9	-878,9
...kumuliert (nach Verhandlung) [GE]		935,1	291,2	-394,2	-77,0	24,0	-367,1	-10,8	-473,9	0,0
Verhandlungen?		nein	nein	ja	nein	nein	nein	ja	ja	nein
ΔK^S [GE]	Firma 1	-	-	-826,60	-	-	-	-360,00	-207,00	-
	Firma 2	-	-	-344,00	-	-	-	-362,80	0,00	-
	Firma 3	-	-	778,40	-	-	-	712,00	-266,90	-
Z_i [GE]	Firma 1	-	-	**-661,18**	**-**	**-**	**-**	**-357,29**	**-26,00**	-
	Firma 2	-	-	**-274,50**	**-**	**-**	**-**	**-360,07**	**84,00**	-
	Firma 3	-	-	**935,68**	**-**	**-**	**-**	**717,36**	**-58,00**	-

Tabelle 5-10: Verhandlungszeitpunkte bei der MVOZ^{RP} (großes Beispiel)

Wie man sieht, finden Verhandlungen im Beispiel immer dann statt, wenn sowohl *OZ*=1 gewählt wurde als auch ein in Summe negativer Kostenunterschied vorliegt (unterstrichene Werte in Tabelle 5-10 entsprechen erfüllten Einzelbedingungen). In diesen Verhandlungen verwenden dann die Firmen die Summe ihrer individuellen Mehr- bzw. Wenigerkosten seit der letzten Verhandlung (ΔK^S). Die Zahlungen (Z) der ersten beiden Verhandlungen wurden mit dem bekannten einheitlichen α bestimmt, die Zahlungen der dritten Verhandlung (für den Planungszyklus *t*=35 bis *t*=40) dagegen „von Hand“[282]. Dies ist hier notwendig, da sich kein aussagekräftiges α bestimmen lässt, wenn einer der individuellen Kostenunterschiede Null beträgt.

Ohne die Zahlungen aus Tabelle 5-10 betrugen die individuellen Kostenwirkungen der MVOZ über alle Perioden noch -1395,6 GE (Firma 1), -706,8 GE (Firma 2) und 1223,5 GE (Firma 3). Diese Werte erhält man durch Aggregation aller individuellen Kostenunterschiedswerte in der vorangegangenen Tabelle 5-9. Berücksichtigt man nun zusätzlich die obigen Zahlungen, dann verändern sich diese Werte zu -351,13 (Firma 1), -156,23 GE (Firma 2) und -371,54 GE (Firma 3). Mit Hilfe der Verhandlungen wurde also auch hier sichergestellt, dass jede Firma von der MVOZ (hier MVOZ^{RP}) profitiert.

Das Beispiel zeigt, dass die MVOZ$^{(RP)}$ auch bei rollierender Planung funktioniert und zu Kostensenkungen führen kann. Ob die Kostensenkungen stets vergleichbar groß sind wie bei der Betrachtung abgeschlossener Planungszyklen in Kapitel 4, könnte nur mit Hilfe erneuter

[282] Hier wurde angenommen, dass jede Firma etwa 50 % ihrer Kostensenkung anbietet und der sich daraus ergebende Überschuss gleichmäßig verteilt wird. Die genaue Verteilung in dieser dritten Verhandlung ist jedoch nicht von Belang – nur die generelle Vorteilhaftigkeit (alle Firmen profitieren) ist entscheidend.

umfangreicher Simulationen festgestellt werden – zumindest im Beispiel ist es jedoch der Fall.

Wie in der obigen Untersuchung festgestellt wurde, muss bei der Kombination von MVOZ und rollierender Planung jedoch ein Nachteil in Kauf genommen werden, der die Ermittlung der Kostenunterschiede verkompliziert: Die doppelte Lagerbestandsführung. Dieses zusätzliche virtuelle Fortschreiben der traditionellen Planung und die damit verbundenen zusätzlichen Optimierungsrechnungen unterstreichen erneut die Anforderungen der MVOZ an die technische Ausstattung der beteiligten Firmen. Da aber auch die Standard-MVOZ (d. h. ohne rollierende Planung) schon vergleichbare Ansprüche an die Effizienz und Effektivität der Planungsabläufe stellt, sollten Firmen, die die Standard-MVOZ beherrschen, auch zu der etwas komplexeren $MVOZ^{RP}$ in der Lage sein. Der angesprochene Nachteil bleibt dadurch zwar bestehen, führt aber zumindest nicht zu einem Unterschied in der Durchführbarkeit der MVOZ innerhalb eines betrachteten Netzwerks. Die MVOZ bleibt daher auch im Rahmen der rollierenden Planung eine beachtenswerte Alternative, die zu Kostensenkungen führt. Allerdings muss eingeräumt werden, dass die $MVOZ^{RP}$ durch den zusätzlichen Aufwand kaum für eine wenig technisierte Lösung geeignet ist, wie sie in Kapitel 4.7.2 für den anfänglichen Einsatz der Standard-MVOZ empfohlen wurde. Ohne entsprechend automatisierte Planungssysteme wäre die $MVOZ^{RP}$ in vielen Netzwerken vermutlich zu zeit- und deshalb kostenintensiv.

Durch den oben beschriebenen Ablauf der $MVOZ^{RP}$ ergibt sich noch ein weiterer Nachteil, der in manchen Netzwerken ein größeres Problem darstellen könnte: Die direkte Kopplung zwischen dem Vorliegen einer gewinnträchtigen Alternative und der dazu stattfindenden Verhandlung kann nicht aufrecht erhalten werden. Diese Kopplung war jedoch gerade einer der zentralen Vorteile der MVOZ, da dadurch Anreize und Umsetzung der Alternative wirkungsvoll verknüpft wurden – und zwar getrennt in jedem einzelnen Planungszeitraum. Durch die nun bei der $MVOZ^{RP}$ mitunter notwendige Verschiebung der Verhandlungen muss die Entscheidung zur Umsetzung der vorteilhaften Alternative (im Beispiel OZ=1) manchmal *ohne* Verhandlungen getroffen werden (siehe z. B. die ersten beiden Planungszyklen in Tabelle 5-10).[283] Einige Firmen müssen deshalb dazu bereit sein, einen oder mehrere Planungszyklen auf die Kompensation ihrer Mehrkosten zu warten. Wie das obige Beispiel zeigt, werden zwar alle Firmen letztendlich für diesen Vertrauensvorschuss mehr als entschädigt, die direkte (d. h. zeitnahe und verursachungsgerecht exakt zuordenbare) Verknüpfung der Zahlungen mit den Alternativplänen ist jedoch nicht mehr gegeben. Dies bedeutet, dass nun nicht mehr in jedem Planungszyklus ohne weiteres von der Zustimmung jeder Firma ausgegangen werden kann.

---

[283] Alternativ zur Verschiebung der Verhandlungen könnte die $MVOZ^{RP}$ in den fraglichen Planungszyklen auch ausgesetzt werden, d. h. die traditionelle Planung käme zur Anwendung. Dadurch wäre die erwähnte Kopplung zwar wieder hergestellt, die in Summe zu erwartende Kostensenkung wäre dann jedoch stark reduziert, da alternative Pläne nur in Planungszyklen mit direkter Verhandelbarkeit genutzt werden könnten.

In eine ähnliche Richtung wie der eben beschriebene Nachteil wirkt eine andere Konsequenz der Verschiebung der Verhandlungen, *wenn* stets nur die aktuellen Kostenunterschiede gemeldet werden: Das Verifizierungsprogramm muss nun im Gegensatz zur Standard-MVOZ Werte speichern, um die Kostenunterschiede vergangener Planungszyklen in die Entscheidung über das Stattfinden von Verhandlungen einfließen lassen zu können. Die Bereitwilligkeit zur Übermittlung von Daten an das Verifizierungsprogramm kann dadurch sinken. Zwar ist das Verifizierungsprogramm auch mit dieser (temporären) Datenspeicherung immer noch weitaus besser für die ihm gestellte Aufgabe geeignet als ein menschlicher Aufgabenträger, der Vorteil wird jedoch etwas kleiner. Alternativ zu einer Speicherung könnten die Firmen in jedem Planungszyklus selbst die seit der letzten Verhandlung kumulierten Kostenunterschiede an die Verifizierung melden. Die Abwägung der Vor- und Nachteile beider Varianten wird jedoch kaum entscheidend für den Einsatz der MVOZ sein und kann deshalb den einzelnen Netzwerken überlassen werden.

Die hier vorgestellte $MVOZ^{RP}$ stellt somit in Summe höhere Anforderungen an das Netzwerk bzw. an die Bereitschaft der Firmen zur Zusammenarbeit als die Standard-MVOZ. Liegt nun ein Netzwerk vor, in dem die Firmen nicht zu einem Warten auf die Kompensation bereit sind, ist zu prüfen, ob nicht eine Anwendung der Standard-MVOZ mit verkürztem Planungszeitraum sinnvoll ist (Länge gemäß Datensicherheit, d. h. T=5 im obigem Beispiel). Hierfür müsste der dann noch bestehende Vorteil der MVOZ dem durch die Verkürzung des Planungszeitraums verursachten Kostennachteil gegenübergestellt werden.

Abschließend muss festgestellt werden, dass die rollierende Planung die Vorteilhaftigkeit der MVOZ beeinträchtigt. Dies betrifft sowohl den Aufwand für ihre Durchführung (virtuelles Fortschreiben der traditionellen Planung) als auch die spieltheoretischen Mechanismen, die die Zustimmung aller beteiligten Firmen sicherstellen sollen. Die grundsätzliche Tatsache, dass mit der $MVOZ^{(RP)}$ eine Kostensenkung für alle Unternehmen eines Netzwerks erreicht werden kann – und zwar ohne jede Offenlegung kritischer Informationen gegenüber einer anderen Firma – bleibt allerdings bestehen. Die Methode variabler Optimierungszentren stellt deshalb weiterhin ein Vorgehen dar, das in beliebig großen Netzwerken zur Steigerung der Effizienz beitragen kann, indem es Vorteile der Zentralplanung nutzt, nicht jedoch deren gravierende Nachteile aufweist.

5.3 Überlegungen zur Nichteinhaltung der Pläne

Bislang war bei der Untersuchung der MVOZ stets stillschweigend davon ausgegangen worden, dass die in der Auswahlphase vereinbarten Liefermengen auch tatsächlich umgesetzt werden. An dieser Stelle soll nun die Frage untersucht werden, welche zusätzlichen Aspekte die MVOZ aufweist, wenn die Möglichkeit berücksichtigt wird, dass die tatsächlichen Liefermengen bzw. -zeitpunkte anders ausfallen als im vereinbarten Gesamtplan festgeschrieben. Derartige Abweichungen können schon vor der Planumsetzung bekannt werden (aber zu kurzfristig für einen neuen Gesamtplan) oder auch erst im Moment der Anlieferung bei der abnehmenden Firma.

Die für die weiteren Ausführungen zentrale Unterscheidung ist die Absichtlichkeit der Abweichung vom Plan. Zunächst soll von einer absichtlichen Planverfehlung ausgegangen werden (größere bzw. geringere Stückzahlen oder Lieferung zu früheren bzw. späteren Zeitpunkten), d. h. der betrachteten Firma war es zwar möglich, den Plan einzuhalten, sie hat sich aber bewusst dagegen entschieden. Die Motivation für eine solche Handlung wäre die Erzielung eines Vorteils unter Inkaufnahme nachteiliger Konsequenzen für andere Firmen im Netzwerk – also der klassische Trittbrettfahrerfall, der bereits in Kapitel 4 untersucht wurde. Dort war festgestellt worden, dass es in Planungs- und Auswahlphase der MVOZ für keine der Firmen eine sichere Möglichkeit gibt, die Vereinbarungen zwecks Erlangung eines individuellen Vorteils zu verletzen (z. B. durch Meldung falscher Werte). Wenn überhaupt Möglichkeiten zum Betrug vorlagen, dann war für die Firmen nicht vorhersehbar, ob derartige Handlungen ihnen nutzen oder schaden würden (wodurch letztendlich der Betrugsanreiz drastisch gemindert wird).

Nach der Einigung auf einen Gesamtplan und auf die damit verbundenen Kompensationszahlungen ist die Situation dagegen eine andere. Einige Firmen können zu diesem Zeitpunkt sehr wohl vorhersehen, wie sie zum eigenen Vorteil vom Plan abweichen könnten. Dieser Umstand soll nun, nach Firmen getrennt, untersucht werden. Zunächst ist festzustellen, dass alle Firmen außer dem gewählten Optimierungszentrum (also alle Optimierungsfolger) von bestimmten Änderungen profitieren würden – z. B. von einer Realisierung ihres individuellen Optimums, das sich ergab, als sie selbst Optimierungszentrum waren (Annahme: Kompensationszahlungen werden als fix wahrgenommen).[284] Die Frage lautet daher nicht, ob grundsätzlich ein Interesse an einer Planabweichung besteht (denn das besteht bei allen Firmen außer einer), sondern ob die Firmen die Möglichkeit haben, eine solche Abweichung zu ihrem Vorteil umzusetzen.

Durch die Frage der Möglichkeit einer Umsetzung teilt sich die Menge der Optimierungsfolger in zwei Gruppen: Eine Gruppe ohne und eine Gruppe mit dieser Möglichkeit. Dies lässt sich begründen, indem man sich in Erinnerung ruft, dass die Optimierungsfolger im Rahmen eines Gesamtplans der MVOZ entweder Vorgaben von der Lieferanten- oder von der Abnehmerseite erhielten[285]. Für diejenigen Optimierungsfolger, die Vorgaben von der Lieferantenseite erhalten haben (also u. a. – aber nicht nur – die Firmen, die direkt oder indirekt vom Optimierungszentrum beliefert werden), gilt, dass sie im gewählten Gesamtplan ihr Optimum (unter der Maßgabe der Materiallieferungen) schon eingenommen haben. Sie haben daher im

[284] Hier und im Folgenden wird die Möglichkeit einer zufälligen Kostengleichheit des individuellen Optimums mit dem tatsächlich umzusetzenden Firmenplan nicht näher untersucht, da dies selten vorkommt und ohnehin keine wesentlichen Änderungen der Ausführungen dieses Kapitels zur Folge hätte.

[285] Vgl. Kapitel 4.3.2.

Moment der Planumsetzung (bei Einhaltung der Liefermengen durch ihre Lieferanten) kein Interesse mehr daran, vom vereinbarten Plan abzuweichen. Ein solches Interesse existiert also zwar *vor* der Belieferung durch ihre Lieferanten, aber nicht *danach*. Solange demzufolge die Lieferanten nicht schon selbst vom Plan abweichen, ist bei dieser Gruppe von Optimierungsfolgern kein absichtliches Abweichen vom vereinbarten Plan zu erwarten.[286] (Die Lieferanten wiederum können selbst gemäß der obigen Gruppeneinteilung untersucht werden.) In Summe ist also festzustellen, dass diese Firmen nach erfolgter Anlieferung keine Möglichkeit zu einer für sie vorteilhaften Abweichung haben.

Die andere Gruppe der Optimierungsfolger, d. h. diejenigen, die ihre Vorgaben von der Abnehmerseite erhielten, haben dagegen durchaus die (theoretische) Möglichkeit, eine für sie vorteilhafte Abweichung umzusetzen (ausgenommen die Firmen auf der finalen Ebene). Diese Firmen wählten ihr lokales Optimum in Abhängigkeit von Vorgaben, die sie selbst erst in die Realität umsetzen müssen. Im Gegensatz zu den obigen Firmen, deren Vorgaben aus Materialanlieferungen stammen, liegt die „Wahrwerdung“ der Vorgaben für die nun betrachteten Firmen also in ihrer eigenen Hand. Sie haben daher nicht nur einen grundsätzlichen Anreiz, vom Plan abzuweichen, sondern auch die Möglichkeit, dies zu tun. Dazu könnten sie z. B. dasjenige individuelle Optimum wählen, das lediglich die Rahmenbedingung der Anlieferungen durch die ihr vorgelagerten Firmen des Netzwerks einhält (bzw. gar keine derartigen Vorgaben, wenn es sich um eine „Wurzel“ des Netzwerks handelt, also um eine Firma ohne netzwerkinterne Lieferanten). Die sich daraus ergebenden Kosten wären geringer als diejenigen Kosten, die ihnen bei Einhaltung des Gesamtplans entstehen (bzw. höchstens gleich hoch).

Ein trotz seiner Offensichtlichkeit bislang noch nicht erwähnter Umstand ist der, dass jede Abweichung vom Plan für das Netzwerk (bzw. die jeweiligen Abnehmer) sofort erkennbar ist, da sich die Liefermengen an die (direkt) folgenden Firmen ändern. Bewusste Abweichungen vom Plan sind also keine versteckten Aktionen, sondern lassen sich dem Verursacher klar zuordnen. Ergo besteht für die besagte zweite Gruppe von Firmen zwar Anreiz und Möglichkeit zu einem derartigen Betrug, aber die Entdeckung durch andere Netzwerkmitglieder ist garantiert. Zu einem Trittbrettfahrerproblem im engen Sinn kommt es hier deshalb nicht, da dafür immer eine gewisse Mindestanonymität notwendig ist. Ohne Anonymität lassen sich im

[286] Der mögliche Einwand, dass die hier thematisierte Abweichung vom Plan dennoch, und zwar durch Koalitionsbildung einer Teilmenge der Firmen (vgl. allgemein zu Koalitionsbildung z. B. Holler/Illing (2006), S. 267 ff.), zustande kommen könnte (d. h. der Abnehmer stiftet den Lieferanten zum gemeinsamen Abweichen vom Plan an), findet hier bewusst keine weitere Beachtung. Diese Koalitionsbildung wäre nicht nur in der Anbahnung (aufgrund der Offenlegung der Betrugsabsicht), sondern insbesondere auch während des wiederholten Durchlaufs der MVOZ riskant, da die Rolle des Optimierungszentrums nicht fix ist. Ein potenzieller Koalitionspartner (d. h. er profitiert von der Koalition) wäre daher u. U. schon im nächsten Planungszyklus strikt gegen eine solche Koalition, wüsste aber immer noch von der grundsätzlichen Bereitschaft des Koalitionsanstifters zum Betrug. Aufgrund dieses Rollenwechsels ist eine Offenlegung der eigenen Betrugsabsicht gegenüber anderen Teilnehmern des Netzwerkes sehr unwahrscheinlich.

Vorfeld vereinbarte Maßnahmen (Strafzahlung o. ä.) umsetzen, da ja der Verursacher der Störung bekannt ist. Fraglich ist nun lediglich die Schärfe solcher Maßnahmen, da nicht immer ersichtlich sein wird, ob die festgestellte Nichteinhaltung des Plans wirklich Absicht oder doch nur eine Folge unvorhersehbarer Zwänge war. Externe Zwänge (z. B. Lieferengpässe auf Zuliefermärkten außerhalb des Netzwerks) ließen sich aber durchaus überprüfen. Ein wiederholtes Auftreten firmeninterner, d. h. schwer überprüfbarer Zwänge (z. B. Maschinenausfälle), hätte dagegen ohnehin ähnliche Folgen wie ein offener Betrug: Das Netzwerkmitglied erscheint als unzuverlässig und gefährdet dadurch seine Zukunft im Netzwerk. In Summe erscheint somit eine wiederholte mutwillige Abweichung vom Plan mit anschließender Vortäuschung von Zwängen unwahrscheinlich.

Weiterhin müssen die bislang thematisierten Planabweichungen auch eher im Vergleich zum alternativen Vorgehen betrachtet werden, hier also der traditionellen Planung. Die wichtigere Frage als „Ist die MVOZ sicher?" lautet demzufolge „Ist die MVOZ sicherer als die traditionelle Planung?". Schließlich ist eine Verbesserung gegenüber dem bisherigen Zustand aussagekräftiger als der noch bestehende Abstand zu einem theoretischen Optimum.[287] Bei dieser Art der Betrachtung kann die MVOZ Vorteile verbuchen, da bei der traditionellen Planung *jede* Firma unterhalb der finalen Ebene die besagte Kombination aus Anreiz und Möglichkeit zur Nichteinhaltung der Lieferforderungen hat – bei der MVOZ ist es dagegen nur ein Teil der Firmen. Wenn also nicht bereits im Rahmen der traditionellen Planung vermehrt absichtliche Nichteinhaltungen des Plans zu vermuten sind, kann das auch nicht für die MVOZ angenommen werden. Man muss im Gegenteil eher mit einer Verbesserung der absichtlichen Liefertreue bei der MVOZ im Vergleich zur traditionellen Planung rechnen, da der Kreis der „kritischen" Firmen kleiner ist.[288]

Im Gegensatz zur bisher unterstellten absichtlichen Abweichung wird nun angenommen, dass tatsächlich Zwänge (firmenintern oder extern) vorlagen, die dazu geführt haben, dass die Firma den Plan nicht einhalten konnte. Im Vergleich der MVOZ mit der traditionellen Planung ist bezüglich der externen Zwänge kein Unterschied zu erwarten, weshalb dieser Aspekt aus dem Vergleich ausgeklammert werden kann. Unabsichtliche Planabweichungen aufgrund *interner* Zwänge (insbes. Kapazitätsbeschränkungen) werden dagegen sehr wohl durch die MVOZ beeinflusst und zwar vorteilhaft, wie die folgenden Ausführungen aufzeigen.

---

[287] Vgl. auch die ähnlich lautenden Argumente in der Diskussion zum Gesamtoptimum als Vergleichsmaßstab in Kapitel 4.5.1.4.

[288] Außerdem lässt sich argumentieren, dass der Anreiz zur Abweichung vom Plan zwecks Erzielung eines individuellen Vorteils bei der MVOZ generell schon deshalb kleiner ist als bei der traditionellen Planung, weil die Interessen aller Firmen im Rahmen der Planungs- und Auswahlphase bereits abgewogen worden. Individuelle Vor- und Nachteile wurden somit bereits berücksichtigt – anders als bei der traditionellen Planung, die nur das Recht des „Erstplaners" kennt. Aufgrund dieser bereits erfolgten Berücksichtigung der individuellen Interessen (=Kosten) der Firmen ist deshalb zu erwarten, dass die Firmen es als weniger notwendig erachten, ihre Interessen auf andere Weise durchzusetzen.

Zunächst kann als Grund die Vermeidung nicht-realisierbarer Pläne durch die MVOZ genannt werden. Solche Pläne entstehen durch Vorgaben, die von anderen Firmen nicht bedient werden können, wodurch zwangsläufig Abweichungen vom Plan notwendig werden. Durch die zusätzlichen alternativen Gesamtpläne, die die MVOZ generiert, werden nicht-realisierbare Forderungen deutlich unwahrscheinlicher als noch bei der traditionellen Planung. Bei den Simulationen in Kapitel 4.5 waren sogar sämtliche nicht-realisierbaren Pläne der traditionellen Planung durch die MVOZ korrigiert worden. Bezüglich dieser speziellen Art der zwangsläufigen Nichteinhaltung vorgegebener Liefermengen weist die MVOZ also klare Vorteile auf.

Vorteile für die MVOZ sind auch dann festzustellen, wenn die geforderten Mengen-/Zeitpläne zwar nicht unmöglich, aber doch nur sehr schwer einzuhalten sind. Damit sind Situationen gemeint, in denen bestimmte Firmen Zusatzkapazitäten (insbes. Überstunden) nutzen müssen, damit der Gesamtplan umsetzbar ist. In der traditionellen Planung gibt es in solchen Fällen keine Rückkopplung zum Abnehmer, weshalb derartige Schwierigkeiten beim Lieferanten nicht in die Bestellmengen des Abnehmers einfließen. Die dann durch den Lieferanten zu beanspruchenden Zusatzkapazitäten sind nun zwangsläufig teurer als der Normalbetrieb und verringern außerdem den Spielraum für zusätzliche kurzfristige Anpassungen (z. B. bei plötzlichen Störungen). In der MVOZ herrscht dagegen eine Tendenz zur Vermeidung der Nutzung dieser kostenintensiven Zusatzkapazitäten, da dies in den Kostenvergleich einfließen würde. Gesamtpläne, die Zusatzkapazitäten nutzen, werden dadurch unwahrscheinlicher – es deshalb zu erwarten, dass bei der MVOZ die mittlere Inanspruchnahme von Zusatzkapazitäten im Vergleich zur traditionellen Planung sinkt. Dies hat c. p. zur Folge, dass der für nicht vorhergesehene Störungen im Durchschnitt noch verfügbare Spielraum größer ist.[289] Man kann also erwarten, dass die Mitglieder eines Unternehmensnetzwerks, welches die MVOZ nutzt, Störungen im Vergleich zur traditionellen Planung besser „abfedern“ können und dass unbeabsichtigte Abweichungen vom Plan deshalb seltener auftreten. Sollte einmal trotzdem die Störung zu groß sein, um von der betreffenden Firma ohne Abweichung vom Plan bewältigt werden zu können, kann mit der gleichen Logik erwartet werden, dass die im Netzwerk stromabwärts gelegenen Firmen die Planabweichung im Durchschnitt effektiver beseitigen können (Rückkehr zum Plan), als es ihnen bei der traditionellen Planung möglich wäre.

In allen übrigen Situationen ist bezüglich unbeabsichtigt auftretender Planabweichungen kein Unterschied zwischen der MVOZ und der traditionellen Planung festzustellen. In Summe kann man daher auch hier einen leichten Vorteil für die MVOZ diagnostizieren. Die MVOZ ist somit sowohl bezüglich beabsichtigter als auch bezüglich unbeabsichtigter Nichteinhaltung der Pläne der traditionellen Planung überlegen, da beide Varianten bei der MVOZ seltener zu erwarten sind.

---

[289] Alternativ kann auch der Kostenvorteil der MVOZ durch Verringerung dieses Spielraums erhöht werden, wenn dadurch die Kosten der Aufrechterhaltung der Bereitschaft zur Nutzung von Überkapazitäten sinken. Hier wird jedoch angenommen, dass diese Bereitschaft auf dem gleichen Niveau gehalten wird.

Doch was ist zu tun, wenn es trotz der genannten Gründe zu einer Nichteinhaltung des Plans durch eine Firma kommt? Auch diese Frage ist im Hinblick auf das bisherige Vorgehen zu sehen, also im Vergleich mit der traditionellen Planung. Die bei ihr verwendeten Maßnahmen zur Vermeidung bzw. Bestrafung einer Nichteinhaltung des Plans (welche auch immer das im Einzelnen sind), können ebenso bei der MVOZ zum Einsatz kommen – schließlich ist die MVOZ kein völlig anderes Vorgehen, sondern nur eine geschickte Nutzung von Alternativplänen. Wenn die bisherigen Maßnahmen für die traditionelle Planung genügten, so ist dies erst recht für die MVOZ zu erwarten: Da bei ersterer, wie eben erklärt, die Wahrscheinlichkeit einer Nichteinhaltung des Plans höher ist, werden die dort dafür vorgesehenen Maßnahmen für die MVOZ in noch höherem Maße genügen als bei der traditionellen Planung.

Zusätzlich ist anzumerken, dass nicht nur die bisherigen Maßnahmen zur Verfügung stehen, sondern sich durch die MVOZ selbst noch eine zusätzliche Möglichkeit ergibt, strafend auf nachlässige oder gar unkooperative Mitglieder des Netzwerks einzuwirken. Gemeint sind die Kompensationszahlungen, die nach jeder Einigung auf einen Alternativplan zur traditionellen Planung fließen. Insbesondere bezüglich einer vorsätzlich oder zumindest fahrlässig verursachten Nichteinhaltung des Plans ist dabei vorteilhaft, dass Firmen, deren Kosten (vor der Kompensation) im Vergleich zur traditionellen Planung hoch sind, zu den Kompensations*empfängern* gehören. Dies ist wichtig, da diese Firmen nicht nur einfacher bestraft werden können[290] (vollständige oder teilweise Einbehaltung der Kompensationszahlungen) als die Kompensationsgeber, sondern aufgrund ihrer hohen Kosten zugleich auch den größeren Anreiz zum Betrug haben. Diejenigen Firmen mit im Vergleich zur traditionellen Planung niedrigen Kosten sind dagegen in ihrer Rolle als Kompensationsgeber nicht nur schwerer zu bestrafen, sondern haben zugleich auch einen tendenziell geringeren Spielraum zum Senken ihrer Kosten und damit ohnehin einen geringeren Anreiz zum Betrug. Zusätzliche Maßnahmen, die auf den Kompensationszahlungen aufbauen, sind somit automatisch besonders für diejenigen Firmen geeignet, für die sie auch stärker notwendig sind.

Abschließend kann man zusammenfassen, dass die Wahrscheinlichkeit für eine Nichteinhaltung der Pläne bei der MVOZ geringer ist als bei der traditionellen Planung. Weiterhin stehen nicht nur die gleichen, sondern noch mehr Maßnahmen zur Verfügung, um Planabweichungen zu begegnen bzw. die Firmen davon abzuhalten. Die MVOZ verbucht somit auf beiden Seiten Vorteile für sich, wodurch ihre Überlegenheit gegenüber der traditionellen Planung über das bereits in Kapitel 4 festgestellte Maß hinaus erhöht wird.

[290] Zur generell einfacheren Maßregelung von Kompensationsempfängern vgl. Endres/Finus (2000), S. 33.

6 Fazit und Ausblick

In dieser Arbeit wurde eine Methode vorgestellt, die in Unternehmensnetzwerken zu Kostensenkungen führen kann, genannt „Methode variabler Optimierungszentren“ (MVOZ). Auf dem Gebiet der unternehmensübergreifenden Losgrößen- bzw. (allgemeiner) Produktionsplanung gibt es bereits zahlreiche Verfahren, die die Effizienz erhöhen sollen. Wie jedoch gezeigt wurde, fehlt es bislang besonders an solchen Konzepten, die für mehr als zwei Netzwerkstufen geeignet sind und die Umsetzbarkeit der jeweils propagierten Methode betonen. Dazu gehört insbesondere die Wahrung der Interessen aller beteiligten Unternehmen. Mit der MVOZ wurde nun versucht, diesem Anliegen zu entsprechen – selbst wenn dadurch auf einen Teil der theoretisch möglichen Kostensenkung verzichtet werden musste.

Die für dieses Ziel zu Beginn der Arbeit in Kapitel 1.1 aufgestellten Forschungsfragen sollen nun wieder aufgegriffen und beantwortet werden, bevor ein abschließendes Urteil zur MVOZ gefällt wird.

(1) Welche Rahmenbedingungen muss ein Verfahren der unternehmensübergreifenden Produktionsplanung beachten, dessen oberstes Ziel die tatsächliche Anwendbarkeit ist?

→ Hierzu lieferten insbesondere Kapitel 3.2 und Kapitel 4.2 zahlreiche Antworten. Als zentraler Dreh- und Angelpunkt ergab sich die Eigenschaft der Unabhängigkeit der Firmen, woraus ihr Streben nach individuellem Gewinn, Informationsschutz und Selbstbestimmung folgt. Verfahren der unternehmensübergreifenden Planung, die diese Rahmenbedingungen und die daraus resultierenden Probleme (siehe obige Kapitel) nicht ausreichend berücksichtigen, können keinen Anspruch auf Umsetzbarkeit erheben.

(2) Lassen sich trotz der Betonung der Umsetzbarkeit, d. h. bei Verzicht auf alle unrealistischen Annahmen, überhaupt noch wesentliche Teile des o. g. Potenzials ausschöpfen?

→ Die Antwort auf die zweite Frage ist ein klares Ja. 64,1 % (vgl. Kapitel 4.5.2) können durchaus als „wesentlicher Teil“ des vorhandenen Potenzials angesehen werden. Einschränkend muss lediglich gesagt werden, dass auch Einzelergebnisse auftraten, die deutlich darunter lagen – die obige positive Antwort gilt daher zwar im Mittel, jedoch nicht in jedem Einzelfall.

(3) Wie kann die Verteilung des genutzten Effizienzpotenzials unter den Firmen geregelt werden, wenn es zwischen ihnen weder Hierarchien noch Vereinbarungen zum Austausch kritischer Informationen gibt?

→ Kapitel 4.6 verdeutlichte, wie Verhandlungen aufgebaut sein können, die diese Bedingung erfüllen: Alle Verhandlungsteilnehmer im dort vorgestellten Schema sind gleichberechtigt und sehen sich Anreizen gegenüber, die eine erfolgreiche Verhandlung nahelegen. Wie die Notwendigkeit der Verifizierung zeigte, kommt zwar auch die MVOZ nicht gänzlich ohne zusätzliche Informationsweiterleitung aus, jedoch musste an keiner Stelle eine kritische Information gegenüber einer anderen Firma offengelegt werden.

Für eine Gesamtbewertung des zur Beantwortung dieser Forschungsfragen im Verlauf der vorliegenden Arbeit entwickelten Verfahrens „MVOZ“ reichen die obigen Antworten nicht aus. Deshalb erfolgt nun abschließend die Erarbeitung eines solches Gesamturteils anhand der Stärken und Schwächen des Verfahrens.

Zunächst sollen die wichtigsten Stärken zusammengefasst werden. Zu diesen Stärken gehört an erster Stelle die Wahrung der Interessen der beteiligten Firmen durch die MVOZ. Wie oben bereits erwähnt umfassen die drei in dieser Arbeit vorausgesetzten Firmeninteressen die Selbstständigkeit, den Informationsschutz und den Gewinn. Wird auch nur eine dieser Interessen beim Entwurf einer Methode zu stark vernachlässigt, dann ist nicht ernsthaft mit einer Umsetzung der fraglichen Methode zu rechnen. Beispielhaft hierfür soll noch einmal auf den Informationsschutz eingegangen werden. Die MVOZ achtet besonders auf diesen Aspekt, indem sie keinerlei Weitergabe kritischer Informationen an andere Firmen fordert. Die Entscheidung, welche Informationen kritisch sind, wurde in dieser Arbeit bewusst vorsichtig getroffen, indem einzig die Kundenbedarfe als unkritisch eingestuft wurden. Nur ein solches Vorgehen ermöglicht in einem Netzwerk selbstständiger Unternehmen, dass diese Unternehmen einer neuen Methode auch tatsächlich zustimmen. Schließlich bleibt jede noch so große Ausschöpfung des finanziellen Potenzials der unternehmensübergreifenden Produktionsplanung wirkungslos, wenn die dazu nötige Informationsweitergabe durch die beteiligten Firmen nicht unterstützt wird.

Aus der Sparsamkeit der MVOZ im Bereich Informationsweitergabe ergibt sich noch ein zweite Stärke: Da kaum Informationen ausgetauscht werden, haben die Firmen auch keine sicheren Ansatzpunkte, um die Planung zum eigenen Vorteil zu manipulieren. Gerade Methoden, die eine Offenlegung der Kosten beinhalten (z. B. zur Bestimmung von Ausgleichszahlungen mit Hilfe einer Formel), sind ausgesprochen anfällig für Manipulationen. Die MVOZ beugt hier opportunistischem Verhalten durch eine sehr einfache Maßnahme vor: durch Nichtwissen. Ebenso werden Neideffekte durch dieses Nichtwissen weitgehend unterbunden.

Eine dritte Stärke der MVOZ stellt ihre Flexibilität dar, denn das betrachtete Netzwerk kann beliebig groß sein. Die meisten Methoden der unternehmensübergreifenden Produktionsplanung beschränken dagegen die Anzahl der Firmen und/oder die Struktur des Netzwerks. Außerdem ermöglicht die MVOZ eine weitgehende Wahlfreiheit der Planungsmethoden innerhalb der Firmen (das hier verwendete MLCLSP war nur ein praktikables Beispiel). In Summe folgt aus diesen Eigenschaften ein breiter potenzieller Anwendungsbereich der MVOZ.

Als letzte Stärke soll hier noch die einfache Grundstruktur der MVOZ und ihre leichte Verständlichkeit genannt werden – ein nicht zu unterschätzender Vorteil im zeitkritischen Alltag.

Doch auch die MVOZ weist mehrere Schwachpunkte auf, die die Vorteilhaftigkeit ihrer Anwendung reduzieren oder sogar ihren Einsatz verhindern können. Zunächst einmal ist die teilweise relativ geringe Kostensenkung zu erwähnen. Dies ist zwar eine direkte Folge der konsequenten Beachtung der Firmeninteressen und kann deshalb eigentlich nicht isoliert betrachtet werden. Trotzdem ist festzuhalten, dass der mittlere Abstand zum Gesamtoptimum des Netzwerks oft noch recht groß ausfällt. Hier könnten sich Ansatzpunkte für weiterentwickelte Methoden ergeben.

Weiterhin wird – wie schon bei allen anderen mathematischen Methoden dieses Theoriegebiets – auch durch die MVOZ ein eindeutiges Netzwerk vorausgesetzt, das über einen gewissen Zeitraum hinweg stabil ist. Den an der MVOZ beteiligten Firmen stehen zwar trotzdem andere, gleichzeitige Geschäftsbeziehungen offen, sie sollten jedoch alle darin übereinstimmen, dass das durch die MVOZ behandelte Netzwerk und dessen Produktions- und Lieferketten eine zentrale Rolle einnehmen. Andernfalls lässt sich der mit der MVOZ verbundene Koordinationsaufwand kaum rechtfertigen. Diese Eindeutigkeit des MVOZ-Netzwerks ist ein potenzieller Schwachpunkt der Methode, wenn einige Firmen verschiedene als gleichwertig empfundene Geschäftsbeziehungen in verschiedenen Netzwerken unterhalten. Hier könnten zukünftige Arbeiten ansetzen und Modelle für eine Multi-Netzwerk-Koordination entwerfen, um die Mehrfacheinbindung bestimmter Firmen explizit berücksichtigen zu können.

Zwei weitere (eher kleine) Schwächen der MVOZ lassen sich in den Komplikationen durch die rollierende Planung sowie in den hohen Ansprüchen an die Effizienz der Planung finden. So sollte z. B. jedes einzelne Unternehmen des Netzwerks über eine weitgehend automatisierte bzw. automatisierbare Planung verfügen, damit die Anwendung der MVOZ nicht zu aufwändig wird.

Als letzte (potenzielle) Schwäche soll hier noch die Unbestimmtheit der Verhandlungen genannt werden. Auch wenn die richtigen Anreize dazu vorhanden sind, so kann doch letztendlich nicht garantiert werden, dass die Verhandlungen stets erfolgreich abgeschlossen werden und der Plan des besten Optimierungszentrums tatsächlich zur Anwendung kommt. Wie schon andere Nachteile der MVOZ ist jedoch auch diese Eigenschaft sehr eng mit den Vorteilen der MVOZ verknüpft. Hier stellt sich die Frage, ob ein Verfahren überhaupt jemals den Verhandlungserfolg garantieren kann, wenn die Selbstständigkeit als eines der wichtigsten Ziele der Firmen aufgestellt wurde. Diese Selbstständigkeit muss es letztendlich den Firmen auch erlauben, die Verhandlungen scheitern zu lassen. Eine Methodik, die die Selbstständigkeit und zugleich auch den Informationsschutz gewährleistet, kann einzig den Anreiz zu einer Einigung (und damit den Anreiz zu einer erfolgreichen Zusammenarbeit) garantieren, nicht jedoch die erfolgreiche Zusammenarbeit selbst. Diese bleibt in der Entscheidungsgewalt der Firmen.

Die MVOZ stellt in Summe somit auch nur einen weiteren Beitrag zur unternehmensübergreifenden Produktionsplanung dar, der bestimmte Schwächen und Stärken aufweist. Sie deckt jedoch einen Bereich ab, für den bislang keine gleichwertige Lösung vorlag.

Ordnet man die MVOZ in das aus Kapitel 3.3.3 bekannte Diagramm der Verfahren mit dynamischem Bedarfsmodell ein, so rangiert sie auf der Problemfeld-Achse nur knapp unterhalb der traditionellen Planung (Abbildung 6-1). Als Grundlage für das Diagramm dient wieder eine Übersicht analog Tabelle 3-2, welche lediglich um die Zeile zur MVOZ erweitert wurde (Tabelle 6-1).

Modell	Planungs-konzept	Informations-stand	Gewinn-aufteilung	Anfälligkeit für Opportunismus	Netzwerk-größe
Ertogral/Wu (2000)	sukzessiv (mit Zentrale)	gering	fixe Formel	hoch	unbegrenzt
Zimmer (2001)	sukzessiv	mittel	flexible Verträge	mittel	1:1
Dudek (2004)	sukzessiv	gering	verschiedene Formeln	je nach Formel mittel bis hoch	n:m
Pibernik/Sucky (2008)	sukzessiv	1) minimal 2) mittel	1) Verhandlung 2) automatisch	1) minimal 2) mittel	1:1
intern-mehrstufige Planung	simultan	vollständig	keine Angabe	hoch	unbegrenzt
MVOZ	sukzessiv	gering bis minimal	Verhandlung	minimal	unbegrenzt

Tabelle 6-1: Eigenschaften der Ansätze mit dynamischem Bedarfsverlauf inkl. MVOZ (vereinfacht)

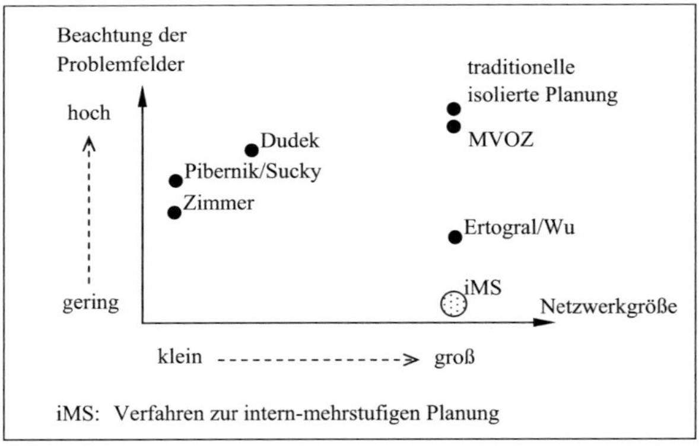

Abbildung 6-1: Einordnung der MVOZ

Inwieweit dieser geringfügige Nachteil der MVOZ gegenüber der traditionellen Planung auf dem Gebiet der Problemfelder durch ihren finanziellen Vorteil kompensiert bzw. überkompensiert wird, kann nicht durch dieses Diagramm beantwortet werden. Weiterführende Antworten können von diesem Punkt an nur durch die konkreten Netzwerke selbst gegeben werden, die in der Lage sind, die individuellen Gegebenheiten ihrer Situation in die Entscheidung über den Einsatz der MVOZ einfließen zu lassen.

Anhang

A.1 Detaillierte Struktur des Netzwerks UN3LIN

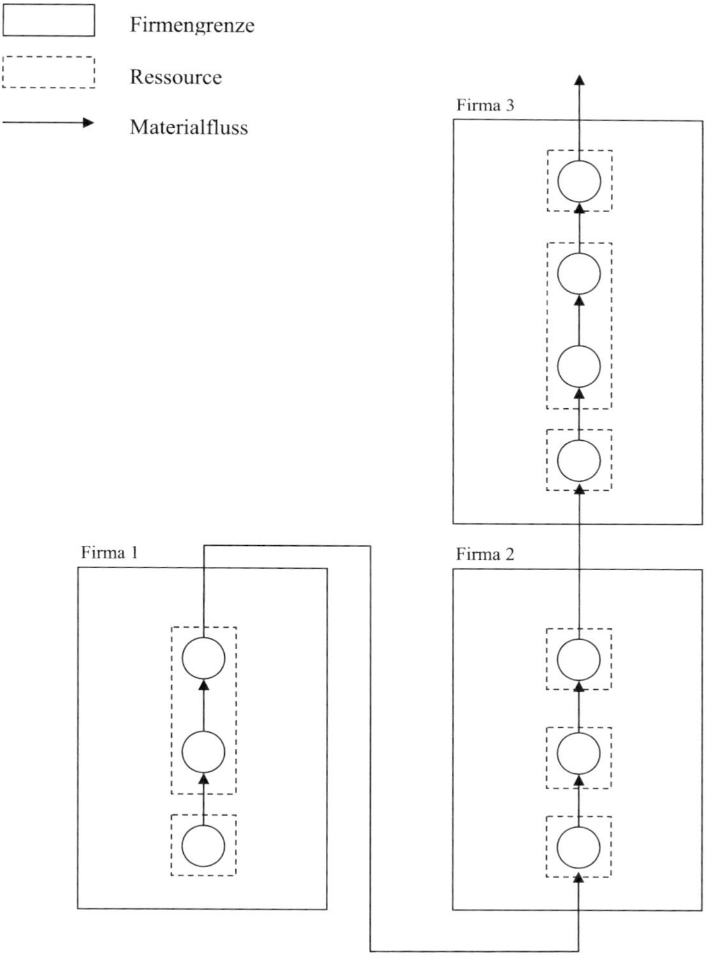

A.2 Detaillierte Struktur des Netzwerks UN3KON

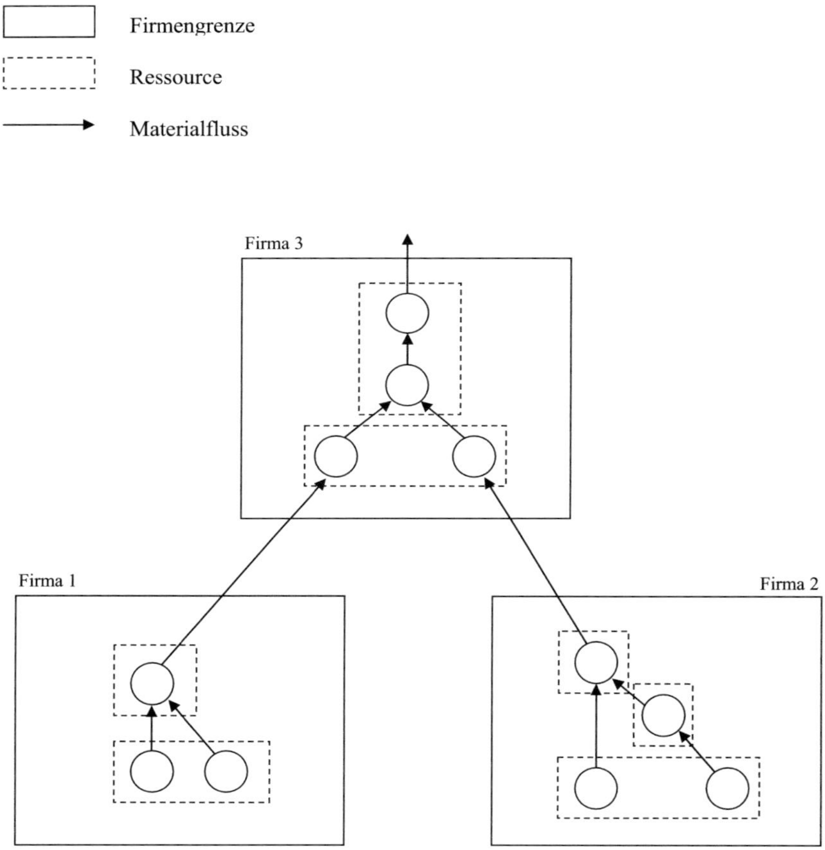

A.3 Detaillierte Struktur des Netzwerks UN3ALG

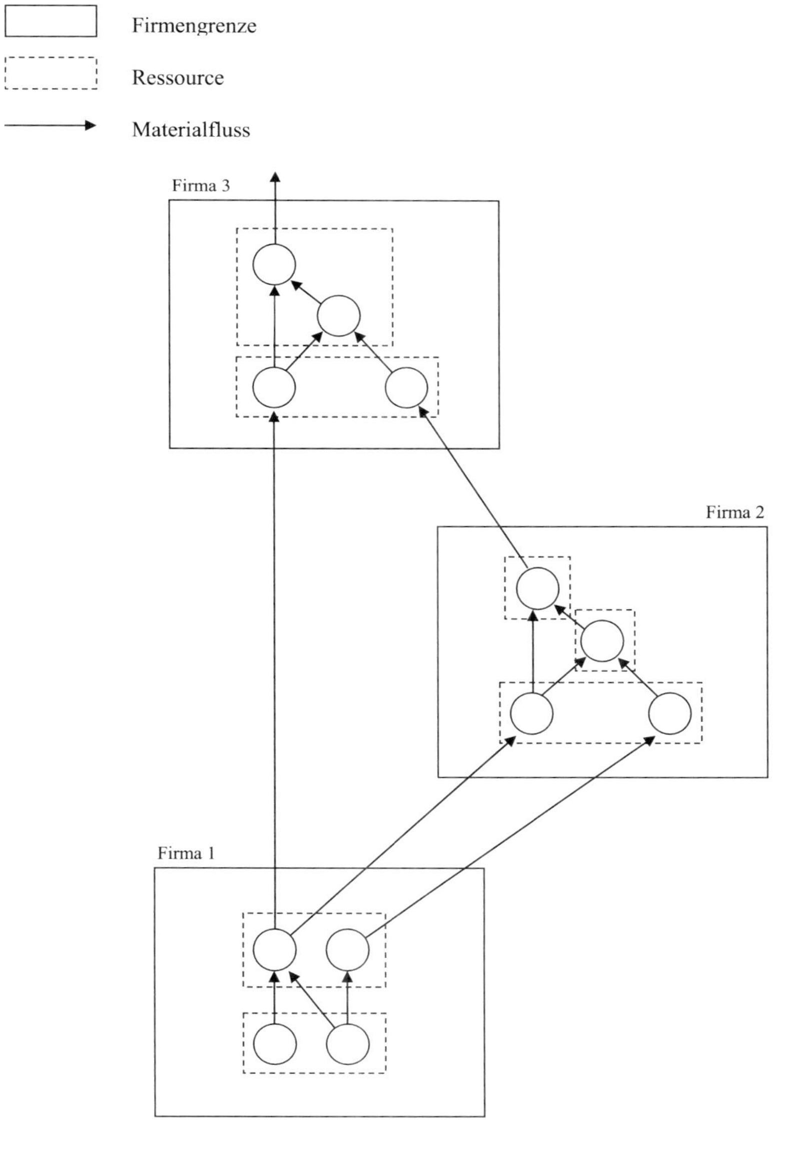

A.4 Detaillierte Struktur des Netzwerks UN6LIN

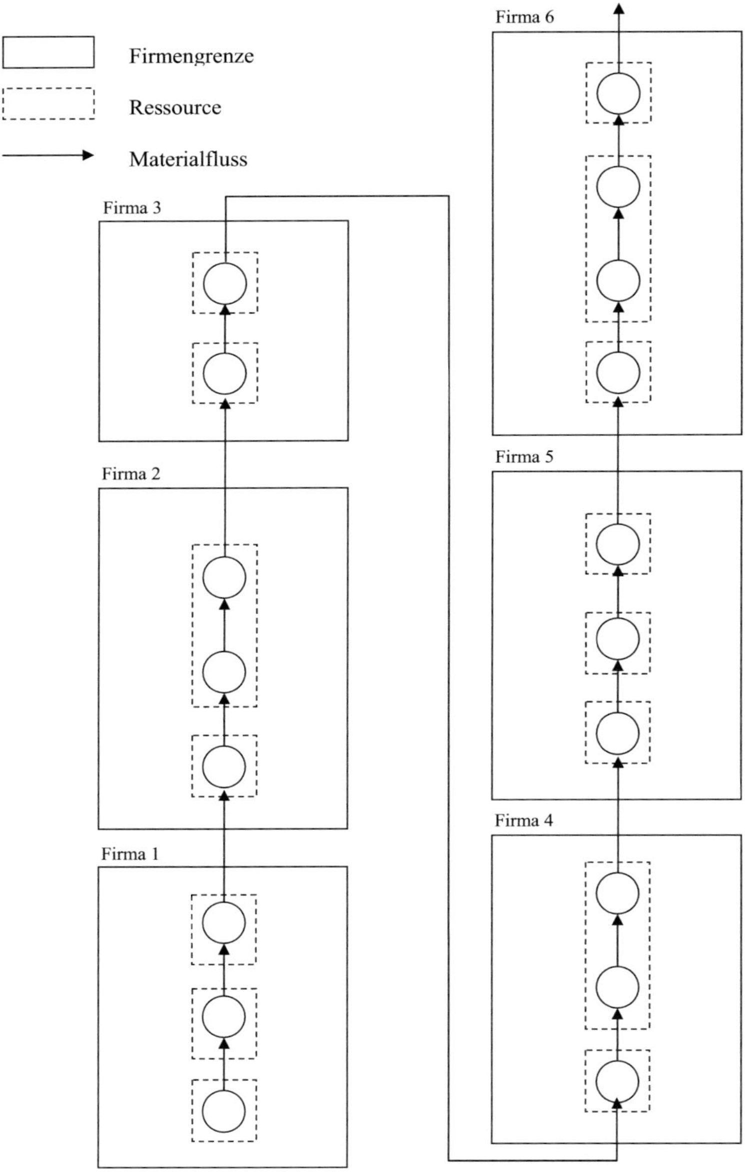

A.5 Detaillierte Struktur des Netzwerks UN6KON

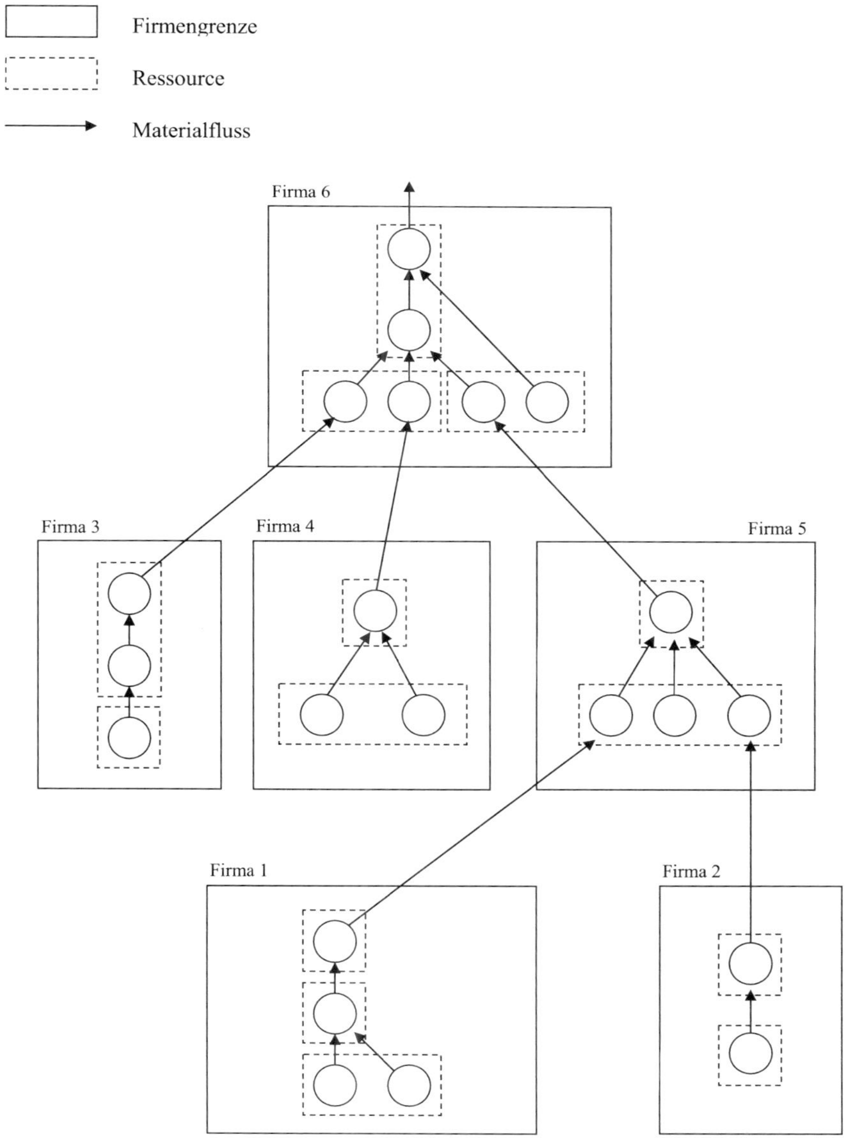

A.6 Detaillierte Struktur des Netzwerks UN6ALG

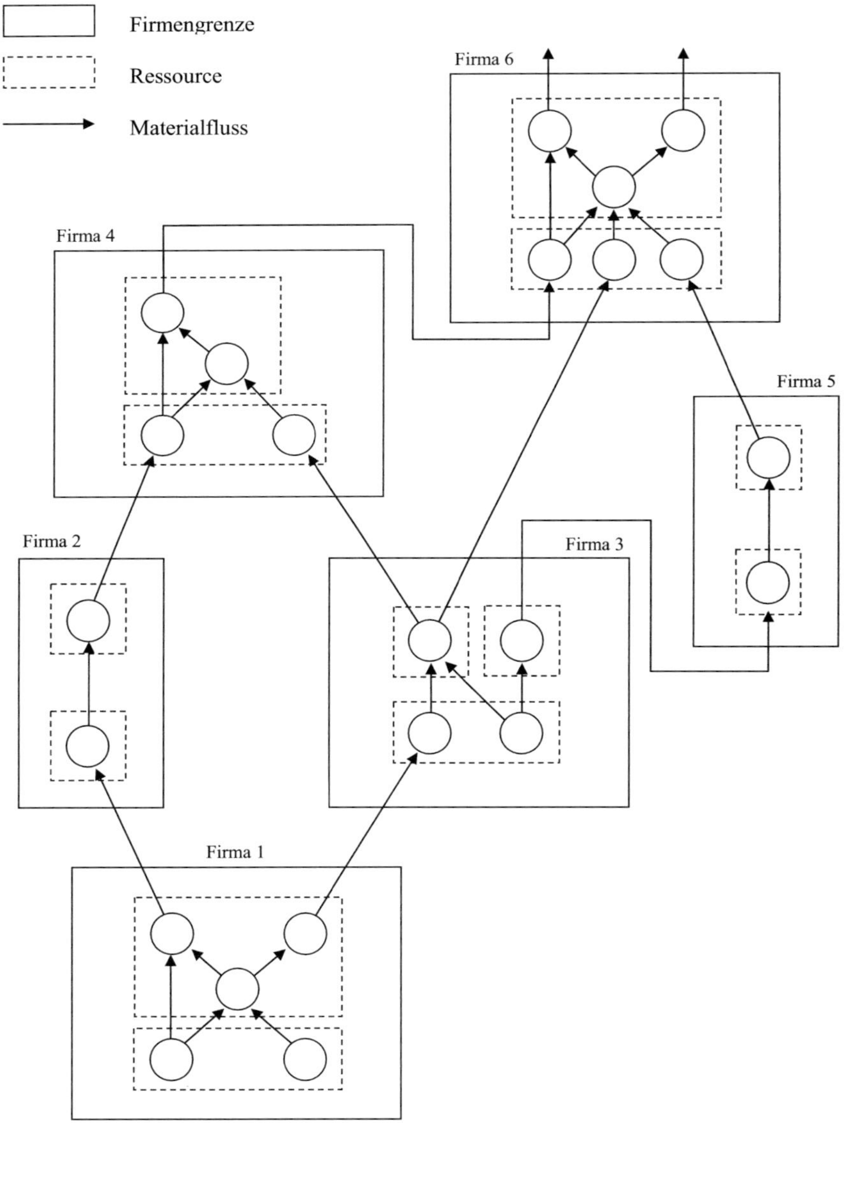

Literaturverzeichnis

Adam, D. (1998): Produktionsmanagement. 9. Auflage, Wiesbaden: Gabler

Afentakis, P. / Gavish, B. (1986): Optimal lot-sizing algorithms for complex product structures. In: Operations Research, Band 34, Nr. 2, S. 237-249

Agrawal, A. K. / Raju, D. A. (1996): Improved joint economic lot size model for a purchaser and a vendor. In: Khan, M. K. et al. [Hrsg.]: Advanced Manufacturing Processes, Systems, and Technologies (AMPST 96). Suffolk (UK): Ipswich Book Company, S. 579-587

Amor, D. (2000): Dynamic Commerce. Bonn: Galileo Press

Axsäter, S. (1980): Economic lot sizes and vehicle scheduling. In: European Journal of Operational Research, Band 4, S. 395-398

Banerjee, A. (1986a): A joint economic-lot-size model for purchaser and vendor. In: Decision Sciences, Band 17, Nr. 3, S. 292-311

Banerjee, A. (1986b): On "A quantity discount pricing model to increase vendor profits". In: Management Science. Band 32, Nr. 11, S. 1513-1517

Benton, W. C. (1992): Quantity discount decisions under conditions of multiple items, multiple suppliers and resource limitations. In: International Journal of Production Research, Band 29, Nr. 10, S. 1953-1961

Benton, W. C. / Park, S. (1996): A classification of literature on determining the lot size under quantity discounts. In: European Journal of Operational Research, Band 92, Nr. 2, S. 219-238

Bhatnagar, R. et al. (1993): Models for multi-plant coordination. In: European Journal of Operational Research, Band 67, S. 141-160

Blackburn, J. D. / Millen, R. A. (1982): Improved heuristics for multi-stage requirements planning systems. In: Management Science, Band 28, Nr. 1, S. 44-56

Bloech, J. et al. (2004): Einführung in die Produktion. 5. Auflage, Berlin u. a.: Springer

Bloom, P. (2004): Descartes' Baby – How the science of child development explains what makes us human. New York: Basic Books

Bogaschewsky, R. et al., (1997): Kostenorientierte Optimierung logistischer Kunden-Lieferantenbeziehungen. Dresdner Beiträge zur Betriebswirtschaftslehre Nr. 8/1997, Technische Universität Dresden

Bogaschewsky, R. et al., (1999): Kostenorientierte Optimierung logistischer Zulieferer-Abnehmersysteme. In: Logistik Management, Band 1, Nr. 2, S. 133-145

Brams, S. J. / Taylor, A. D. (1996): Fair Division – From cake-cutting to dispute resolution. Cambridge: University Press

Brandenburger, A. M. / Nalebuff B. J. (1996): Co-opetition. New York: Doubleday

Bretzke, W.-R. (2005): Supply Chain Integration: Chancen und Grenzen einer logistischen Leitidee. In: Lasch, R. / Janker, C. E. [Hrsg.]: Logistik-Management, Tagungsband der LM 2005, Wiesbaden: DUV, S. 65-80

Brink, A. (1988): Operative Lager- und Bestellmengenplanung unter besonderer Berücksichtigung von Lagerkapazitätsrestriktionen. Bergisch Gladbach, Köln: Eul

Buscher, U. (2003): Kostenorientiertes Logistikmanagement in Metalogistiksystemen. Wiesbaden: Gabler Verlag

Buscher, U. / Lindner, G. (2000): Optimale Koordination in unternehmensübergreifenden Logistiksystemen - Ein statisch-deterministisches Lagerhaltungsmodell. Dresdner Beiträge zur Betriebswirtschaftslehre Nr. 43/2000, Technische Universität Dresden

Cachon, G. P. (2001): Supply chain coordination with contracts. Arbeitspapier, The Wharton School of Business, University of Pennsylvania, Philadelphia, im Internet: opim.wharton.upenn.edu/~cachon/pdf/scontracts2.pdf, abgerufen am 15. 8. 2007

Chatterjee, A. K. / Ravi, R. (1991): Joint economic lot-size model with delivery in subbatches. In: Opsearch (Journal of the Operational Research Society of India), Band 28, Nr. 2, S. 118-124

Christopher, M. (2005): Logistics and Supply Chain Management. 3. Auflage, London: Financial Times Professional

Corbett, C. J. (2001): Stochastic inventory systems in a supply chain with asymmetric information: Cycle stocks, safety stocks, and consignment stock. In: Management Science, Band 49, Nr. 4, S. 487-500

Corbett, C. J. / de Groote, X. (2000) : A supplier's optimal quantity discount policy under asymmetric information. In: Management Science, Band 47, Nr. 7, S. 881-893

Corsten, H. (2007): Produktionswirtschaft. 11. Auflage, München, Wien: R. Oldenbourg

Crowston, W. B. / Wagner M. H. (1973): Dynamic lot size models for multi-stage assembly systems. In: Management Science, Band 20, Nr. 1, S. 14-21

Derstroff, M. C. (1995): Mehrstufige Losgrößenplanung mit Kapazitätsbeschränkungen. Heidelberg: Physica-Verlag

Dixon, P. S. / Silver E. A. (1981) : A heuristic solution procedure for the multi-item, single-level, limited capacity lot-sizing problem. In: Journal of Operations Management, Band 2, Nr. 1, S. 23-39

Domschke, W. et al. (1997) : Produktionsplanung. 2. Auflage, Heidelberg: Springer

Domschke, W. / Drexl, A. (2007): Einführung in Operations Research, 7. Auflage, Berlin u. a.: Springer

Drexl, A. et al. (1994): Konzeptionelle Grundlagen kapazitätsorientierter PPS-Systeme. In: Schmalenbachs Zeitschrift für Betriebswirtschaftliche Forschung (Zfbf), Band 46, S. 1022-1045

Dudek, G. (2004): Collaborative Planning in Supply Chains – A Negotiation-Based Approach. Berlin u. a.: Springer

Ehrmann, H. (2005): Logistik. 5. Auflage, Ludwigshafen: Kiehl

Endres, A. / Finus, M. (2000) : Kooperative Lösungen in der Umweltpolitik. Berlin: Analytica

Ertogral, K. / Wu, S. D. (2000): Auction-theoretic coordination of production planning in the supply chain. In: IIE Transactions, Band 32, S. 931-940

Fees, E. / Schumacher, C. (2001): Zwischenbetriebliche Kooperationen. In: Jost, P.-J. [Hrsg.]: Spieltheorie in der BWL. Stuttgart: Schäffer-Poeschel, S. 287-305

Feldmann, M. / Müller, S. (2003): An incentive scheme for true information providing in Supply Chains. In: Omega – The International Journal of Management Science, Band 31, S. 63-73

Fleischmann, B. (1999): Kooperation von Herstellern in der Konsumgüterdistribution. In: Engelhard, J. / Sinz, E. J. [Hrsg.]: Kooperation im Wettbewerb. Wiesbaden: Gabler, S. 169-186

Fleischmann, B. et al. (2005): Advanced Planning. In: Stadtler, H. / Kilger, C. [Hrsg.]: Supply Chain Management and Advanced Planning. 3. Auflage, Berlin u. a.: Springer, S. 81-106

Francois, P. (2000): Flexible Losgrößenplanung in Produktion und Beschaffung. Heidelberg: Physica-Verlag

Gal, T. (1992) [Hrsg.]: Grundlagen des Operations Research, Band 2. 3. Auflage, Berlin u. a.: Springer

Gelders, L. F. et al. (1986): A branch and bound algorithm for the multi item single level capacitated dynamic lotsizing problem. In: Axsäter, S. et al. (1986) [Hrsg.]: Multistage production planning and inventory control. Berlin u. a.: Springer, S. 92-108

Glasserman, P. (2004): Monte-Carlo methods in financial engineering. Berlin u. a.: Springer

Goyal, S. K. (1976): An integrated inventory model for a single supplier – single customer problem. In: International Journal of Production Research, Band 15, Nr. 1, S. 107-111

Goyal, S. K. (1988): A joint economic-lot-size model for purchaser and vendor: A comment. In: Decision Sciences, Band 19, Nr. 1, S. 236-241

Graves, S. C. (1981) : Multi-stage lot-sizing: An iterative procedure. In: TIMS Studies in Management Science, Band 16, S. 95-109

Grochla, E. (1976): Praxeologische Organisationstheorie durch sachliche und methodische Integration. In: Schmalenbachs Zeitschrift für Betriebswirtschaftliche Forschung (Zfbf), Band 28, S. 617-637

Groff, G. K. (1979): A lot-sizing rule for time-phased component demand. In: Production and Inventory Management, Band 20, Nr. 1, S. 47-53

Grünauer, K. M. (2001): Supply Chain Management. Bamberg: Difo

Guignard, M. / Kim, S. (1987): Lagrangean decomposition: a model yielding stronger Lagrangean bounds. In: Mathematical Programming, Band 39, S. 215-228

Günther, H.-O. / Tempelmeier, H. (2005): Produktion und Logistik. 6. Auflage, Berlin u. a.: Springer

Harris, F. W. (1913): How many parts to make at once. In: Factory, The Magazine of Management, Band 10, S. 135-136 und S. 152

Harsanyi, J. C. (1977): Rational behavior and bargaining equilibrium in games and social situations, Cambridge: University Press

Hartmann, H. (2002): Materialwirtschaft: Organisation, Planung, Durchführung, Kontrolle. 8. Auflage, Gernsbach: Dt. Betriebswirteverlag

Heinrich, C. E. (1987): Mehrstufige Losgrößenplanung in hierarchisch strukturierten Produktionsplanungssystemen, Berlin u. a.: Springer

Hofmann, C. (1994): Abstimmung von Produktions- und Transportlosgrößen zwischen Zulieferer und Produzent. In: OR Spektrum. Band 16, Nr. 1, S. 9-20

Hofmann, C. (1995): Interdependente Losgrößenplanung in Logistiksystemen. Stuttgart: M & P Verlag für Wissenschaft und Forschung

Hofmann, C. (1998): Interdependente Preis- und Beschaffungspolitik in Logistiksystemen. In: Zeitschrift für Betriebswirtschaft (ZFB), Band 68, Nr. 7, S. 745-764

Holler, M. J. (1992): Ökonomische Theorie der Verhandlungen. 3. Auflage, München, Wien: Oldenbourg

Holler, M. J. / Illing, G. (2006): Einführung in die Spieltheorie. 6. Auflage, Berlin u. a.: Springer

Jackson, P. L. et al. (1988): Determining optimal reorder intervals in capacitated production-distribution systems. In: Management science, Band 34, S. 938-958

Joglekar, P. N. (1988): Comments on "A quantity discount pricing model to increase vendor profits". In: Management Science. Band 34, Nr. 11, S. 1391-1398

Junge, K. (2003): Planung von Logistiknetzen. Wiesbaden: DUV

Kaspi, M. / Rosenblatt, M. J. (1991): On the economic ordering quantity for jointly replenished items. In: International Journal of Production Research, Band 29, Nr. 1, S. 107-114

Kelley, H. H. et al. (1967) : Negotiating the division of a reward under incomplete information. In: Journal of Experimental Social Psychology, Band 3, S. 361-398

Kernler, H. (2003): Logistiknetze - Mit Supply Chain Management erfolgreich kooperieren. Heidelberg: Hüthig

Kersten, W. et al. (2003): Internetgestützte Beschaffung komplexer Produktionsmaterialien. In: Wildemann, H. [Hrsg.]: Moderne Produktionskonzepte für Güter- und Dienstleistungsproduktionen. München: TCW Transfer-Centrum, S. 317-337

Klastorin, T. D. et al. (2002): Coordinating orders in supply chains through price discounts. Arbeitspapier, im Internet: http://faculty.washington.edu/kamran/TimingDiscPaper.pdf, abgerufen am 28. 8. 2007

Klemperer, P. (2004): Auctions: Theory and Practice. Princeton University Press

Knolmayer, G. et al. (2000): Supply Chain Management auf der Basis von SAP-Systemen. Berlin u. a.: Springer

Kurbel, K. (2005): Produktionsplanung und -steuerung im Enterprise Resource Planning und Supply Chain Management. 6. Auflage, München, Wien: R. Oldenbourg

Lal, R. / Staelin, R. (1984): An approach for developing an optimal discount pricing policy. In: Management Science, Band 30, Nr. 12, S. 1524-1539

Landeros, R. / Lyth, D. M. (1989): Economic-lot-size models for cooperative inter-organizational relationships. In: Journal of Business Logistics, Band 10, Nr. 2, S. 146-158

Lee, H. L. / Rosenblatt, M. J. (1986): A generalized quantity discount pricing model to increase supplier`s profits. In: Management Science. Band 32, Nr. 9, S. 1177-1185

Lieberman, M. B. / Montgomery, D. B. (1988): First-Mover Advantages. In: Strategic Management Journal, Band 9, Sonderausgabe Strategic Content Research, S. 47-58

Lieberman, M. B. / Montgomery, D. B. (1998): First-Mover (Dis)advantages. In: Strategic Management Journal, Band 19, S. 1111-1125

Marbacher, A. (2001): Demand & Supply Chain Management. Bern u. a.: Haupt

McAfee, R. P. / McMillan, J. (1987): Auctions and Bidding. In: Journal of Economic Literature, Band 25, S. 699-728

Mentzer, J. T. et al. (2001): Defining Supply Chain Management. In: Journal of Business Logistics, Band 22, Nr. 2, S. 1-25

Meyr, H. et al. (2005): Structure of Advanced Planning Systems. In: Stadtler, H. / Kilger, C. [Hrsg.]: Supply Chain Management and Advanced Planning. 3. Auflage, Berlin u. a.: Springer, S. 109-115

Monahan, J. P. (1984): A quantity discount pricing model to increase vendor profits. In: Management Science. Band 30, Nr. 6, S. 720-726

Muthoo, A. (1999): Bargaining Theory with Applications. Cambridge University Press

Neumann, K. / Morlock, M. (2002): Operations Research. 2. Auflage, München, Wien: Hanser

Oeldorf, G. / Olfert, K. (2004): Materialwirtschaft. 11. Auflage Ludwigshafen: Friedrich Kiel

Osborne, M. J. / Rubinstein, A. (1994): A Course in Game Theory. Cambridge, London: MIT Press

Pibernik, R. / Sucky, E. (2004): Zentrales und dezentrales Supply Chain Planning. In: Wirtschaftsstudium, Heft 1/2004, S. 25-31

Pibernik, R. / Sucky, E. (2008): Verhandlungsbasiertes Master Planning in Supply Chains. In: Die Betriebswirtschaft, Heft 1/2008, S. 85-111

Pirkul, H. / Aras, O. A. (1985) : Capacitated multiple item ordering problem with quantity discounts. In: IIE Transactions, Band 17, S. 206-211

Plinke, W. / Rese, M. (2002): Industrielle Kostenrechnung. 6. Auflage, Berlin u. a.: Springer

Poole, M. S. et al. (1992): Communication media and negotiation processes. In: Putnam, L. L. / Roloff, M. E. [Hrsg.]: Communication and Negotiation. Newbury Park u. a.: Sage, S. 46-66

Popper, K. R. (1992a): Die offene Gesellschaft und ihre Feinde 1. 7. Auflage, Tübingen: Mohr/Siebeck

Popper, K. R. (1992b): Die offene Gesellschaft und ihre Feinde 2. 7. Auflage, Tübingen: Mohr/Siebeck

Putnam, L. L. / Roloff, M. E. (1992): Communication perspectives on negotiation. In: Putnam, L. L. / Roloff, M. E. [Hrsg.]: Communication and Negotiation. Newbury Park u. a.: Sage, S. 1-14

Rade, L. (1993): Simulationen. Bonn: Dümmler

Rao, S. S. / Bahari-Kashani, H. (1990): Economic order quantity and storage size – some considerations. In: Engineering Costs and Production Economics, Band 19, S. 201-204

Rasmusen, E. (2001): Games and information. 3. Auflage, Cambridge: Blackwell

Rizk, N. / Martel, A. (2001): Supply chain flow planning methods: A review of the lot-sizing literature. Working Paper, University Laval, im Internet: http://www.forac.ulaval.ca/

Publications/Documents%20de%20travail%202001/DT-2001-AM-1.pdf, abgerufen am 22. 9. 2006

Roloff, M. E. / Jordan, J. M. (1992): Achieving negotiation goals: The "fruits and foibles" of planning ahead. In: Putnam, L. L. / Roloff, M. E. [Hrsg.]: Communication and Negotiation. Newbury Park u. a.: Sage, S. 21-45

Roth, A. E. (1995): Bargaining experiments. In: Kagel, J. W. / Roth, A. E. [Hrsg.]: Handbook of experimental economics. Princeton: University Press, S. 253-348

Rubinstein, A. (1982): Perfect Equilibrium in a Bargaining Model. In: Econometrica, Band 50, S. 97-110

Schor, G. (1991): Zur rationalen Lenkung ökonomischer Forschung. Frankfurt, New York: Campus

Schulte, C. (1999): Lexikon der Logistik. München, Wien: R. Oldenbourg

Schulte, C. (2005): Logistik. 4. Auflage, München: Vahlen

Schweitzer, M. (2005): Planung und Steuerung. In: Bea, F. X. et al. [Hrsg.]: Allgemeine Betriebswirtschaftslehre, Band 2: Führung. 9. Auflage, Stuttgart: Lucius & Lucius, S. 16-139

Sharafali, M. / Co, H. C. (2000): Some models for understanding the cooperation between the supplier and the vendor. In: International Journal of Production Research, Band 38, Nr. 15, S. 3425-3449

Silver, E. A. / Meal, H. C. (1973): A heuristic for selecting lot size quantities for the case of a deterministic time-varying demand and discrete opportunities for replenishment. In: Production and Inventory Management, Band 14, Nr. 2, S. 64-74

Spence, M. (1984): Cost reduction, competition, and industry performance. In: Econometrica, Band 52, S. 101-121

Stadtler, H. / Kilger, C. (2005) [Hrsg.]: Supply Chain Management and Advanced Planning. 3. Auflage, Berlin u. a.: Springer

Sucky, E. (2003): A Single Buyer - Single Supplier Bargaining Problem with Asymmetric Information. In: Proceedings of the 36th Hawaii International Conference on System Sciences (HICSS 36), Band 3, S. 80.1

Sucky, E. (2004): Koordination in Supply Chains – Spieltheoretische Ansätze zur Ermittlung integrierter Bestell- und Produktionspolitiken. Wiesbaden: DUV

Tamiz, M. et al. (1998): Goal programming for decision making: An overview of the current state-of-the-art. In: European Journal of Operational Research, Band 111, S. 569-581

Tempelmeier, H. (2006): Material-Logistik – Modelle und Algorithmen für die Produktionsplanung und -steuerung in Advanced Planning-Systemen. 6. Auflage, Berlin u. a.: Springer

Thommen, J. P. (2004): Betriebswirtschaftslehre. 6. Auflage, Zürich: Versus

Thorn, J. (2002): Taktisches Supply Chain Planning. Frankfurt a. M. u. a.: Peter Lang

Toporowski, W. (1999): Unternehmensübergreifende Optimierung der Bestellpolitik - das JELS-Modell mit einem Intermediär. In: Schmalenbachs Zeitschrift für Betriebswirtschaftliche Forschung (Zfbf), Band 51, S. 963-989

Vollmann, T. E. et al. (2005): Manufacturing Planning and Control Systems for Supply Chain Management. 5. Auflage, New York u. a.: McGraw-Hill

Wagner, H. M. / Whitin, T. M. (1958): Dynamic version of the economic lot size model. In: Management Science, Band 5, S. 89-96

Wiese, H. (2005): Kooperative Spieltheorie. München, Wien: R. Oldenbourg

Zimmer, K. (2001): Koordination im Supply Chain Management: Ein hierarchischer Ansatz zur Steuerung der unternehmensübergreifenden Planung. Wiesbaden: DUV